一流本科专业一流本科课程建设系列教材

现代土木工程施工专项技术

宋永发　窦玉丹　李　静　编著

机械工业出版社
CHINA MACHINE PRESS

我的基础设施建设和新型城镇化进程具有巨大的发展潜力，全面系统论述前沿的、极具推广价值和应用前景的现代土木工程施工专项技术是十分必要且紧迫的。本书依据国家宏观经济政策，以党的二十大报告以及《交通强国建设纲要》《国家综合立体交通网规划纲要》《中华人民共和国国民经济和社会发展第十四个五年规划和 2035 年远景目标纲要》为政策导向，重点介绍地铁施工技术、桩基础施工技术、深基坑支护施工技术、超高层建筑施工技术、装配式建筑施工技术、桥梁结构施工技术、智能建造和信息技术的应用等，内容涵盖建筑工程、市政工程、地下工程、装配式建筑、智能建造和信息技术应用等多个领域，充分反映近十年土木工程施工专项技术的发展状况及相关学科的交叉与融合。

本书主要作为土木工程专业的本科生或研究生教材，也可作为工程技术人员技能培训、相关职业资格考试和继续教育等方面的参考教材。

图书在版编目（CIP）数据

现代土木工程施工专项技术/宋永发，窦玉丹，李静编著. —北京：机械工业出版社，2023.8

一流本科专业一流本科课程建设系列教材

ISBN 978-7-111-73705-6

Ⅰ.①现⋯　Ⅱ.①宋⋯ ②窦⋯ ③李⋯　Ⅲ.①土木工程-工程施工-高等学校-教材　Ⅳ.①TU7

中国国家版本馆 CIP 数据核字（2023）第 155266 号

机械工业出版社（北京市百万庄大街 22 号　邮政编码 100037）
策划编辑：冷　彬　　　　　　责任编辑：冷　彬
责任校对：李小宝　李　杉　　封面设计：张　静
责任印制：邓　博
北京盛通商印快线网络科技有限公司印刷
2023 年 10 月第 1 版第 1 次印刷
184mm×260mm·20.25 印张·462 千字
标准书号：ISBN 978-7-111-73705-6
定价：59.80 元

电话服务　　　　　　　　　　网络服务
客服电话：010- 88361066　　机　工　官　网：www.cmpbook.com
　　　　　010- 88379833　　机　工　官　博：weibo. com/cmp1952
　　　　　010- 68326294　　金　书　网：www.golden-book. com
封底无防伪标均为盗版　　机工教育服务网：www.cmpedu. com

前　言

在当前的国民经济转型过程中，在国家供给侧结构性改革方针指引下，《中华人民共和国国民经济和社会发展第十四个五年规划和2035年远景目标纲要》《国家综合立体交通网规划纲要》《交通强国建设纲要》《关于新时代推进西部大开发形成新格局的指导意见》等宏观政策文件相继出台，基础设施建设具有一定的超前性和预见性。未来高铁、城市轨道交通、桥梁工程、机场、港口、水利、能源等基础设施建设和公共服务等领域必将迎来发展高峰期。本书以国家基础设施建设为对象，重点论述了地铁施工技术、桩基础施工技术、深基坑支护施工技术、超高层建筑施工技术、装配式建筑施工技术、桥梁结构施工技术、智能建造和信息技术的应用。

本书突出的特点及创新点有：

1）以《交通强国建设纲要》《国家综合立体交通网规划纲要》《中华人民共和国国民经济和社会发展第十四个五年规划和2035年远景目标纲要》为政策导向，系统地论述基础设施建设中的土木工程施工专项技术的最新技术、最新方法和实践应用。

2）重点介绍基础设施中地铁工程、桥梁工程、桩基础工程等施工专项技术，以及以开发地下空间为主导的深基坑支护技术和超高层建筑施工专项技术。

3）着眼建筑业发展与转型，介绍了以建筑工业化、智能建造技术应用为核心的建造专项技术。

4）依托国家政策和土木工程发展前景，优选重点工程，辅以大量的工程图片和工程实例，介绍各类施工专项技术的特点、工艺流程、具体应用以及安全风险防范措施等，通俗易懂，循序渐进。

5）内容涵盖建筑工程、市政工程、地下工程、装配式建筑、智能建造和信息技术应用等多个领域，充分反映近十年土木工程施工专项技术的发展状况以及相关学科的交叉与融合，填补相关领域的空白。

本书由大连理工大学宋永发、窦玉丹、李静共同编写，具体编写分工如下：宋永发、窦玉丹共同编写第1章；宋永发编写第2~5章，第8、9章；李静编写第6、7章；窦玉丹编写第10~12章。大连理工大学研究生闫靖晗、陈琳、马聪、朱书航、李世新、王敏、郭欣、董博帅、童超、闫学涯等参与了资料的收集及整理工作。

本书参考了一些相关专著或教材，以及公开发表的论文、报告等，在此向相关作者表示感谢。

受编写时间和作者水平所限，本书难免存在不妥之处，敬请广大读者批评指正。

作者

目　录

前　言

第 1 章　现代土木工程及其施工专项技术发展　/　1

1.1　概述　/　1

1.2　轨道交通工程的发展　/　2

1.3　盾构技术的发展　/　3

1.4　顶管技术的发展　/　4

1.5　桥梁施工技术的发展　/　6

1.6　装配式建筑工程的发展　/　8

1.7　智能建造技术的发展　/　11

1.8　高层建筑工程的发展　/　16

第 2 章　地铁施工技术——区间　/　20

2.1　新奥法　/　20

2.2　台阶法　/　26

2.3　环形开挖预留核心土法　/　30

2.4　CD（中隔壁）法　/　33

2.5　CRD（交叉中隔壁）法　/　36

2.6　眼睛工法　/　39

第 3 章　地铁施工技术——站点　/　44

3.1　明挖法　/　44

3.2　盖挖法　/　51

3.3　暗挖法　/　59

第 **4** 章 | 地铁施工技术——盾构 / 73

4.1 盾构机及其工作原理 / 73

4.2 盾构机分类 / 79

4.3 盾构施工技术 / 83

4.4 盾构施工风险及管理措施 / 94

4.5 盾构施工技术的发展 / 100

第 **5** 章 | 顶管施工技术 / 106

5.1 顶管施工技术的基本原理及组成 / 106

5.2 顶管施工的分类及特点 / 112

5.3 顶管工程关键技术分析 / 118

5.4 超大断面矩形顶管施工技术 / 124

第 **6** 章 | 沉管施工技术 / 129

6.1 概述 / 129

6.2 沉管施工技术的发展 / 129

6.3 沉管施工技术的工艺 / 130

6.4 沉管施工技术的优缺点 / 143

6.5 港珠澳大桥工程概况及关键技术 / 144

第 **7** 章 | 桩基础施工技术 / 152

7.1 概述 / 152

7.2 预制桩 / 154

7.3 灌注桩 / 160

7.4 新型桩基础施工技术 / 166

7.5 桩基础施工发展新方向 / 174

第 **8** 章 | 深基坑支护施工技术 / 179

8.1 概述 / 179

8.2 单排悬臂桩支护技术 / 182

8.3 高压旋喷桩支护技术 / 184

8.4 预应力锚杆（索）支护技术 / 187

8.5 SMW 工法支护技术 / 190

8.6 地下连续墙支护技术 / 192

8.7 内撑式支护技术 / 197

8.8 双排桩支护技术 / 200

8.9 逆作法 / 203

第 9 章 | 超高层建筑施工技术 / 205

9.1 概述 / 205

9.2 超高层深基坑及地下室施工技术 / 206

9.3 超高层建筑施工垂直运输体系 / 210

9.4 超高层建筑模板及脚手架技术 / 215

9.5 超高层钢结构施工 / 220

9.6 超高层钢-混凝土组合结构施工技术 / 223

第 10 章 | 装配式建筑施工技术 / 228

10.1 预制装配式混凝土建筑施工技术 / 228

10.2 装配式钢结构建筑施工技术 / 234

10.3 装配式建筑机电一体化安装技术 / 247

10.4 装配式建筑新体系发展与应用 / 250

第 11 章 | 桥梁结构施工技术 / 255

11.1 桥梁下部结构施工 / 255

11.2 梁桥施工技术 / 260

11.3 连续刚构桥施工技术 / 268

11.4 拱桥施工技术 / 271

11.5 斜拉桥施工技术 / 274

11.6 悬索桥施工技术 / 277

第 12 章 | 智能建造技术和信息技术的应用与发展现状 / 285

12.1 BIM 技术 / 285

12.2 GIS 技术 / 293

12.3 物联网技术 / 296

12.4　VR 技术　/　298

12.5　数字孪生技术　/　300

12.6　信息监测技术　/　302

12.7　人工智能技术　/　307

12.8　智能建造技术在建筑施工中的应用价值、难点与对策　/　309

参考文献　/　312

第 1 章
现代土木工程及其施工专项技术发展

1.1 概述

近些年来，为了推动国民经济的发展，中共中央制定了多个宏观政策，为基础设施和公共服务项目提供了非常多的投资机会，并且进一步明确了未来工程项目投资的方向。例如，《交通强国建设纲要》《国家综合立体交通网规划纲要》《中华人民共和国国民经济和社会发展第十四个五年规划和 2035 年远景目标纲要》《深圳建设中国特色社会主义先行示范区综合改革试点实施方案（2020—2025 年）》《长江三角洲区域一体化发展规划纲要》等。同时，各个地方政府也积极响应国家要求，制定了相应的地方规划方案，例如，《北京市"十四五"时期交通发展建设规划》《深圳市国民经济和社会发展第十四个五年规划和二〇三五年远景目标纲要》等。

截至 2021 年底，交通运输行业得到了快速的发展。基础设施建设体现在铁路、公路、水运、民航等方面。在铁路方面，全国铁路营业里程 15.0 万 km，比上年增长 2.7%，全国铁路路网密度 156.7km/万 km^2，比上年增加 4.4km/万 km^2。在公路方面，全国公路总里程 528.07 万 km，比上年增加 8.26 万 km，公路密度 55.01km/百 km^2，比上年增加 0.86km/百 km^2，全国公路桥梁 96.11 万座、7380.21 万延米，比上年分别增加 4.84 万座、751.66 万延米。在水运方面，全国内河航道通航里程 12.76 万 km，比上年减少 43km，全国港口生产用码头泊位 20867 个，比上年减少 1275 个，全国港口万吨级及以上泊位 2659 个，比上年增加 67 个。在民航方面，颁证民用航空机场 248 个，比上年增加 7 个，年旅客吞吐量达到 100 万人次以上的通航机场 96 个，年货邮吞吐量达到 10000t 以上的通航机场 61 个，比上年增加 2 个。表 1-1 为 2016—2021 年基础设施建设情况。

表 1-1　2016—2021 年基础设施建设情况

基础设施类别	2016 年	2017 年	2018 年	2019 年	2020 年	2021 年
铁路营运里程/万 km	12.4	12.7	13.1	13.9	14.6	15.0
公路总里程/万 km	469.52	477.35	484.65	501.25	519.82	528.07
内河航道通航里程/万 km	12.71	12.70	12.71	12.73	12.77	12.76

2021 年全年完成交通固定资产投资 36220 亿元，比上年增长 4.1%，体现在铁路、公路、水运、民航等方面。在铁路方面，全年完成固定资产投资 7489 亿元；在公路和水运方面，全年完成固定资产投资 27508 亿元；在民航方面，全年完成固定资产投资 1222 亿元。

1.2 轨道交通工程的发展

当前，我国城镇化进程不断加快，城市群概念逐渐形成，城市规模逐渐扩大，以高铁与城市轨道交通为代表的轨道交通行业凭借大运量、高效、准时等优势得到快速发展。城市群是新型城镇化主体形态，是支撑全国经济增长、促进区域协调发展、参与国际竞争和合作的重要平台。都市圈是城市群内部以超大城市、特大城市或辐射带动功能强的大城市为中心，以 1 小时通勤圈为基本范围的城镇化空间形态。由于城市轨道交通与高铁项目均面临投资额巨大、运营成本高昂、盈利水平较低的困境，所以合理性线路、站点、线网规划，创新型投融资机制，沿线及周边土地与商业资源综合开发利用以及地铁小镇、高铁新城的规划与建设，都是国家未来在轨道交通行业实施的可持续发展策略。

建设城市群一体化交通网，推进干线铁路、城际铁路、市域（郊）铁路城市轨道交通融合发展，完善城市群快速公路网络，加强公路与城市道路衔接。遵循城市发展规律，立足促进城市的整体性、系统性、生长性，统筹安排城市功能和用地布局，科学制定和实施城市综合交通体系规划。

《中华人民共和国国民经济和社会发展第十四个五年规划和 2035 年远景目标纲要》中提到，推进城市群都市圈交通一体化，加快城际铁路、市域（郊）铁路建设，构建高速公路环线系统，有序推进城市轨道交通发展。

中共中央、国务院印发的《国家综合立体交通网规划纲要》中提出了"推进城市群内部交通运输一体化发展。构建便捷高效的城际交通网，加快城市群轨道交通网络化，完善城市群快速公路网络，加强城市交界地区道路和轨道顺畅连通，基本实现城市群内部 2 小时交通圈，推进都市圈交通运输一体化发展。建设中心城区连接卫星城、新城的大容量、快速化轨道交通网络，推进公交化运营，加强道路交通衔接，打造 1 小时'门到门'通勤圈。深入实施公交优先发展战略，构建以城市轨道交通为骨干、常规公交为主体的城市公共交通系统，推进以公共交通为导向的城市土地开发模式，提高城市绿色交通分担率。超大城市充分利用轨道交通地下空间和建筑，优化客流疏散。"

截至 2022 年 3 月，我国共有 51 个城市开通运营城市轨道交通线路 273 条，运营里程 8837km，实际开行列车 277 万列次，完成客运量 16 亿人次，进站量 9.7 亿人次。3 月份，新增广州地铁 22 号线（首通段）运营线路 1 条、运营里程 18.2km；51 个城市完成客运量环比增加 0.4 亿人次、增长 2.6%，同比去年 3 月减少 5.7 亿人次、下降 26.3%。

《2021 中国城市轨道交通市场发展报告》预测数据显示，2022—2023 年广州、郑州、上海、南昌、杭州、南宁等 49 座城市将有 111 条轨道交通线路新增开工建设，线路总里程达 1224.96km，车站 1243 座，总投资额达 17803.14 亿元。

2022—2023 年间有广州都市圈、福州都市圈、郑州都市圈、南昌都市圈、南宁都市圈、南京都市圈、合肥都市圈、杭州都市圈、温州都市圈、宁波都市圈、成都都市圈、上海都市圈等多个都市圈的 39 条市域（郊）铁路线路开工建设，涉及线路里程约 2057.82km，投资额达 9148.64 亿元。

"十四五"是我国城市轨道交通在新的更高起点上加快推进创新驱动、转型发展，提升运营服务品质的重要时期；也是加快推进城市轨道交通产业变革、科技创新，全面建设智慧城市轨道的重要时期；更是加快推进城市轨道交通高质量与高效率并重发展，从"城轨大国"向"城轨强国"迈进的重要时期。

据不完全统计和市场预测，"十四五"期间，我国将有 38 座城市的 278 条（段）城市轨道交通线路投入运营，总里程达 5582.52km。将有 48 座城市的 293 条（段）城市轨道交通线路开工建设，总里程达 7843.34km。近年来，顶管施工技术、沉管施工技术以及盾构技术等进一步发展和革新。伴随着施工技术的不断改进与提升轨道交通线进一步延长。

1.3　盾构技术的发展

20 世纪 90 年代，国内盾构机几乎全部依赖进口，德、日、美三国企业的产品占据着 90% 以上的市场份额。1996 年 12 月 18 日，西安至安康的西康铁路开始修建，在修建秦岭隧道时，为了保障安全、缩短工期，我国曾花 7 亿元从德国引进两台盾构机，不仅价格高，售后服务也极其昂贵。

进入 21 世纪，为打破西方技术垄断，2002 年"隧道掘进机关键技术研究"被列入"863 计划"，成为国家级重点工程。由中铁隧道集团 18 人组成的盾构机研发项目组也于当年 10 月成立。

在无数科研人员与专家学者的共同努力下，2008 年，我国首台具有自主知识产权的复合式土压平衡盾构机——中国中铁 1 号成功下线，后应用于天津地铁项目。实现了从盾构机关键技术到整机制造的跨越，填补了我国在复合盾构机制造领域的一项空白。至此，"洋盾构机"一统天下的局面被打破了。2020 年，中国中铁 1000 号盾构机问世。12 载春秋，中铁 1 号到 1000 号见证了以中铁工程装备集团有限公司为代表的我国企业艰苦攻关的奋斗史，更见证了国产盾构机从无到有、从有到优、从优到强的逆袭历程。

打破了技术垄断，下一个就是打破市场垄断。我国自主研制的盾构机直接拉低国际市场上同类产品价格的 40%。世界首台马蹄形盾构机、世界最大矩形盾构机、全球首台永磁电动机驱动盾构机……我国盾构机迭代升级越来越快，而且在不少领域都做到了世界顶尖。2012 年，我国第一台盾构机走出国门，出口海外。目前，仅中铁工程装备集团有限公司的盾构机产品就已覆盖全球 25 个国家和地区，产销量连续 4 年世界第一。

2020 年 9 月 27 日，我国研制的最大直径盾构机"京华号"在长沙下线，一跃成为世界第三大开挖直径盾构机，标志着我国超大直径盾构成套技术跻身世界前列。2021 年 12 月 22 日，由中铁十五局集团和铁建重工集团联合研制的直径为 15.01m 超大直径国内首台适用于超浅覆土超软地层施工的盾构机"振兴号"顺利下线。如今，国产盾构机不仅占据了国内 90% 的市场份额，还出口多个国家，占据 2/3 的全球市场。在以高标准著称的新加坡市场，我国生产的盾构机在交通建设中留下了身影；意大利公司采购我国盾构机成功建设了黎巴嫩大贝鲁特供水工程；在丹麦、法国等国家的地下工程中，我国盾构机也越来越多被运用。随着隧道盾构机制造技术水平的不断提高，其在施工领域的应用越来越广泛，盾构技术也不断革新出现了异型盾构技术、马蹄形盾构技术等。

1.4 顶管技术的发展

1.4.1 国外顶管技术的发展

1829 年，在第十届新英格兰铁路建设者学术会议上，有人阐述了用铸铁管从铁路路基两侧铺设到铁路下面，这可能是最早记录类似顶管施工的工作方法。在美国，北太平洋铁路公司在 1896—1900 年完成了早期顶管施工作业。

20 世纪初期，美国加利福尼亚州某水利工程中，August Griffin 在原有的技术基础上将顶管技术进行了改进，使其更加普及，同时也做了很多研究形成了大量文献，为今后的推广做出了重要贡献。

1920 年，顶管技术得到了新的突破，铸铁管退出了历史舞台，取而代之的是螺纹焊管和钢筋混凝土管。那时所用管材直径一般为 700~2400mm，在少数特殊情况下顶进长度会超过 60m。到了 20 世纪 60 年代，焊接钢管逐渐增多。

20 世纪 60 年代后，顶管技术又有了质的飞跃，从局部地区走向了世界。这一时期液压技术和大型千斤顶得到了发展，技术上克服了顶力不足的缺点。20 世纪 80 代出现了微型顶管，这也是技术上的一个突破，实现了由人工操作改为机器控制。

到现在顶管技术的发展已经有了一百多年，随着液压技术、控制技术及其他相关技术的发展，顶管技术也迈向了大口径、长距离的发展道路，逐渐向机械化、信息化、智能化方向发展。

1.4.2 国内顶管技术的发展

与西方发达国家相比，国内顶管技术起步较晚，顶管技术最早运用于铁路工程中。

1960 年研制成功了机械式顶管，以后又相继研制成功了挤压式顶管和微型遥控式机械顶管机，其直径也具有多种规格。液压纠偏和数字化显示提高了顶管技术的精确性。

1978 年上海市又研制出三段双绞式工具管，主要解决了纠偏的难题，1979 年我国首次顶进管道直径超过 2m 的管子。其后，我国顶管技术在各个方面都有了一定的突破。1981 年中继站第一次使用顶管技术。1984 年以后，在引进先进技术的基础上，进一步自主研发、创新，逐步将计算机监控、激光陀螺仪等技术运用到顶管工程中。

随着基础设施建设的增多，顶管技术在我国各个城市都得到了广泛的应用。顶管技术无论是在施工理论，还是施工工艺方面，都有很大的发展和进步，新的工艺方法不断出现，推动了我国顶管技术的发展。

下面是国内顶管技术发展的一些大事：

1）20 世纪 90 年代，我国开展了多项非开挖技术自动化的研究，逐步替代人工操作，近些年由于数控设备的普及，不少学者开始将目光转向将电子、数码引入顶管技术的研究上。

2）2000 年以后，许多高等院校对顶管技术开展了专项研究，迄今为止取得了不少成绩。

3）2001 年，上海隧道股份有限公司在江苏省常州市完成了长 2050m、直径 2m 的钢筋水泥管顶管工程，当时是我国已完成的最长的顶管工程。

4）2001 年 8 月~12 月，嘉兴市污水处理排海工程一次顶进 2050m 超长距离钢筋混凝土顶管，由于选择了合理的顶管机具形式，成功地解决了减阻泥浆运用和轴线控制等技术难题，用时 5 个月左右便完成全部顶进施工，创造了当时新的顶管施工纪录。

5）2001 年，在上虞市污水处理工程中，玻璃纤维夹砂管首次成功地应用于顶管。

6）2002 年，全长 3600m、管径为 1.8m 的钢管从 23~25m 深的地下成功横穿黄河，无论从顶进长度、埋深、地质条件，还是钢管直径当时在国内尚属首次。其中最长的一段位于黄河主河床上，长达 1259m，还要穿越较厚的砾砂层与黄河主河槽，既是我国西气东输项目的关键工程，也是当时世界上复杂地质条件下大直径钢管一次性顶进距离最长的顶管工程。

7）2002 年，我国成立了非开挖技术协会，非开挖管线技术及顶管技术的研究越来越深入。

8）2008 年，在无锡长江引水工程中中铁十局十公司采用国产设备直径 2200mm 钢管双管同步顶进 2500m。

9）2013 年，广州地铁 6 号线文化公园站 5 号出入口采用泥水平衡顶管机进行施工。

10）2014 年，郑州市红专路下穿中州大道项目采用矩形顶管机施工。

11）2016 年，天津市黑牛城道地下通道采用土压平衡顶管机施工。天津地铁 11 号线黑牛城内江路站出入口项目采用"开拓号"矩形顶管机施工。

12）2020 年，嘉兴市快速路环线下穿南湖大道隧道采用世界第一大矩形顶管隧道"南湖号"顶管机施工，实现了矩形顶管技术的不断突破，逐步抢占该领域世界技术制高点。

顶管施工技术进一步发展，施工技术的种类日益增多，常见的有人工顶管、挤压顶管、机械顶管等。

1.5 桥梁施工技术的发展

桥梁工程的发展与人类的文明进步密切相关。远古时期，人们四处觅食，寻求住所，常被溪流、山涧所阻碍。一棵树偶然倒下横过溪流，藤蔓从河岸的一棵树蔓延到对岸的一棵树，这些是最早的桥梁。人们从自然界中的偶然现象得到启发，继而效仿自然，开始建造桥梁。从对天然桥的利用到人工造桥，这是一个历史性的飞跃过程。从简单的独木桥到今天的钢铁大桥；从单一的梁桥到浮桥、索桥、拱桥、园林桥、栈道桥、纤道桥等；建桥的材料从以木料为主，到以石料为主，再到以钢铁和钢筋混凝土为主，这是一个非常漫长的发展过程。

桥梁是交通基础设施的重要组成部分，为国家经济社会的发展提供了重要支持。我国自古以来就是桥梁建设大国，特别是近几十年来保持着较高增速，极大地推动了我国交通行业的发展。特大跨径桥梁设计要求高、施工难度大，是衡量一个国家桥梁技术水平的重要指标。我国特大跨径桥梁设计起步相对较晚，直到20世纪90年代，随着我国经济发展的迫切需求，我国各类跨江、跨山与跨海特大桥梁才相继建设。1991年建成的上海南浦大桥主跨达423m，开创了我国修建400m以上大跨径斜拉桥的先河。1993年建成的上海杨浦大桥跨径超过600m，成为当时世界上跨径最大的斜拉桥。与此同时，我国首座现代悬索桥——汕头海湾大桥（主跨452m）与首座跨径超千米（1385m）的钢箱梁悬索桥——江阴长江大桥也相继建成通车。

1.5.1 我国古代桥梁

中华民族是一个勤劳、善良、智慧而且富有创造性的民族，不但开创了5000多年的中华文明，而且在世界建桥史上书写了极其辉煌的篇章。据考证，早在3000多年前的奴隶社会时期，我国古代工匠就已经在渭河之上架设了中国历史上第一座浮桥。现代桥梁中广为修建的多孔桩柱式桥梁，据历史考证，我国在春秋战国时期（公元前332年）就已普遍在黄河流域和其他地区采用，不同的只是古桥多以木桩为墩柱，上置木梁、石梁，而今则用钢筋混凝土替代。在秦汉时期，我国已广泛修建石梁桥，目前世界上尚存的长度最长、工程最艰巨的石梁桥就是我国于1053—1059年在福建泉州建造的万安桥，如图1-1所示。隋唐时期是我国古代桥梁建造的兴盛时期，在此期间，建桥工匠们运用自己的智慧和经验，创造出了丰富的桥型和结构形式。宋代以后，我国在桥梁建造方面涌现出了大批能工巧匠，工匠们的建桥技术日益成熟。该时期不但桥梁的建造数量达到了前所未有的规模，还涌现出了很多以小桥流水为典型景观的村镇、城市，而且桥梁的跨度也大大增加了。与此同时，桥梁的造型和功能更趋向多元化，几乎包括了所有近代桥梁中的最主要形式，并建造了很多在世界建桥史上具有深远影响的精品，如举世闻名的赵州桥（图1-2），它是我国古代石拱桥的杰出代表。这些古老的桥梁已经成为我国乃至世界桥梁建造史上的宝贵财富，充分展示了我国古代工匠的聪明才智和高超的技术水平。

图 1-1 万安桥

图 1-2 赵州桥

1.5.2 我国现代桥梁

新中国成立初期，为了发展我国的交通运输业，建设部门通过改造和新建的方法建造了数量可观的桥梁，使得我国的通车里程比新中国成立前有了成倍的增长。但由于受起重设备的限制，装配式桥仅在简支梁桥上使用，其他类型桥梁的施工仍多采用土牛拱胎、竹木支架、拱架现浇或砌筑施工等方式。随着经济建设的不断发展，我国科学技术取得了显著进步，尤其是各类施工机具、施工设备和建筑材料的发展，以及现代桥梁工程施工技术的不断进步，为我国建造现代化大型桥梁创造了条件。

1957 年，我国第一座公铁两用长江大桥——武汉长江大桥（图 1-3）顺利建成，结束了我国万里长江千百年来没有一座现代化公路或铁路桥梁的状况，标志着我国采用现代化建桥技术建造大跨度钢桥的能力提高到了一个历史性的新水平；1968 年，我国又建成了举世瞩目的南京长江大桥（图 1-4），这是我国自主设计、制造、施工并使用国产高强度钢材建成的又一座现代化大型桥梁，标志着我国建桥技术已达到了世界先进水平。在南京长江大桥施工中，我国桥梁工程技术人员通过试验研究，设计制造了一系列关键性的施工机具和设备，并创造了一些新的施工工艺，如管桩下沉、钻孔洗壁、循环压浆、悬拼调整、高强度螺栓安装等，保证了南京长江大桥能够按照质量与工期要求顺利完成。

图 1-3 武汉长江大桥

图 1-4 南京长江大桥

20 世纪 60 年代中期，悬臂施工方法从钢桥施工中引入预应力混凝土桥施工中，从而摆脱了建造预应力混凝土桥时只能采用预制装配或在支架上现浇施工的传统施工方法，大大促进了预应力混凝土技术在大跨度桥梁无支架施工中的应用。运用该方法，我国各地先后建造了大量的预应力混凝土刚构桥、预应力混凝土连续梁桥、预应力混凝土斜拉桥等。自此之后，大跨度预应力混凝土桥如雨后春笋般在全国各地不断出现，从而使预应力混凝土桥成为我国桥梁工程的主要类型。

进入 20 世纪 70 年代以后，伴随着预应力混凝土技术的发展，转体、顶推、逐孔施工、横移及浮运等桥梁工程施工方法不断出现在我国桥梁建设领域。经过大批工程技术人员的不断完善，这些各具特色的桥梁工程施工方法很快在应用中得到发展，并逐步成熟起来。特别是进入 20 世纪 90 年代以后，随着我国改革开放的不断深化，我国在桥梁科研、桥梁创新、桥梁设计、桥梁建材、桥梁施工、桥梁管理与维护等诸多领域取得了前所未有的成就。通过学习、吸收和消化国际先进桥梁建设理论与技术，引进国外桥梁工程施工的先进设备，我国的交通运输业和桥梁建设进入一个全新时期。我国在桥梁工程设计理论与桥梁工程施工技术方面的突出成就集中体现在高速公路建设，国道系统的畅通，桥梁技术、桥型、跨越能力和施工管理水平的提升上。我国在桥梁形态、桥梁跨度以及桥梁长度方面创造了一项又一项世界桥梁建造史上的纪录，苏通长江大桥、东海大桥、杭州湾跨海大桥、武汉天兴洲长江大桥、南京大胜关长江大桥等都是在国际上具有影响力的杰出作品。这使得我国跨入世界桥梁建造领域的先进行列，在世界桥梁建造先进国家中占据了重要一席。目前，我国在国际桥梁建造领域已经具有极强竞争力，这是我国改革开放过程中取得的一项巨大成就。

进入 21 世纪，我国已经成为世界特大跨径桥梁建设的中心舞台。截至 2021 年底，世界排名前十位的斜拉桥我国占 7 座，占比 70%；世界排名前十位的悬索桥我国占 6 座，占比 60%。据不完全统计，在世界上已建成 400m 以上跨度的斜拉桥中我国占比超过 60%；在世界上已建成 500m 以上跨度的悬索桥中我国占比超过 40%。

1.6 装配式建筑工程的发展

1.6.1 国外装配式建筑工程发展历程

国外的工业化起步较早，20 世纪五六十年代开始全面建立工业化生产体系，经历了量、质、节能环保的发展过程。装配式建筑形成的萌芽期在 20 世纪五六十年代，以确定建筑工业化生产体系为核心，解决欧洲战后房荒的问题，这个过程是量变的过程。装配式建筑的发展期在 20 世纪七八十年代，这一时期以提升住宅的性能与质量为重点，是质变的过程。装配式建筑的成熟期在 20 世纪 90 年代，重点是循环利用资源和节能，减少住宅建筑对环境的负荷和物耗，探索一条生态与绿色的可持续发展之路。

1. 德国的装配式建筑工程发展

第二次世界大战之后，德国大部分房屋被毁坏，这一期间最为突出的问题就是住房紧张，加上城市人口快速增多，促使住宅工业化的进程加快。在工厂里面需要预制完成绝大部分的建筑部件和装修材料。在工厂预制建筑部件时，诸如承重混凝土部件与内隔墙、屋顶与顶棚、楼梯等构件，都会被编上代码并在项目资料中附有详细说明，以便后期快速组装。

（1）大板建筑阶段

大板建筑是指以钢筋混凝土为主要材料，集中预制混凝土构件并进行现场安装的建筑，一般尺寸和自重较大。

（2）**模块化建筑**

模块化建筑采用木结构或钢结构作为骨架，将卧室、客厅、厨房、卫生间等按照设计需求并结合相关模数尺寸订制为一系列功能性模块（包括厨房和卫生间的水电），像一个个集装箱直接运到工地现场，通过预埋件的拼插焊接组装成一栋建筑。单位住宅的底盘一次性模压成型，可防止渗漏，排水立管设置在公共部分，在室内采用同层排水技术，减小排水噪声，检修方便。

（3）**轻型小住宅**

目前，德国小住宅领域（独栋和双拼）是采用预制装配式建造形式最多的领域。这类轻型小住宅多以钢结构或木结构作为主体结构，墙体和屋面采用玻璃、塑料、木材等材料，轻型、舒适、环保、美观，能满足住户的个性化需求。

德国的装配式建筑具有如下优点：

1）住宅科技含量高。充分运用计算机辅助设计，通过建立建筑模型来验证建筑材料的物理特性，开发符合标准的新型建筑材料和装修材料。

2）黏结技术及安装质量先进。比如为防止屋面渗漏和墙面翘裂，在实心屋顶、塑钢门窗、门窗接缝处均采用新开发的液体防水材料。构配件安装位置非常准确，阴阳角线横平竖直，上下水管线一律集中设置，施工后全部封闭，从卫生间、厨房表面看不到一根管线。

3）广泛应用节能环保技术。在房屋供暖、饮用水、垃圾处理、交通和环境方面，既周到细致地满足了住户需求，又保护了整体环境。

2. 日本的装配式建筑工程发展

在第二次世界大战期间，日本的社会经济受到重创，在战后重建的背景之下，住宅产业得到快速发展。

（1）满足基本住房需求阶段（1960—1973 年）

经过十几年的经济恢复，1960 年日本的国民生产总值达到人均 475 美元，具备了经济起飞的基本条件。随着经济的高速发展，日本的人口急剧膨胀，并不断向大城市集中，导致城市住宅需求量迅速增加。

（2）完善住宅功能阶段（1973—1985 年）

日本的建筑工业化从满足基本住房需求阶段进入完善住宅功能阶段，该阶段住宅面积在扩大，质量在改善，人们对住宅的需求从数量的增加转变为质量的提高。20 世纪 70 年代，日本掀起了住宅产业的热潮，并且为了保证产业化住宅的质量和功能，制定了《工业化住宅质量管理优良工厂认定制度》和《工业化住宅性能认定规程》。到了 20 世纪 80 年代中期，以工厂化方式生产的住宅数量占竣工住宅总数的比例已增至 15%～20%。日本的住宅产业进入稳定发展时期。

（3）高品质住宅阶段（1985年至今）

1985年，随着人们对住宅高品质的需求，日本几乎全部住宅都采用了新材料、新技术，而且在绝大多数住宅中采用了工业化部件，其中工厂化生产的装配式住宅约占20%。1990年，日本推出了采用部件化、工业化生产方式，高生产效率，住宅内部结构可变，满足居民不同需求的中高层住宅生产体系，完成了产业自身的规模化和产业化的结构调整，进入成熟阶段。

日本的装配式建筑工业化的特点如下：

1）扎实的标准化工作。在对设备、材料、性能、生产、结构等的各类标准进行调查研究与整合的基础上，制定了大批的部品标准与行业标准。

2）走科研—设计—生产一体化的道路。日本的住宅产业背后是大企业集团，它们不仅对科研投入十分重视，同时对家庭结构的演变、住户的需求与住宅文化也十分注重，而且看中科技对住宅产生的影响，希望在住宅的文化和科技含量上不断提高。

3）实行严格的质量认证制度。对质量进行全面的控制，再加上质量认证制度的严格性，这两者保障了住宅产业化的良好发展。

4）国家层面的五年产业发展计划。五年产业发展计划为开发研究住宅产业技术的重点与目标指明了方向。

3. 美国装配式建筑的研究

美国已经形成完善的标准化体系，在住宅部品方面和构件生产方面都达到了很高的工业化生产水平。根据住宅开发商提供的产品目录，住户不仅可以自由地选择住宅形式，而且可以委托专业承包商来开发建设。

1）标准化程度高。在工业住宅的各个方面，包括设计、施工、节能、防风、采暖制冷以及管道系统等，美国政府都制定了详细的标准。

2）建筑市场具有完善的体系，同时具有较高的社会化与专业化程度。住户可以根据提供的住宅产品目录，对建筑房屋所需要的材料与部品进行自定义采购，同时可以委托承包商建造。美国的住宅大多采用装配式木结构或轻钢结构，建造速度快，一般3~4层木结构2周完成。

1.6.2 国内装配式建筑工程发展历程

从1949年新中国成立到现在，我国不断推进工业化和城镇化建设，对我国装配式建筑工程70多年的发展历程进行全面回顾，大致可以将其分为四个阶段：

1. 萌芽起步期（1950—1976年）

我国装配式建筑的发展始于20世纪50年代初期，新中国成立后，国家采取多方面措施为经济建设有计划地创造条件。为了改变工业落后的局面，我国学习苏联和东欧各国的经验，将工业化生产方式引入建筑行业，在国内推行使用预制构件和装配式建筑，应用领域从工业和公共建筑逐步向民用建筑发展。政府还确立了建筑工业化的发展方针，即标准化设计、构件工厂化生产和机械化施工。

2. 起伏发展期（1977—1995 年）

1978 年我国提出改革开放的发展政策，这促进了经济迅速发展，也使得住房需求大增，我国建筑工业化实行"四化、三改、两加强"的发展方针，建筑行业引入德国大板式建筑体系，这类建筑形式简单，对性能要求不高，容易标准化施工，很好地适应了当时我国建筑市场的需求，被广泛地应用。

3. 低谷停滞期（1996—2012 年）

20 世纪 90 年代中期，我国各行各业在改革开放后迅速发展，取得了阶段性的成果。全国建筑行业蓬勃发展，但由于科技水平受限，装配式建筑在设计、施工、管理上都存在局限性，使得装配式建筑造价居高不下，布局缺乏灵活性，节点连接不够可靠，在防水、隔声、保温和防震等使用性能方面存在诸多问题。

4. 大力推广期（2013 年至今）

从"十二五"规划开始，国家实施绿色发展战略，坚持走可持续发展路线，开始注重建筑的节能减排。在政策层面，陆续出台了多项有关装配式建筑的发展规划和指导意见，全国各地也纷纷重视和积极行动起来；随着人民日益增长的美好生活需要，市场对建筑提出了更高的品质要求；同时，国内科技水平发展迅速，工厂加工精度及连接工艺日趋完善。运用现浇技术建造的毛坯房面临着诸多挑战，装配式建筑再度兴起。

为优质高效推广装配式建筑，首先需要创新和发展装配式建筑施工技术。现阶段，我国装配式建筑的主要载体是混凝土结构和钢结构。装配式混凝土建筑施工技术围绕预制构件展开，包括预制构件定位吊装技术、预制构件关键节点连接技术、叠合板拼接技术。装配式钢结构建筑施工技术包括钢柱与钢梁安装技术、楼板体系施工技术、维护体系施工技术等。此外，装配式混凝土结构和钢结构施工都涉及机电一体化安装技术，包括机电管线预埋、设备系统施工安装、设备与管线安装等。近年来，装配式建筑技术新体系也得到快速发展与应用。

1.7 | 智能建造技术的发展

2020 年 7 月，住房和城乡建设部、国家发展改革委等 13 个部门联合下发《关于推动智能建造与建筑工业化协同发展的指导意见》，提出以大力发展建筑工业化为载体，以数字化、智能化升级为动力，创新突破相关核心技术，加大智能建造在工程建设各环节应用，形成涵盖科研、设计、生产加工、施工装配、运营等全产业链融合一体的智能建造产业体系。2020 年 8 月，住房和城乡建设部等 9 个部门联合发布《关于加快新型建筑工业化发展的若干意见》，提出为全面贯彻新发展理念，推动城乡建设绿色发展，以新型建筑工业化带动建筑行业全面转型升级，打造具有国际竞争力的"中国建造"品牌。

建筑行业作为我国国民经济发展的重要产业之一，极大地带动了我国经济水平的提高。早期落后的生产方式、大规模的能源资源消耗、粗放的管理水平已经远远不能满足日益发展的需求，传统建造方式、粗放型发展模式已难以为继，迫切需要通过加快推动工业化和信息化协同发展，走出一条内涵集约式高质量发展的新道路。在建筑行业的不断摸索发展以及最新的政策形势推动下，促进了智能建造的诞生和发展壮大。

智能建造具体应用的最基础单元是每一个工地项目，智慧工地建设的情况直接反映和检验着智能建造的成果转化程度。《关于推动智能建造与建筑工业化协同发展的指导意见》指出，加快推动新一代信息技术与建筑工业化技术协同发展，在建造全过程加大建筑信息模型（BIM）、互联网、物联网、大数据、云计算、移动通信、人工智能、区块链等新技术的集成与创新应用。大力推进先进制造设备、智能设备及智慧工地相关装备的研发、制造和推广应用，提升各类施工机具的性能和效率，提高机械化施工程度。加快传感器、高速移动通信、无线射频、近场通信及二维码识别等建筑物联网技术应用，提升数据资源利用水平和信息服务能力。加快打造建筑产业互联网平台，推广应用钢结构构件智能制造生产线和预制混凝土构件智能生产线。

1.7.1　智能建造的发展历史

智能建造的发展不是一蹴而就的，而是机械化、数字化、信息化和智能化叠加演进的过程，分为机械化建造、数字化建造、信息化建造和智能化建造四个演进阶段。

1. 机械化建造阶段

机械设备在建筑行业的使用极大地解放了劳动力，使得建造方式进入了机械化阶段。这一阶段大幅度提高了劳动生产率，降低了生产成本。机械设备采用了各种高精度的导向、定位、进给、调整、检测、视觉系统或部件，可以保证产品装配生产的高精度。机械自动化使产品的制造周期缩短，能够使企业实现快速交货，提高企业在市场上的竞争力。

2. 数字化建造阶段

建筑工程数字化建造的思想由来已久，伴随着机械化、工业化和信息技术的进步而不断发展。数字化是指对物理世界中的建筑产品、建设全过程、生产要素和各方参建单位的解构和数字化重构。数字化的过程将产生穿梭于物理实体和数字虚体之间的数字主线，支撑模型信息在物理空间与数字空间的双向沟通。数字主线可以将物理空间的信息反馈到虚拟的数字建造之中，从而构建数字化模型。通过数字化模型，可以在建造前进行模拟和分析，从而得到最优方案。例如，通过 BIM（建筑信息模型），设计师可以对建筑设计方案进行建模和全过程模拟分析，充分试错和优化方案，从而减少变更，避免返工，保障设计方案的最优性和可行性。

3. 信息化建造阶段

信息化是数字化的升级，通过 CPS（信息物理系统）与物理世界中的生产对象、生产活动、生产者、生产要素进行泛在连接、全面感知和实时在线，并与数字世界中的虚体模型进行实时映射和虚实互联，形成虚实映射的数字孪生，将建筑本体以及人、机、料、法、环等生产要素物理实体，与数字虚体模型进行泛在连接和相互映射。通过数字孪生展示、预测、分析数字模型和物理世界之间的互动过程，通过算法和模型进行分析决策，对物理实体进行控制和调整。

4. 智能化建造阶段

智能化建造是工程建造的高级阶段，通过信息技术与建造技术的深度融合以及智能技术的不断更新应用，从项目的全生命周期角度考虑，实现基于大数据的项目管理和决策，以及无处不在的实时感知，最终达到工程建设项目工业化、信息化和绿色化的三化集成与融合，促进建筑产业模式的根本性变革。例如，在建筑工地现场，通过云端的项目大脑和机器人等，逐步实现对人工作业的劳动力替代和脑力增强，逐步实现少人化和无人化的自主管理、自动作业。

1.7.2　主流智能建造技术

毛志兵在《建筑工程新型建造方式》一书中详细论述了智慧建造技术体系，为智能建造技术理解提供了重要借鉴。智慧建造技术体系呈金字塔形，自下而上共分为四层：处于最底端的是新型材料、通信等通用技术；第二层是在第一层的基础上所开发的建筑工业机器人、3D 打印等智能设施、设备及技术；第三层是广泛结合第二层的智能设施和技术方法开发的智能工厂；最顶端是基于系统层面的产业互联网和数字物理系统。不同于智慧建造技术着重以机器的思考和执行为主，智能建造技术关注的核心是人与机器协同的建造。基于这一理解，智慧建造技术体系底端的第一、二层可以实现对智能建造技术的概述。毛志兵主要针对处于第一、二层级中 BIM、GIS（地理信息系统）、VR（虚拟现实）、3D 打印、物联网、人工智能等关键技术进行了分析和概述。

对上述研究综合分析后可知，智能建造技术是在建造流程中，通过对数字、信息等新型智能技术应用与集成应用，实现建造流程智能化的关键技术、技巧和方法的统称。结合现阶段建筑行业智能建造发展情况和本书对智能建造概念的界定，本书基于第一种视角探讨智能建造技术，并在综合参考毛志兵、刘占省和毛超等学者研究的基础上，界定本书所研究的七种主流智能建造技术：BIM 技术、GIS 技术、物联网技术、VR 技术、数字孪生技术、信息监测技术、人工智能技术。

1. BIM 技术

BIM 技术是当前建筑行业广泛推广、宣传的主要技术之一。BIM 技术可以基于建筑工程项目的信息参数构建三维立体模型，实现工程几何信息、物理信息、成本信息、施工信息、运营信息等的集成，为工程各参与方提供信息共享平台，实现信息共享。与传统施工模式相比，引入 BIM 技术可提前进行可视化模拟、碰撞检查，对施工方案进行模拟，预演施工关键环节，提前制定安全防范措施，提高安全施工效率。此外，BIM 技术可实现建筑施工状态和实时数据管理同步，在成本控制、施工进度管理和施工生产效率提升方面有重要促进作用。随着现代建筑不断向信息化、智能化方向发展，BIM 技术已经成为建筑工程建设中的关键技术，其应用范围不断扩大，在应对日益结构化、复杂化的建筑工程建设方面具有独特优势。

2. GIS 技术

GIS 技术主要对地理空间数据进行处理和分析。它是在计算机硬、软件系统支持下，对建筑项目空间布局和外部环境等数据进行采集、储存、管理、运算、分析、显示和描述的技术系统。结合 GIS 技术，可掌握工程项目所在地交通、电力、供水和燃气等布局信息，帮助提升现场作业环境便利程度。GIS 技术也能够反映施工项目状况，帮助对施工现场进行监督与管理，保障安全性。当前在建筑施工领域，将 GIS 技术和 BIM 技术相结合实现建筑施工可视化管理已得到广泛的探讨。

3. 物联网技术

物联网技术是通过射频识别（RFID）装置、红外感应器、全球定位系统、激光扫描器、传感器等各种信息传感设备将万物连接，以实现对物体进行智能化识别、定位、追踪、监控并触发相应事件的一种网络技术。在建筑施工中，通过传感器、无线传输网络以及服务器将人员、设备和网络联系起来，可实现对施工现场人员、材料、环境以及设备的监控和管理，是实现安全管理的重要手段。在建筑施工中，可通过人员机器定位对现场的实时作业进行监控，加强安全监管与保护。配备带有二维码标识的安全帽、增加二维码材料标识等也可加强对人员、材料使用情况的管理，强化成本管控。在技术层面，通过实时传感收集工程数据，也有助于施工的质量控制。

4. VR 技术

VR（Virtual Reality，虚拟现实）技术是一种可以创建和体验虚拟世界的计算机仿真系统。它利用计算机生成一种模拟环境，通过多源信息融合、三维动态场景模拟和实体行为的系统仿真，使用户沉浸到该环境中。VR 技术不但具有仿真技术的优点，还能提供真实的环境效果，在许多应用领域取得飞速发展。与 AR（增强现实）技术相似，VR 技术可借助设备演示存在的安全隐患，对施工人员进行安全教育培训等。在建筑生产领域中，VR 技术可用于提前模拟施工，通过计算机和 VR 眼镜模拟施工过程帮助工人学习细部节点做法，对工人进行技能培训，以提高实际施工的效率和质量。

5. 数字孪生技术

数字孪生是充分利用物理模型、传感器更新、运行历史等数据，集成多学科、多物理量、多尺度、多概率的仿真过程，在虚拟空间中完成映射，从而反映相对应的实体装备的全生命周期的过程。数字孪生是一种超越现实的概念，可以被视为一个或多个重要的、彼此依赖的装备系统的数字映射系统，在产品设计、产品制造、医学分析、工程建设等领域应用较多。目前在国内应用最深入的是工程建设领域，关注度最高、研究最热的是智能制造领域。

6. 信息监测技术

在施工过程中合理运用信息监测技术可以保证施工管理层以及政府、监理单位随时远程掌握项目中的进度问题、安全质量问题等。例如，现阶段安全监控的手段主要是通过智能监控实时排查现场人员、设备等安全状况，利用传感设备对深基坑、高支模等危大工程实施全面监测，对危险源进行自动报警，现场巡检人员将存在安全隐患之处拍照上传至云平台，管理人员通过移动终端实时获取安全信息，安排整改并利用大数据技术对施工现场安全隐患进行统计分析，总结事故发生的原因和经验。同时与智能识别技术相结合，可以通过视频监控有效地识别施工中存在的违规操作以及不文明施工现场，对于提高施工安全以及工程项目质量起到积极作用。

7. 人工智能技术

人工智能可通过计算机完成通常需要人类智能的复杂工作。人工智能涉及人脸识别、图像识别等技术内容，建筑施工企业可通过人脸识别对工人进行考勤，通过分析现场施工照片分析人员安全隐患并及时进行有效提醒。毛志兵指出，可通过在人工智能技术基础上搭建建筑施工管理系统对施工人员、材料进出场和分包商进行管理，提高管理效率。除了识别之外，也可通过人工神经网络技术对建筑施工中混凝土强度进行预测、对建筑结构健康进行诊断等。

1.7.3　智能建造技术发展现状

智能建造技术是在建造流程中，通过对数字、信息等新型智能技术应用与集成应用，实现建造流程智能化的关键技术、技巧和方法的统称。随着科技的发展，建筑施工中所使用的高科技越来越多，智能建造技术作为最早发展且发展最迅速的技术，已经广泛应用于工程项目施工中。在项目管理方面，施工现场会有专门的设备对施工项目进行监测，实时将现场的画面传给管理人员，让管理者即使不到现场也能了解现场的动态，保证项目的完成进度。在工程资源管理方面，设计了专门的管理软件，对工程图、建设施工资料进行审查及管理，保证资料的完整性。同时还可利用智能建造技术在网上获取更多的资料，便于学习与研究。在其他国家，例如日本，建筑施工项目会采取信息全面化管理的方式，首先在施工项目建设初期就会建立数据库，将项目相关数据收集起来，储存、处理，形成一个系统，然后在施工过程中将信息和数据电子化，传给系统进行储存和处理，最后分析出最适合建筑施工的方式，从而提高整个项目的质量和效率，进而提高团队竞争力。

智能建造技术在建设工程领域的应用，能够有效提高施工的工艺价值。如通过应用信息技术，使得建筑工程中的施工信息资源实现共享，同时实现施工的精细化、细致化管理，为施工管理工作提供更为准确、全面的信息数据支持，提升施工管理的协调性，保证各项施工项目管理工作细致开展等。不仅如此，智能建造技术的引入还提高了工程施工的效率和专业化水平，在成本管理上也能发挥出巨大作用。以智能建造技术为载体的建筑工程施工现代化管理，能够对施工现场的各种数据信息进行存储和使用，便于对各环节施工的跟踪和管理，可以看出智能建造技术在工程施工领域具有很高的应用价值。

当前，我国在智能建造技术建筑工程施工应用的过程中，还存在着一些问题及不足，其中主要的应用不足问题表现在四个方面：

1）智能建造技术在工程施工中的应用较为狭隘和独立。智能建造技术只有一部分大型建筑企业会采用，而更多的小型建筑企业通常不会应用智能建造技术进行管理。

2）专业智能建造技术人才较缺乏，大多数技术人员达不到建筑施工智能建造技术应用的高要求，导致智能建造技术无法最大限度发挥效用。此外，管理人员的素质有待提高，管理人员没有对智能建造技术在建筑施工中的应用有一个正确的认识，没有重视对专业技术人员的培训与对智能建造技术的宣传。专业技术人员与管理人员的素质难以达到信息化管理的要求，导致建筑施工实现智能化的历程较为艰难。

3）缺乏先进的智能建造技术设备。在建筑施工中所使用的智能建造技术设备较为落后，如果引进先进的国外产品，一方面会提高工程成本，另一方面出现问题后难以及时维修。

4）国内在建筑工程上并未形成具体的智能建造技术标准，导致建筑行业对智能建造技术的发展路径尚不清晰。

目前而言，智能建造技术已经在某些领域得到了一定程度的应用，并取得了较好的发展。但是就总体而言，智能建造技术在建筑施工应用的水平上，仍然存在智能化程度较低的现状，在多个层面领域都需要进一步加强资源共享。未来还有必要不断加大在智能建造技术应用上的研究力度，积极开发和应用更加先进的智能建造技术，推广使用现代化的信息管理工具及方法，不断将建筑工程施工管理水平提高到更高的层次。

1.8 高层建筑工程的发展

1.8.1 国内外高层建筑工程发展历程

1. 国外高层建筑工程发展历程

（1）第一阶段

高层建筑的发展与垂直交通设备以及钢筋混凝土材料的发展密不可分。19 世纪中叶以前，欧美等国家的城市建筑一般在 6 层以下。1853 年，美国奥蒂斯发明了安全载客升降电梯；1856 年，钢材批量生产技术开发成功；1867 年钢筋混凝土问世。这些关键技术要素的发展使高层建筑的建造有了可能，此后城市高层建筑不断涌现。

（2）第二阶段

现代高层建筑迄今已有 100 多年的发展历史。1885 年，美国芝加哥建造了 10 层家庭保险大楼，是世界公认的第一栋具有现代意义的高层建筑，也是世界上第一栋高层钢结构建筑。1894 年，美国曼哈顿人寿保险大楼建成，高 106m，是世界首栋高度大于 100m 的超高层建筑。1903 年，美国在辛辛那提建了 16 层英戈尔大楼，是世界首栋钢筋混凝土高层建筑。1907 年，美国纽约建造了 47 层、高 187m 的辛尔大厦，是世界首栋超过金字塔高度的高层建筑。1913 年，美国纽约采用钢框架建造了高 241m 的渥尔沃斯大厦，成为当时世界最高的超高层建筑。1931 年，美国纽约建造了高 381m 的帝国大厦，保持世界最高建筑纪录达 40 余年。1967 年，苏联莫斯科建造了高 540m 的莫斯科电视塔，是当时世界第一高塔。1974 年，美国芝加哥建造了高 442m 的西尔斯大厦，保持世界最高建筑纪录达 24 年之久。1976 年，加拿大建造了高 554m 的多伦多塔（加拿大国家电视塔），成为当时新的世界第一高构筑物。可以说 20 世纪 80 年代以前，世界范围具有影响力的超高层建筑基本上主要集中在美国。20 世纪 80 年代，特别是 90 年代以后，随着亚洲社会经济的快速发展，超高层建筑在世界范围内逐渐开始普及，从欧美到亚洲都有所发展。

（3）第三阶段

进入 20 世纪，随着经济高速发展，世界最高建筑的纪录被一再刷新。1930—1931 年位于纽约的华尔街 40 号大厦（现特朗普大厦）、克莱斯勒大楼和帝国大厦之间的高度竞赛，1973—1974 年纽约世贸大厦和芝加哥西尔斯大厦之间的最高建筑桂冠争夺都颇具传奇色彩。到了 20 世纪末，世界第一高楼的纪录在 1997 年和 2010 年先后被吉隆坡双子塔和迪拜哈利法塔刷新。

在人口增长和城市化加速的双重作用下，全球范围的高层建筑发展迅速。全球摩天大楼建设增长的趋势还在持续，其中，亚洲与中东地区在排名中不断上升，混合功能持续占据主流。

2. 国内高层建筑工程发展历程

（1）第一阶段：1920—1978 年

我国高层建筑的发展，始于 20 世纪二三十年代。开发商在上海等沿海城市建设了一定数量的高层建筑，其中最具代表性的当属上海国际饭店。新中国成立以后，迅速转入大规模工业建设，这一时期基本没有高层民用建筑。直至 20 世纪 60 年代末、70 年代初，由于外事工作的需要，在北京、广州等城市建设了少量高层民用建筑，代表性的建筑有 27 层的广州宾馆、17 层的北京饭店新楼以及高度突破百米的广州白云宾馆。这些高层建筑均为钢筋混凝土框架-剪力墙结构。

（2）第二阶段：1978—1990 年

1978 年党的十一届三中全会确定的改革开放方针，带来了高层建筑的春天。20 世纪 80 年代初在深圳经济特区及沿海主要城市建成了一批标准较高的高层建筑，其中代表性的建筑有深圳国贸大厦、广州白天鹅宾馆、上海华亭宾馆、联谊大厦等，这些项目的设计基本由国内设计师主导。在此期间颁布了《钢筋混凝土高层建筑结构设计与施工规程》，适时地为高层建筑结构设计提供了技术支撑和引导。这个时期建筑高度进一步提升，结构形式更为多样，出现了钢结构和钢-钢筋混凝土混合结构的高层建筑，代表性建筑有上海新锦江大酒店、希尔顿大酒店、北京京广中心、京城大厦、深圳发展中心、南京金陵饭店等一批有影响的高层建筑。

（3）第三阶段：1990—2000 年

1990 年国家宣布上海浦东开发开放，使浦东陆家嘴成为高层建筑建设的热土。东方明珠广播电视塔的建设是浦东新区第一个标志性项目。随后大量金融办公建筑同时开始建设，这些项目体量大、设计标准高、空间变化复杂、结构体系多样，吸引了大量国际知名设计事务所参与设计。在短短的 10 年左右时间里，建筑高度先后跨越了 400m 和 500m 两个台阶。我国工程技术人员在参与建设的过程中其设计水平得到了很大提高。浦东陆家嘴 CBD 代表性建筑有金茂大厦、中心大厦、环球金融中心等。国际水平的先进结构体系和技术得到比较广泛的应用。

（4）第四阶段：2000—2020 年

进入 21 世纪以来，改革开放的进一步深入和国力的增强使我国高层建筑的发展进入了一个新的阶段。地域分布进一步拓展，除一线城市及环渤海、长三角、珠三角地区之外，很多二、三线城市也开始大量建设高层与超高层建筑，数量比较集中的有武汉、合肥、重庆、成都、西安、沈阳等城市，建筑高度进一步增加，还建成了一批超高层建筑。

（5）第五阶段：2020 年至今

作为现代都市标志物的摩天大楼以惊人的速度在我国各地拔地而起。但近些年，超高层建筑烂尾的数量持续增加，深圳赛格大厦的晃动引发人们对超高层建筑安全的担忧。此外，由于超高层建筑的独特结构，发生火灾时火势沿电梯井、管道井等迅速攀升，由此超高层建筑的消防救援一直是世界性的难题。为了严格限制建筑高度，自 2020 年来各部门相继出台"限高令"：2020 年 4 月，住房和城乡建设部、国家发展改革委发布《关于进一步加强城市与建筑风貌管理的通知》，指出"严格限制各地盲目规划建设超高层'摩天楼'，一般不得新建 500m 以上建筑"；2021 年 6 月，国家发展改革委印发《关于加强基础设施建设项目管理确保工程安全质量的通知》，也提到"不得新建 500m 以上超高层建筑"；2021 年 10 月，住房和城乡建设部与应急管理部发布《关于加强超高层建筑规划建设管理的通知》，明确"城区常住人口 300 万人口以下城市严格限制新建 150m 以上超高层建筑，城区常住人口 300 万人口以上城市严格限制新建 250m 以上超高层建筑，不得新建 500m 以上超高层建筑"；2022 年 7 月，国家发展改革委发布的《"十四五"新型城镇化实施方案》也明确提到"严格限制新建超高层建筑，不得新建 500m 以上建筑，严格限制新建 250m 以上建筑"。在一系列政策导向下，部分省市对规划建设中的摩天大楼的高度做出了相应调整。超高层建筑发展进入新的阶段，对摩天大楼的态度将日趋理性。

1.8.2 高层建筑工程结构的发展

随着技术水平的进一步提升，高层建筑工程的施工技术和结构也在不断创新发展。在施工技术上出现了专门为高层建筑而设计的基坑及地下室施工技术、垂直运输体系、钢结构施工技术等，具体技术内容及施工过程将在本书第 9 章介绍；高层建筑结构方面，高层建筑工程结构由于承受垂直荷载、水平风荷载及地震荷载的共同作用，其高度越高，水平作用的影响就越大，对结构设计来讲选用一种具有适当刚度的结构体系是设计的关键，从国内现有的设计与施工水平的实际状况来看，通常采用钢筋混凝土纯框架结构、剪力墙结构、框架-剪力墙结构、钢筋混凝土筒体结构、钢结构、钢-钢混凝土混合结构等结构体系。

1. 钢筋混凝土纯框架结构

高层建筑发展早期多采用钢筋混凝土纯框架结构。由于它平面布置灵活，空间大，能适应较多功能的需要，因此成为高层建筑的主要结构形式。如早期的北京饭店、上海的国际饭店等，以及后期的长城饭店等。但是，这种结构的侧向刚度较小，在一般节点连接情况下，当承受侧向风力或地震作用时，会有较大的侧向变形。因此，限制了这种结构形式的高度和层数。

2. 剪力墙结构

为了满足更高层数的要求，出现了较高层数的剪力墙结构。剪力墙结构具有良好的侧向刚度和规整的平面布置，按照功能要求，设置自下而上的现浇钢筋混凝土剪力墙，无疑它对抵抗侧向风力和地震作用是十分有利的，因此，它所允许建造的高度可以远远高于钢筋混凝土纯框架结构。剪力墙结构的不足之处在于平面布置的灵活性较差，使用上也须受到一定限制。因此，它的适应范围较小，仅适用于住宅、公寓和宾馆等建筑。

3. 框架-剪力墙结构

建筑功能要求有较大的灵活性，但同时又能经受住风和地震作用的考验，取纯框架和剪力墙结构两者之长，形成了框架-剪力墙结构。框架结构具有布置灵活的优点，而剪力墙结构具有良好的侧向刚度，结合后的结构体系可广泛满足一般建筑功能要求，在适当位置设置一定数量的剪力墙，既是建筑布置需要，又是结构抗侧力需要。因此，框架-剪力墙结构体系的适用范围较广，是一种较好的结构体系。北京饭店东楼、北京国际大厦、上海展览中心北馆、上海扬子江大饭店等均采用框架-剪力墙结构。

4. 钢筋混凝土筒体结构和钢结构

钢筋混凝土筒体结构的出现主要是为了满足高层建筑的层数要求。筒体结构既可以是内筒（以封闭的钢筋混凝土剪力墙形成空心悬臂梁）和外框（以密排柱形成框架），也可以是内筒和外框架筒（以密排柱和梁形成框架筒）。筒体结构具有很好的整体性和抗侧力性能，在平面布置和满足功能要求方面也有明显的优势。钢结构具有承载力高、自重轻、占地面积小、使用空间大、工业化程度高、施工速度快、抗震性能好、基础费用省等优点。

5. 钢-钢筋混凝土混合结构

为了发挥钢结构和钢筋混凝土结构各自的优越性，由两者结合形成的钢-钢筋混凝土混合结构成为超高层建筑的重要发展趋势。这一结构体系综合了钢结构自重轻、强度高、使用空间大、施工速度快与钢筋混凝土结构刚度大、造价低等优点，是一种很好的结构体系，在高层建筑结构设计中得到了越来越广泛的应用。

第2章
地铁施工技术——区间

目前对于不同情况下的地铁施工，有多种成熟工法。在当前隧道施工的实践中，从施工造价及施工速度角度考虑，施工方法的选择顺序为：新奥法→台阶法→环形开挖预留核心土法→CD 法→CRD 法→眼睛工法；从施工安全角度考虑，其选择顺序应反过来。如何正确选择，应根据实际情况综合考虑，但必须符合安全、快速、质量和环保的要求，达到规避风险、加快进度和节约投资的目的。

2.1 新奥法

2.1.1 新奥法的概念

新奥法即新奥地利隧道施工方法的简称，新奥法概念是奥地利学者 L. V. Rabcewicz 教授于 20 世纪 50 年代提出的，它是一种应用岩体力学理论，以维护和利用围岩的自承能力为基点，采用锚杆和喷射混凝土为主要支护手段，及时进行支护，控制围岩的变形和松弛，使围岩成为支护体系的组成部分，并通过对围岩和支护的量测、监控来指导隧道施工和地下工程设计施工的方法和原则。经过许多实践和理论研究，于 20 世纪 60 年代取得专利权并正式命名。

L. V. Rabcewicz 教授最早把新奥法思想应用于奥地利阿尔卑斯山深埋硬岩隧道建设，采用柔性支护旨在充分利用拱效应——地层的自承能力；20 世纪 60 年代中期，Muller 把新奥法应用于城市地铁软岩（土）隧道，认为新奥法应用于硬岩隧道和软岩（土）隧道开挖时应有所区别；1964—1969 年 Rabcewicz 提出了岩石压力下隧道稳定性的理论分析，强调采用薄层支护，并及时修筑仰拱以闭合衬砌的重要性，根据试验证实，衬砌应按剪切破坏进行设计计算。我国在 20 世纪 70 年代引入新奥法，并得到迅速推广，取得了良好的技术经济效果，在软岩（土）隧道新奥法施工中，提出了既全面又科学的"管超前、严注浆、短开挖、强支护、快封闭、勤量测"的十八字施工口诀。

2.1.2 新奥法的主要原则

1）充分保护围岩，减少对围岩的扰动。

2）充分发挥围岩的自承能力。

3）尽快使支护结构闭合。

4）加强监测，根据监测数据指导施工。

主要原则可扼要地概括为"少扰动、早喷锚、快封闭、勤测量"。

因为隧道的主要承载部分是围岩，支护结构起到发挥和保护围岩自承能力的作用。在静力学理论中，隧道的结构可视为由岩体承载环和支护衬砌组成的圆筒结构，承载环的闭合起到了关键作用，因此围岩和衬砌的整体化应在初期衬砌中就及早完成，保证衬砌环的稳定与完整。从应力的重分布来考虑，全断面开挖法是比较理想的开挖方法。因此，施工方式归根结底要把握一个出发点，那就是保护、调动和发挥围岩的自承能力，在此基础上根据工程实际条件灵活地选择施工及辅助方法。

2.1.3 新奥法施工的特点

1. 及时性

新奥法施工以喷锚支护为主要手段，可以最大限度地紧跟开挖作业面施工，因此可以利用开挖施工面的时空效应，限制支护前的变形发展，阻止围岩进入松动的状态，在必要的情况下可以进行超前支护，加之喷射混凝土的早强性和全面黏结性，因而保证了支护的及时性和有效性。在巷道爆破后立即施工以喷射混凝土支护能有效地制止岩层变形的发展，并控制应力降低区的扩展，进而减轻支护的承载，增强岩层的稳定性。

2. 封闭性

由于喷锚支护能及时施工，而且是全面密黏的支护，因此能及时有效地防止因水和风化作用造成围岩的破坏和剥落，阻止膨胀岩体的潮解和膨胀，保护原有岩体强度。巷道开挖后，围岩由于爆破作用产生新的裂缝，加上原有地质构造上的裂缝，随时都有可能产生变形或发生塌落。当喷锚支护时，混凝土以较高的速度射向岩面，很好地充填了围岩的裂隙、节理和凹穴，大大提高了围岩的强度。同时，喷锚支护起到了封闭围岩的作用，隔绝了水和空气与岩层的接触，使裂隙充填物不致因软化、解体而使裂隙张开，导致围岩失稳。

3. 黏结性

喷锚支护与围岩能全面黏结，这种黏结可以产生三种作用：

1）联锁作用。即将被裂隙分割的岩块黏结在一起。若围岩的某块危岩活石发生滑移坠落，则会引起临近岩块的联锁作用，相继丧失稳定，从而造成较大范围的冒顶或片帮。开巷后若能及时进行喷锚支护，则喷锚支护的黏结力和抗剪强度可以抵抗围岩的局部破坏，防止个别围岩活石滑移和坠落，从而保证围岩的稳定性。

2）复合作用。即围岩与支护构成一个复合体（受力体系）共同支护围岩。喷锚支护可以提高围岩的稳定性和自身的支撑能力，同时与围岩形成了一个共同工作的力学系统，具有把岩石荷载转化为岩石荷载承载结构的作用，从根本上弥补了支护消极承载的弱点。

3）强度增加作用。开巷后应及时进行喷锚支护。一方面可将围岩表面的凹凸不平处填平，消除因岩面不平引起的应力集中现象，避免过大的应力集中所造成的围岩破坏；另一方面，使巷道周边围岩处于双向受力状态，增大围岩的黏结力和内摩擦角，进而提高围岩的强度。

4. 柔性

喷锚支护属于柔性薄性支护，能够和围岩紧黏在一起共同作用，由于喷锚支护具有一定柔性，因此可以和围岩共同产生变形，在围岩中形成一定范围的非弹性变形区，并能有效控制围岩塑性区适度的发展，使围岩的自承能力得以充分发挥。此外，喷锚支护在与围岩共同变形中受到压缩，对围岩产生越来越大的支护反力，能够抑制围岩产生过大变形，防止围岩发生松动破坏。

2.1.4 新奥法的主要支护手段与施工顺序

新奥法以喷射混凝土、锚杆支护为主要支护手段。喷锚支护能够形成柔性薄层，与围岩紧密黏结，允许围岩有一定的协调变形，而不使支护结构承受过大的压力。

新奥法施工顺序可以概括为：开挖→第一次支护→第二次支护。

1. 开挖作业

开挖作业的内容依次包括钻孔、装药、爆破、通风、出碴等。开挖作业与第一次支护作业交叉进行，为保护围岩的自身支撑能力，第一次支护作业应尽快进行。为了充分利用围岩自身的支撑能力，开挖应采用光面爆破（控制爆破）或机械开挖，并尽量采用全断面开挖，地质条件较差时可以采用分块多次开挖。一次开挖长度应根据岩质条件和开挖方式确定。岩质条件好时，长度可长一些；岩质条件差时，长度可短一些。在同等岩质条件下，分块多次开挖长度可长一些，全断面开挖长度就要短一些。一般在中硬岩中长度为 2~2.5m，在膨胀性地层中为 0.8~1.0m。

2. 第一次支护作业

第一次支护作业包括一次喷射混凝土、打锚杆、联网、立钢拱架、复喷混凝土。在巷道开挖后，应尽快喷一层薄层混凝土（3~5mm），为争取时间，在较松散的围岩掘进中第一次支护作业是在开挖的碴堆上进行的，待把未被碴堆覆盖的开挖面喷射一次混凝土后再出碴。

按一定系统布置锚杆，加固深度围岩，在围岩内形成承载拱，由喷层、锚杆及岩面承载拱构成外拱，起临时支护作用，同时又是永久支护的一部分。混凝土复喷后应达到设计厚度（一般为 10~15mm），并要求将锚杆、金属网、钢拱架等覆裹在喷射混凝土内。

完成第一次支护的时间非常重要，一般情况下应在开挖后围岩自稳时间的二分之一时间内完成。施工经验是松散围岩第一次支护应在爆破后 3h 内完成，主要由施工条件决定。

在地质条件非常差的破碎带或膨胀性地层（如风化花岗岩）中开挖巷道，为了延长围岩的自稳时间，给第一次支护争取时间，安全作业，需要在开挖工作面的前方围岩进行超前支护（预支护），然后再开挖。

在安装锚杆的同时，在围岩和支护中埋设仪器或测点，进行围岩位移和应力的现场测量。依据测量得到的信息来了解围岩的动态，以及支护抗力与围岩的相适应程度。

3. 第二次支护作业

第一次支护后，在围岩变形趋于稳定时，进行第二次支护和封底，即永久性的支护（补喷混凝土，或浇筑混凝土内拱），起到提高安全度和增强支护承载能力的作用，而此支护时机可以由监测结果得到。对于底板不稳，底鼓变形严重，必然导致侧墙及顶部支护不稳，所以应尽快封底，形成封闭式的支护，以谋求围岩的稳定。

2.1.5 新奥法的支护机理

新奥法的基本观点是根据岩体力学理论，着眼于洞室开挖后形成塑性区的二次应力重分布建立的，并不拘泥于传统的荷载观念。所以它主要不是建立在对坍落拱的"支撑概念"上，而是建立在对围岩"加固概念"的基础上。在合理的临界限度内，它所需要的表面支护抗力 P_i 是与围岩塑性区半径 R、洞室周边位移 u_r，以及围岩的内聚力 C、内摩擦角 φ 等参数成反比，而支护能提供的抗力则与其刚度成正比。

由于围岩应力重分布和衬砌之间相互作用而存在的四个显著的特征阶段如下：第 I 阶段是围岩不受支护的约束而能够向洞室内自由位移的时期；第 II 阶段是修筑一次支护时由于支护抗力而使围岩变形速度减小，并且这个抗力还和支护的刚度有关；第 III 阶段是由于修筑了仰拱，支护刚度变大而使围岩变形速度越来越小；最后当仰拱完全受力，就达到了第 IV 阶段，围岩变形基本停止。

2.1.6 新奥法施工的基本要点

新奥法施工的基本要点可归纳为以下七点：

1）洞室开挖后，应使围岩自身承担主要的支护作用，而衬砌只是对围岩进行加固，使两者成为一个整体而共同承担荷载。因此，须最大限度地保持围岩的固有强度，以发挥围岩的自承能力。如及时喷射混凝土封闭岩壁，就能有效地防止围岩松弛，而不使其强度大幅度降低，同时也不存在因顶替支撑而使围岩变形松弛的情况。总之，围岩处于三轴应力约束状态是最为理想的。

2）预计围岩有较大变形和松弛时，应对开挖面施作保护层，而且应在恰当的时候敷设，过早或过迟均不利。保护层刚度不能太大或太小，必须能与围岩密贴，且要做成薄层柔性，允许有一定变形，以使围岩释放应力时起卸载作用，尽量不使其有弯矩破坏的可能。这种支护和传统的支护不同，不是因受弯矩作用破坏的，而是因受剪压作用破坏的。由于混凝土的抗压和抗剪强度比抗拉和抗弯强度大得多，因此具有更高的承载能力。一次支护的位移收敛后，可在其光滑的表面上敷设高质量的防水层，并修筑二次支护，以提高安全度。前后两次支护与围岩之间都只有径向力作用。

3）衬砌需要加强的区段，不应增加混凝土的厚度，而应加钢筋网、钢支撑和锚杆，使隧道全长范围采用大致相同的开挖断面。此外，因为新奥法不在坑道内架设杆件支撑，所以巷道空间宽敞，从而提高了安全性和作业效率。

4）为正确掌握和评价围岩与支护的时间特性，可在进行室内试验的同时，在现场进行量测。量测内容为衬砌内的应力、围岩与衬砌间的接触应力以及围岩的变位，据此确定围岩的稳定时间、变形速度和围岩分类等最重要的参数，以便适应地质情况的变化，及时变更设计和施工方案。量测监控是新奥法的基本特征，量测的重点是围岩和支护的力学特征随时间的变化动态。衬砌的做法和施作时间是依据围岩变位量测决定的。

5）隧道支护在力学上可看作厚壁圆筒。它是由围岩承载环和衬砌环组成的结构，且两者存在共同作用。圆筒只有在闭合后才能在力学上起圆筒作用，所以除坚硬岩层外，在其他岩层敷设仰拱使衬砌闭合是特别重要的。

围岩的动态主要取决于衬砌环的闭合时间。当上半断面超前掘进过多时，就相应地推迟了它的闭合时间，会因在隧道纵向形成悬臂梁的状态而产生大弯曲的不良影响。另外，为避免引起使围岩破坏的应力集中，断面应做到无角隅，最好采用圆形断面。

6）围岩的时间因素还受开挖和衬砌等施工方法的影响，它对结构的安全性起着决定性的作用。考虑掘进循环周期、衬砌中仰拱的闭合时间、拱部导坑的长度以及衬砌强度等变化因素，把围岩和支护作为一个整体来谋求稳定。从应力重分布角度去考虑，全断面一次开挖是最有利的，分部开挖会使应力反复分布而造成围岩受损。

7）岩层内的渗透水压力，必须采取排水措施来降低。

新奥法的支护结构仍处于经验设计的阶段，它的前提是要科学地进行围岩分类，并根据已经修建的类似工程的经验，提出支护设计参数或标准设计模式。这种工程类比法只考虑了岩体结构、岩块单轴抗压强度、弱面特性等工程地质性质、坑道的跨度以及围岩自稳时间等主要因素，需在各种设计与施工规程的实施过程中，依据量测数据加以修正。现场监控设计一般分为预先设计阶段和最后设计阶段，后者是根据现场监控量测数据，经分析比较或计算后，最后提出设计的。理论解析和有限元数值计算，还不能得出充分可靠和满意的结果，必须由上述两种方法，即经验和量测加以验证。

2.1.7　新奥法施工的施工量测

新奥法的施工作业必须根据施工前的调查明确以下四个问题：

1）开挖方法。

2）支护布置及进行支护的最适宜时机。

3）是否设置仰拱及设置的时间和方法。

4）是否采用辅助施工方法及其种类等。

用新奥法施工的绝大多数工程均采用各种台阶法进行开挖，其次是采用全断面开挖法。新奥法要求保证光面爆破的质量，避免因凹凸不平而引起的应力集中现象，从而节约为填平表面所需的大量混凝土。

新奥法的量测十分重要。在制定现场量测计划时，要根据隧道及地下工程的规模、地质资料、各量测项目的作用，并考虑工点所需解决的问题和量测计划的经济效益，选择合理的量测项目和方法。同时还必须考虑采用切实可靠的手段和仪表，保证量测工作准确、安全，并尽可能不妨碍施工。

在应力应变、接触应力、位移等三大类量测项目中，新奥法应以位移的量测为主。通常用收敛计量测收敛变形，用伸长计量测围岩在不同半径处的变形和获得围岩动态的范围，用水平仪量测围岩表面垂直位移和地面沉陷。此外，还可用量测锚杆测得锚杆的轴向应力，用压力盒测定接触应力，用应变计测定支撑和衬砌应力等。

2.1.8　新奥法施工的局限性

1）新奥法顺利施工不仅要求有良好的施工组织和管理，也要求有熟练的技术人员和量测人员。作业质量与每一个人的操作息息相关。

2）开挖暴露出的地质会立即改变其状态，因此要求施工地质人员亲临现场，以便发现问题。

3）对施工量测要求过高，往往会给施工带来不便。

4）干喷带来的灰尘以及使用的化学药品都会对工作人员身体造成损害，因此必须加强防护，尤其是对眼睛的防护。湿喷虽然可以避免此缺点，但在同样条件下，不如干喷能有效支护岩体。

2.1.9　新奥法的适用范围

新奥法的适用范围如下：

1）有较长自稳时间的中等岩体。

2）弱胶结的砂和石砾，以及不稳定的砾岩。

3）强风化的岩石。

4）刚塑性的黏土质灰岩和泥质灰岩。

5）坚硬黏土，也有带坚硬夹层的黏土。

6）微裂隙的，但有很少黏土的岩体。

7）在很高的初应力场条件下，坚硬的和可变坚硬的岩石。

在下述条件下应用新奥法时必须与一些辅助方法相配合：

1）有强烈地压显现的岩体。

2）膨胀性岩体。

3）松散岩体。

4）蠕动性岩体。

在下列场合中应用新奥法应慎重：

1）大量涌水的岩体。

2）由于涌水会产生流砂现象的围岩。

3）极为破碎，锚杆钻孔、安装都极为困难的岩体。

4）开挖面完全不能自稳的岩体。

2.1.10　新奥法施工的发展与展望

新奥法施工是从实际经验中总结出来的，又在不断实践中得以丰富和发展。经过几十年的实践和推广，新奥法已在欧洲一些国家如奥地利、德国、瑞典、瑞士、法国等国的山岭隧道中普遍使用，并已用于地下轨道交通，取得沉降量特别小的显著成果。日本从 1976 年以来，已有近 100 座隧道采用了新奥法施工。

新奥法施工在我国应用已有几十年，通过科研、设计、施工相结合不断发展。特别在修建下坑、西坪、大瑶山、军都山等铁路隧道以及中梁山、二郎山、西山坪等多座公路隧道中，应用新奥法原理及其相应的技术，取得了较大的成就。

新奥法的发展与喷锚支护的材料、方法和机具等的发展密切相关。对于新奥法施工，要进一步研制初期和后期强度都高、回弹少、粉尘少、生产率高的喷射混凝土系统，并和高效能的集尘器、自动喷射装置、周期短的材料供应系统配套。研究喷敷时间短且无公害的新喷敷方法。研究不需用临时堆放场地、易于运输的喷射材料和新的施工工艺，如钢纤维加强喷射混凝土、SEC（水泥裹砂）喷射混凝土、光面爆破和深孔爆破技术、液压凿岩台车（兼作安装锚杆用）、喷射车组（包括机械手）、各种混凝土喷射机、液体速凝剂、粉尘防止剂、树脂锚杆等。

不可否认，新奥法也存在不少缺点，不过经过工程技术人员和科技工作者的共同努力一定可以克服这些缺点，使其在我国的现代化建设进程中发挥更加重要的作用。

2.2　台阶法

2.2.1　台阶法的概念

台阶法开挖是将隧道设计断面分成两次开挖（不包括仰拱），其中上台阶超前一定距离后，上下台阶同时并进的施工方法。该施工方法将设计断面分成上半部断面和下半部断面，错开一定距离 L（台阶长度），先开挖上半断面，待开挖至一定长度后再开挖下半断面，上下半断面在不同的工作面同时掘进施工。三车道隧道一般采用三台阶。

台阶法是隧道施工中采用最多的开挖方法，主要适用于Ⅲ、Ⅳ级围岩，地质条件较差的Ⅴ级围岩也可采用台阶法开挖（Ⅴ级围岩在采取超前支护、临时仰拱等有效支撑手段且监控量测数据未发生异常的情况下，慎重使用台阶法施工）。台阶法施工围岩适应性强，便于挖掘机、装载机、自卸汽车等大型机械设备联合施工，施工进度快，稳定性好。

2.2.2　台阶法施工的形式

根据台阶长度不同，台阶法划分为长台阶法、短台阶法和微台阶法三种。

施工中采用哪一种台阶法，要根据两个条件来决定：第一是对初期支护形成闭合断面的时间要求，围岩越差，要求闭合时间越短；第二是对上部断面施工所采用的开挖、支护、出碴等机械设备需要施工场地大小的要求。对软弱围岩，主要考虑前者，以确保施工安全；对较好围岩，主要考虑如何更好地发挥机械设备的效率，保证施工中的经济效益，因此只考虑后者。

1. 长台阶法

长台阶法上台阶长度 35~50m，下台阶长度 20m，整个断面分为上下两个台阶分别进行开挖、出碴、支护施工（在上台阶可使用多功能平台进行钻孔爆破和支护施工），相互干扰小，支护及时，施工进度快，月进尺可达 120~150m。

长台阶法开挖断面小，有利于维持开挖面的稳定，适用范围较全断面法广，一般适用于Ⅰ~Ⅲ级围岩。在上下两个台阶上，分别进行开挖、支护、运输、通风、排水等作业线，因此台阶长度长。但台阶长度过长，如大于 100m，则会增加支护封闭时间，增大通风排烟、排水的难度，降低施工的综合效率。因此，长台阶一般在围岩条件相对较好、工期不受限制、无大型机械化作业时选用。

2. 短台阶法

短台阶法上台阶长度为 5~7m，一般适用于地质条件较差的Ⅳ~Ⅴ级围岩，上台阶洞碴需通过机械转运至下台阶，开挖及支护作业需人工搭设施工平台，上下两个台阶施工相互干扰较大，但利于及时施作仰拱封闭成环，缩短衬砌与掌子面距离，月进尺一般为 90~100m。

短台阶法的上台阶一般采用小药量的松动爆破，出碴采用人工或小型机械转运至下台阶。因此，台阶长度不宜过长，如果超过 15m，则出碴所需的时间会过长。短台阶法可缩短支护闭合时间，改善初期支护的受力条件，有利于控制围岩变形。缺点是上部出碴对下部断面施工干扰较大，不能全部平行作业。

3. 微台阶法

微台阶法是全断面法的一种变异形式，适用于Ⅴ~Ⅵ级围岩，一般台阶长度为 3~5m。当台阶长度小于 3m 时，无法正常进行钻孔和拱部的喷锚支护作业；当台阶长度大于 5m 时，利用爆破将石碴翻至下台阶有较大的难度，必须采用人工翻碴。微台阶法上下断面相距较近，机械设备集中，作业时相互干扰大，生产效率低，施工速度慢。

2.2.3　台阶法的工艺原理

将隧道设计断面分成两部分开挖（不包括仰拱），其中下台阶随上台阶同步施工，仰拱、二次衬砌紧跟下台阶施工，由于下台阶距离掌子面较近，为后续仰拱及二次衬砌紧跟开挖掌子面创造了良好的空间作业环境，尤其适用于在围岩承载力较差时，初期支护及二次衬砌及时封闭成环。

2.2.4　台阶法适用范围

1）台阶法一般适用于Ⅲ、Ⅳ级围岩地段修建的铁路、公路隧道施工。

2）Ⅴ级围岩在采取超前支护、临时仰拱等有效支撑手段且监控量测数据未发生异常的情况下，慎重使用台阶法施工，单线隧道及围岩地质条件较好的双线隧道可采用二台阶法。

3）隧道断面较高、单层台阶断面尺寸较大时可采用三台阶法；当地质条件较差时，为增加掌子面自稳能力，可采用三台阶预留核心土法开挖。

2.2.5　台阶法的优缺点

1）增加了工作面，前后干扰较小，有利于机械化作业，施工进度较快。

2）一次开挖面积较小，有利于掌子面稳定，特别是下台阶开挖时较为安全。

3）短台阶法和微台阶法上下断面施工时相互干扰，增加了对围岩的扰动次数。

2.2.6　台阶法施工工艺流程及方法

1. 施工工艺流程

施工工艺流程及施工工序布置分别如图 2-1 和图 2-2 所示。

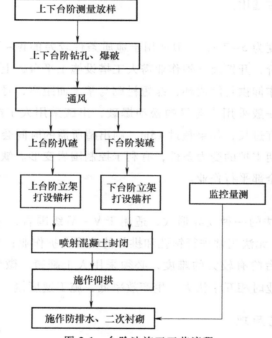

图 2-1　台阶法施工工艺流程

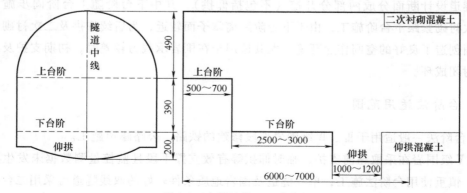

图 2-2　台阶法施工工序布置

注：图中标注尺寸均以厘米为单位。

2. 台阶长度确定

台阶长度必须根据隧道断面跨度、围岩地质条件、初期支护形成闭合断面的时间要求、上台阶施工所需空间大小等因素来确定。

地质条件较好时，往往采用长台阶法开挖，通过普通凿岩机上下台阶同时钻孔和起爆，达到隧道同时开挖掘进的目的，效率比全断面开挖略低，但设备投入相对较少。

地质条件较差时，为利于支护及时封闭成环，台阶长度应缩短，宜为 5m 左右。若采用三级台阶法，第一个台阶高度宜控制在 2.5m 以下。三级台阶法所采取的辅助施工措施使得上下台阶相互干扰较大，施工效率降低，需要解决好上下台阶施工干扰问题。

3. 施工步骤

Ⅲ、Ⅳ级围岩隧道采用短台阶法施工工艺，上下台阶采用人工钻孔、光面爆破技术，装载机配合大型自卸车装碴运输，施作初期支护具体施工步骤如下：

1）上台阶开挖，开挖作业高度 4.9m，挖掘机装碴，人工搭设简易作业平台，钻孔、装药、起爆，每循环进尺 2.4 ~ 3m，安装格栅钢架，铺设钢筋网，并打设 ϕ42mm 锁脚锚管（长度 3.5m）进行固定，打设系统锚杆，当钢架底部不密实或悬空时，在钢架底部安装混凝土垫块。

2）上台阶挖掘机扒碴及安装钢架、铺设钢筋网的同时，在下台阶利用装载机配合自卸汽车出碴，出碴完毕后安装下台阶钢架、铺设钢筋网、打设 ϕ42mm 锁脚锚管（长度 3.5m）进行固定，打设系统锚杆。

3）上下台阶同时喷射混凝土封闭。

4）开挖仰拱，每循环开挖长度 6m，施作初期支护，浇筑仰拱混凝土，每组仰拱混凝土浇筑长度 12m。仰拱施工期间采用自制栈桥保持车辆通行。

5）整体液压模板台车（台车长度 12m）就位，浇筑拱墙衬砌混凝土。

2.2.7　台阶法易出现的质量问题及其保证措施

1. 易出现的质量问题

1）爆破效果不理想，周边轮廓不圆顺，形成大的超欠挖。

2）开挖进尺过大，周边超挖值大。

3）下台阶开挖高度过高，不利于钻孔作业，炮眼方向不易与隧道线路方向平行，不能有效控制炮眼间距。

4）喷射混凝土厚度不足，钢架未与隧道走向垂直，初期发生变形。

2. 保证措施

1）周边孔采用 ϕ25mm 小药卷竹片连接间隔装药，控制周边眼线性装药量不超过 0.2kg/m。

2）在下台阶钻孔时人工搭设 2m 高简易平台，控制钻孔方向及炮眼间距满足钻爆设计要求，并在已完成的炮眼中插入直木棍，作为其他周边眼的参照，控制钻孔方向与隧道轴线一致。

3）严格控制开挖进尺，对隧道钻爆设计实行动态化管理，及时调整炮眼深度、装药量、炮眼间距等钻爆参数，达到光面爆破的目的。

4）控制钢架安装质量，钢架间距误差要求在±10cm内，锚杆间距误差在±15cm内，锚杆锚入围岩长度不小于设计长度的95%，钢筋网片搭接长度误差在±5cm内，将钢架安装垂直度控制在±2°内。沿隧道环向预埋短钢筋，控制喷射混凝土厚度不小于设计值。

5）材料采购前对分供方进行评定，选择合格的分供方厂家购料。所购材料必须附有说明书、合格证、技术检验证等质量证件，并满足工程要求。

6）进入工地的主要材料严格按规定和设计要求把关，所有厂制材料须有出厂合格证和必要的检验、试验单。对进场材料、设备按技术质量标准、样品进行严格检验，并事先确定重点检验料。

7）严格按配合比施工，控制好水灰比，控制和使用各种添加剂。

2.2.8 台阶法施工注意事项

1）台阶长度不宜超过隧道开挖宽度的1.5倍。台阶不宜分多层。一般以一个垂直台阶开挖到底，保持平台长2.5~3m为宜，易于掌握炮眼深度和减少翻碴工作量，装碴机应紧跟开挖面，减少扒碴距离以提高装碴运输效率。应根据两个条件来确定台阶长度：一是初期支护形成闭合断面的时间要求，围岩稳定性越差，要求闭合时间越短，台阶长度应越短；二是上半部断面施工时开挖、支护、出碴等机械设备所需空间大小的要求。

2）上部开挖时，因临空面较大，易使爆破面碴块过大，不利于装碴，应适当密布中小炮眼。但采用先拱后墙法施工时，对于下部开挖时，应注意上部的稳定，必须控制下部开挖厚度和用药量，并采取防护措施，避免损伤拱圈并确保施工安全。若围岩稳定性较好，则可以采取分段顺序开挖。若围岩稳定性较差，则应缩短下部掘进循环进尺；若稳定性更差，则可以左右错开，或先拉中槽后挖边帮。

3）上台阶钢架施工时，应采取有效措施控制其下沉和变形，下台阶应在喷射混凝土强度达到设计强度的70%后开挖。

2.3 环形开挖预留核心土法

2.3.1 环形开挖预留核心土法的概念

环形开挖预留核心土法是指正台阶环形开挖法，适用于地层较差，跨度不大于12m的隧道工程。一般将断面分成环形拱部（图2-3中的1~3）、上部核心土（图2-3中的4）、下部台阶（图2-3中的5）等三部分。根据断面的大小，环形拱部又可分成几块交替开挖。

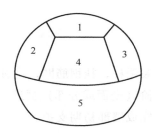

图 2-3　环形开挖预留核心土法示意图

2.3.2　环形开挖预留核心土法施工工艺概述

1. 施工工艺流程

环形开挖预留核心土法施工工艺流程如图 2-4 所示。

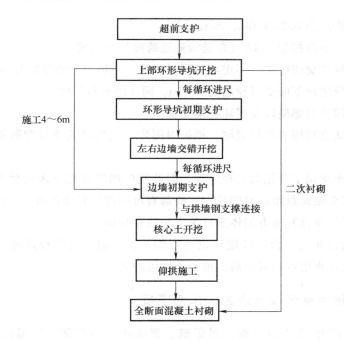

图 2-4　环形开挖预留核心土法施工工艺流程

2. 施工方法

上部环形导坑及边墙导坑以人工风镐或挖掘机开挖为主，辅以弱爆破，开挖后及时喷射混凝土封闭岩面，并采取支护措施。上部环形导坑出碴由挖掘机扒碴至下半断面后，装入自卸汽车运走，上断面扒碴需要人工配合，核心土开挖采用控制爆破，核心土开挖后立即施作仰拱，衬砌采用全断面衬砌台车，混凝土输送车配合混凝土输送泵灌注。

3. 施工顺序

1）开挖弧形环槽。

2）喷射混凝土封闭岩面。

3）嵌设拱部格栅、钢拱，安装锚杆，挂钢筋网，喷射混凝土达到规定厚度。

4）上台阶开挖核心土，下台阶（全面或分部）掘进。

5）侧壁喷、锚格栅支腿挂网完成墙部初期支护。

6）仰拱开挖，衬砌施作。

7）量测达到基本要求后，施作二次衬砌（含防水、排水设施）。

4. 施工技术要点

1）导坑开挖采用弱爆破或人工开挖，上部环形导坑初期支护应紧跟开挖，及早封闭成环。

2）各部分开挖时，钢架设计加工尽量与开挖轮廓吻合，支护尽量圆顺，从而避免应力集中。

3）环形开挖进尺为 0.5~1.0m，不宜过长。

4）台阶长度一般以控制在 1D（D 是指隧道跨度）内为宜。

5）左右边墙导坑交错施工，不得两边同时开挖。边墙围岩较差时分两层开挖。

6）上部环形导坑比下断面开挖超前 5~7m，两工序平行作业。

7）开挖时采用控制爆破以免损坏初期支护。

8）施工中要认真对围岩进行量测，根据对围岩变化的观测及量测数据，考虑调整支护参数。

9）虽然核心土增强了开挖面的稳定性，但开挖中围岩要经受多次扰动，而且断面分块多，支护结构形成全断面封闭的时间长，这些都有可能使围岩变形增大。因此，要结合辅助施工措施对开挖工作面及其前方岩体进行预支护或预加固。

10）与微台阶法相比，台阶长度可以适度加长，以减少上下台阶施工干扰。而与侧壁法相比，施工机械化程度可相对提高，施工速度可加快。

2.3.3 环形开挖预留核心土法施工注意事项

1）隧道施工应坚持"短开挖、弱爆破、强支护、早封闭、勤量测、及时衬砌"的原则。

2）超前支护等利用上一循环架立的钢架施作完毕，再开挖。

3）开挖方式均采用弱爆破，爆破时严格控制炮眼深度及装药量。

4）导坑开挖宽度及台阶高度可根据施工机具、人员安排等进行适当调整，钢架之间纵向连接钢筋及时施作并连接牢固。

5）施工中应按照相关规范及标准图的要求，进行监控量测，及时反馈结果，分析洞身结构的稳定，为支护参数的调整、灌注二次衬砌的时机提供依据。

6）掌子面距离仰拱闭合面必须不大于 35m。

图 2-5 为环形开挖预留核心土法施工示意图。

图 2-5　环形开挖预留核心土法施工示意图

2.4 | CD（中隔壁）法

2.4.1　CD 法的概念

CD 法是一种在软弱围岩大跨度隧道中，先开挖隧道的一侧，并在设计中间部位做中隔壁，然后再开挖另一侧的施工方法，主要适用于地层较差和不稳定岩体且地面沉降要求严格的地下工程施工。

近几年国内的地铁车站和城市地下工程施工的实践证明 CD 法是通过软弱地层建设浅埋、大跨度地铁车站的最有效的施工方法之一，它适用于 V ~ Ⅵ 级围岩的双线地铁车站，主要应用于双线隧道Ⅳ级围岩深埋硬质岩地段以及老黄土隧道（Ⅳ级围岩）地段。

中隔墙开挖时，应沿一侧自上而下分 2~3 部进行，每开挖一部均应及时施作喷锚支护，安设钢架，施作中隔壁。之后再开挖中隔墙的另一侧，其分部次数及支护形式与先开挖的一侧相同。图 2-6 所示为 CD 法施工示意图。

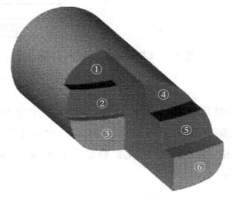

图 2-6　CD 法施工示意图

2.4.2　CD 法的工艺特点

首先，自上而下分 2~3 部开挖隧道的一侧，完成初期支护和中隔壁施工；然后，待喷射混凝土达到施工图标示强度的 70% 后，进行另一侧的开挖及支护，形成带有中隔壁支护的左右洞室；最后，拆除支护，施作仰拱，拱墙衬砌，铺底并填充。

2.4.3　CD 法的施工工艺

1. 施工流程

图 2-7 所示为 CD 法施工流程示意图。

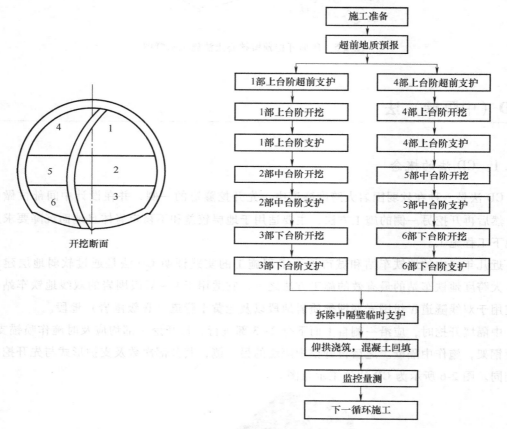

图 2-7　CD 法施工流程示意图

2. 施工工序

Ⅳ、Ⅴ级围岩地质较差时可采用 CD 法开挖。在施工中坚持"弱爆破、短进尺、强支护、早封闭、勤量测"的原则。导坑采用台阶法开挖，台阶长度可取开挖面宽度的 1~1.5 倍。一侧超前另一侧长度 5m，采用风钻钻孔，台阶同时爆破，周边全部通过光面爆破控制成形，开挖循环进尺为 0.5m。

上台阶出碴利用挖掘机扒碴至下断面，下台阶利用装载机装碴，自卸汽车运碴至指定的弃碴场地。

爆破后先进行初喷，及时施作初期支护及临时支护。喷射混凝土采用湿喷机作业，风钻钻锚杆孔，人工安装锚杆、拱架和钢筋网。临时钢架的拆除应在洞身主体结构初期支护施工完毕并稳定后进行。为确保施工安全，量测应及时进行。

（1）施工测量

当上一循环结束时，测量技术人员利用洞内中线控制桩点，画出工作面开挖轮廓线，并初步标记出主要钻孔位置。

（2）超前支护

根据施工图施作超前支护，一般多采用小导管超前注浆加固。

1）对杂填土层，采用钢筋斜插锚固棚架做超前支护效果较好。

2）对粉细砂层，采用小导管酸性水玻璃注浆，按一棍一排一注进行加固。

3）对圆砾土层，采用短管注水泥浆加固。

（3）隧道开挖

1）开挖时，应沿一侧采用台阶法自上而下分为 2~3 部开挖隧道的一侧，每开挖一部均应及时施作喷锚支护，安设钢架，施作中隔壁。围岩较差时，每个台阶底部可设临时钢支撑。中隔壁依次分部联结而成。待初期支护结构基本稳定且喷射混凝土达到施工图标示强度的 70% 以上时，再开挖隧道的另一侧，其分部次数及支护形式与先开挖的一侧相同。

2）各部开挖时，周边轮廓尽量圆顺，避免应力集中。

3）每一部的开挖高度要根据地质情况及隧道断面大小而定，上台阶高度宜为 2.5m。

4）后一侧开挖形成全断面后，及时完成全断面初期支护闭合。

5）左、右两侧洞体施工时，纵向间距应拉开不小于 15m。

（4）施工通风

在施工作业时应进行施工通风，具体通风方式可采用压入式、混合式、压出式或巷道式。

（5）初次喷射混凝土

隧道内喷射混凝土的主要形式为喷普通混凝土、喷钢纤维混凝土、喷耐腐蚀混凝土。

（6）出碴运输

工作面使用小型挖掘机或人工装碴，小型运输车辆或人工运输。要保证工作面的照明，便于驾驶员操作，也要保证各种机械设备处于良好运行的状态，装运能力大于开挖能力，运输道路平整通畅。

（7）临时支护拆除

临时支护过早拆除对控制施工过程中结构变形极为不利，对中隔壁结构稳定也有影响，因此临时支护可在全部开挖和初期支护完成，并形成全断面环形封闭后进行拆除。临时支护结构纵向每次拆除长度不应大于 6m，并逐段拆除。拆除后立即进行仰拱施作，两工序交错进行。仰拱施作长度达到衬砌台车一次衬砌的长度后，及时进行拱墙二次衬砌。

2.4.4　CD 法的施工要点

1）各部开挖时，周边轮廓应尽量圆顺，避免应力集中。

2）各部的底部高程应与钢架接头处一致。

3）每一部的开挖高度应根据地质情况及隧道断面大小而确定。

4）后一侧开挖形成全断面后，应及时完成全断面初期支护闭合。

5）左、右两侧洞体施工时，纵向间距应拉开不小于 15m 的距离。

6）中隔壁宜设置为弧形，并应向左侧偏斜 1/2 刚拱架宽度。

7）在灌注二次衬砌前，应逐段拆除中隔壁临时支护，拆除时应加强量测，一次拆除长度一般不宜超过 15m，拆除后及时施作仰拱。

2.5 | CRD（交叉中隔壁）法

2.5.1　CRD 法的概念

CRD 法主要应用于 IV 级围岩的深埋软质岩地段、浅埋地段、偏压地段以及 V 级围岩深埋地段的施工。其工作原理就是要先把一个隧道断面沿中隔壁分为左右两大块，左右两侧各分为上部、中部、下部三部开挖，即整个隧道断面分为左上、左中、左下、右上、右中、右下共六个部分（图 2-8）进行开挖。

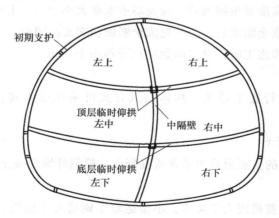

图 2-8　CRD 法开挖断面图

进行开挖时，先开挖隧道一侧上部，施作上部初期支护、部分中隔壁、顶层部分临时仰拱；再开挖同侧的中部，施作中部初期支护和底层部分临时仰拱，并延长竖向中隔壁；接着开挖另一侧上部，完成上部初期支护和顶层临时仰拱；此后开挖同侧中部，完成中部初期支护和底层临时仰拱；然后再开挖最先施工一侧的剩余部分，延长竖向中隔壁，施作先开挖侧剩余初期支护；最后开挖剩余部分，完成初期支护。最后形成带有中隔壁和 2 层临时仰拱的网格状支护系统，施工现场如图2-9所示。

图 2-9　CRD 法施工现场

由此可见，使用 CRD 法进行施工，其工法和施工工序转换频繁，施工难度大，技术要求高。但各部开挖及支护自上而下，步步成环，及时封闭，各分部封闭成环时间短，中隔壁能有效地阻止支护结构收敛变形和下沉。CRD 法在控制地面沉降和土体水平位移等方面优于其他工法。

2.5.2　CRD 法施工工艺

1. 施工前期的准备

为了使隧道施工技术更加高效，工程更加坚固、高质，在使用 CRD 法进行隧道施工前，要先对围岩或者有挤压的浅埋段部分进行施工设计，并准备好所有施工过程中会用到的机械设备以及原材料。这个准备过程中最为重要的就是要对围岩进行超前预加固，可采用超前小导管注浆方式对围岩土体进行预加固。对一些特殊部位，可采用超前大管棚注浆等方式对围岩土体进行注浆固结。

2. 开挖

开挖前，将隧道断面分为先开挖侧和后开挖侧，并沿隧道纵向进行分段。开挖时先开挖隧道一侧上部第一、第二段，施作上部第一、第二段初期支护、部分中隔壁、顶层部分临时仰拱；再开挖同侧的中部第一段，施作中部第一段初期支护和中层部分临时仰拱，并延长中隔壁；接着开挖同侧上部第三段，施作上部第三段初期支护、部分中隔壁、顶层部分临时仰拱；再开挖同侧中部第二段，施作中部第二段初期支护和中层部分临时仰拱，并延长中隔壁。再按先开挖侧的开挖顺序完成另一侧上部第一至第三段，中部第一、第二段的开挖、支护，并完成临时仰拱的施工。然后再开挖最先施工一侧第一段的剩余部分，延长竖向中隔壁，施作先开挖侧剩余初期支护。最后开挖另一侧第一段剩余部分，完成第一段初期支护。至此，第一段开挖和支护就完成了。接着按先开挖侧上部第四段、中部第三段，后开挖侧上部第四段、中部第三段，先开挖侧第二段剩余部分，后开挖侧第二段剩余部分的顺序进行开挖和支护，完成后续施工，如图 2-10 和图 2-11 所示。在进行 CRD 法施工时，两侧开挖工作面的纵向间距必须保持一段距离。

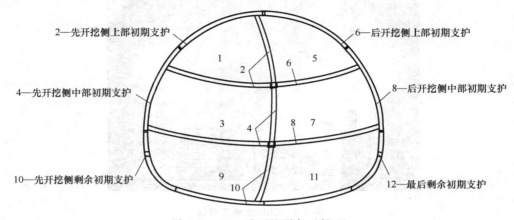

2—先开挖侧上部初期支护
6—后开挖侧上部初期支护
4—先开挖侧中部初期支护
8—后开挖侧中部初期支护
10—先开挖侧剩余初期支护
12—最后剩余初期支护

图 2-10　CRD 法开挖顺序（断面）

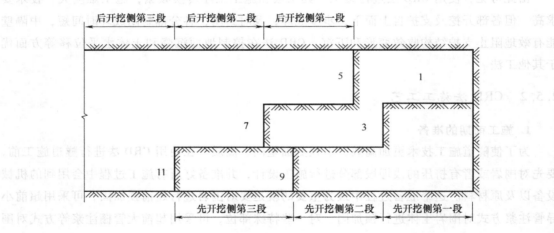

图 2-11　CRD 法开挖顺序（纵断面）

3. 中隔壁和临时仰拱的拆除

中隔壁和临时仰拱的拆除工作在各部开挖完毕、初期支护封闭成环、初期支护结构的拱顶沉降和收敛已经稳定、浇筑二次衬砌时逐段进行。每次拆除长度一般不宜大于 15m。

进行中隔壁和临时仰拱拆除时，首先拆除上部中隔壁，然后拆除顶层临时仰拱，接着拆除中部中隔壁，再拆除底层临时仰拱，最后拆除下部中隔壁，完成一段中隔壁和临时仰拱的拆除工作。

2.5.3　CRD 法施工要点

1）使用 CRD 法进行隧道施工，围岩一般自稳能力极差，应考虑隧道岩体节理发育，差异风化特别明显，地下水丰富，掉块现象严重的特点。

2）若施工现场隧道地下水丰富，在开挖前必须做好降水和临时排水措施。

3）导坑开挖宽度及台阶高度应根据施工机具、人员安排等情况进行适当调整。

4）应在先开挖侧喷射混凝土，待强度达到设计要求后再进行另一侧开挖。

5）中隔壁和临时仰拱应设置为弧形。

6）工序变化之处的钢架应设置锁脚锚杆，以确保钢架基础稳定。

7）应及时充填初期支护结构混凝土与土层之间的空隙，一定要将空隙填满，以阻断或减少地下水渗流的通道，防止地表下沉，从而提高隧道的防水能力。一方面，可以通过采取在拱脚设置锁脚锚管的措施，以浆液结石体或固结体充填、挤密地层。另一方面，也可以通过减小型钢钢架变形和位移，控制初期支护结构的沉降，从而达到地表收敛的效果。当开挖形成全断面时应及时完成全断面初期支护闭合。

8）在施工中应按相关规范、设计要求及工程情况加强监控量测，建立监控量测体系，及时反馈监控量测结果，以准确掌握围岩的特点及变化规律，对可能发生的危及环境的安全隐患或事故提供及时、准确的预报，并通过监控量测结果分析洞身结构的稳定和初期支护结构的变形与收敛，及时避免事故的发生，从而保证了初期支护结构的施工质量。

9）在中隔壁和临时仰拱的拆除过程中，严禁采用挖掘机、装载机等机械直接破坏方式拆除钢架，以防止机械碰撞造成隧道初期支护体系变形失稳。

2.5.4　CD 法与 CRD 法的区别与联系

CD 法与 CRD 法既有区别又有联系：

两者均可应用于比较软弱的地层及大断面隧道中：CD 法是用钢支撑和喷射混凝土的中隔壁把断面分割开进行开挖的方法；而 CRD 法则是用中隔壁和仰拱把断面上下、左右分割闭合进行开挖的方法，是在地质条件要求分部断面及时封闭的情况下采用的方法。因此，CRD 法与 CD 法唯一的区别是，CRD 法在施工过程中每一步都要求用临时仰拱封闭断面。

CRD 法或 CD 法的关键问题是何时拆除中隔壁。一般来说，中隔壁应在全断面闭合及各断面的位移充分稳定后，才能拆除。

2.6 | 眼睛工法

2.6.1　眼睛工法的概念

眼睛工法即双侧壁导洞开挖法，一般将断面分成四块：左、右侧壁导洞，上部核心土，下部台阶。其原理是利用两个中隔壁把整个隧道大断面分成左中右三个小断面施工，左、右导洞先行，中间断面紧跟其后；初期支护、仰拱成环后，拆除两侧导洞临时支护，形成全断面。两侧导洞皆为倒鹅蛋形，有利于控制拱顶下沉，如图 2-12 所示。

现代的眼睛工法与传统的眼睛工法相比，区别在于：现代眼睛工法引入新奥法的基本原理，采用格栅拱网和喷混凝土柔性支护作为主要支护手段，以维护和利用围岩的自承能力，使围岩成为支护体系的组成部分，并通过围岩和支护的量测监控来指导施工；而传统的眼睛工法则是以散粒体的松散压力概念为基础，采用强大支撑，不考虑围岩的自承能力，也没有采用系统量测监控等信息化施工管理手段。

图 2-12　眼睛工法施工现场

2.6.2　眼睛工法的特点

1. 有效地控制围岩变形和地表下沉量

由于采取分部开挖、分部支护封闭，因此支护体系能及时、充分地发挥作用，减少对围岩的扰动，使围岩的变形和地表下沉量得到控制。

2. 作业安全可靠

眼睛工法充分利用中间核心土的支撑作用，以格栅拱网和喷混凝土为支护手段，自下而上逐步完成开挖、支护和衬砌作业，使拱部开挖后的支护结构坐落在坚固结实的基础上，避免下沉塌落，从而提高了施工的安全度。

3. 充分发挥围岩自身的承载能力

格栅支撑与挂网、喷混凝土相结合的柔性支护，能很好地适应围岩的变形，而且支护刚度能随喷混凝土强度的增长而增大，使支护结构与围岩形成一个整体，充分发挥围岩自身的承载能力。

4. 实现信息化控制

应用量测监控等信息化管理方法作为指导设计施工、确定工艺参数的依据，通过信息反馈，使整个施工过程处于受控状态。

5. 施工作业简便

不需要专用机械设备，适合我国国情，容易推广使用。

6. 地质预报

超前开挖的双侧导洞，还可以起到预报地质的作用。

2.6.3 眼睛工法的适用范围

当隧道跨度很大,对地表沉陷要求严格,围岩条件特别差,单侧壁导洞法难以控制围岩变形时,可采用眼睛工法开挖。现场实测表明,眼睛工法所引起的地表沉陷仅为短台阶法的1/2。眼睛工法虽然开挖断面分块多,扰动大,初次支护全断面闭合的时间长,但每个分块都是在开挖后立即各自闭合的,所以在施工期间变形几乎不发展。眼睛工法施工安全,但速度较慢,成本较高。该方法主要适用于黏性土层、砂层、砂卵层等地层。

2.6.4 眼睛工法的施工工艺原理

眼睛工法以新奥法的基本原理为依据,在开挖导洞时尽量减少对围岩的扰动;导洞的断面形状近似椭圆,周边轮廓圆顺,以避免应力集中;初期支护采用格栅支撑与挂网、喷混凝土相结合的柔性支护体系,并及时施作,使断面及早闭合,以充分利用围岩自身的承载能力,控制围岩的变形;建立一整套围岩支护结构监控量测系统,进行信息化施工管理,随时掌握施工过程中的动态变化,合理安排、调整施工工艺和设计参数,以确保施工安全。

2.6.5 眼睛工法的施工顺序

眼睛工法施工顺序如图 2-13 所示。

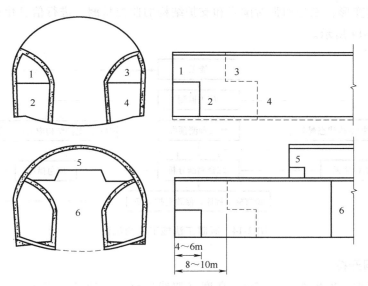

图 2-13 眼睛工法施工顺序

1) 先开挖两个侧壁导洞,每个导洞分上、下两层,并施喷一次早强混凝土(厚度 5~7cm)。

2) 安设导洞格栅支撑,上部打入局部锚杆,挂网施喷二次混凝土(厚度 13~15cm),使导洞支护封闭。

3) 人工开挖环形拱部,并施喷一次早强混凝土(厚度 5~7cm)。

4) 安设拱部格栅支撑(下部与侧壁导洞格栅连接),挂网喷二次混凝土(厚度 18~20cm)。

5）用反铲开挖核心土部分。

6）用风镐拆除导洞内侧的临时支护。

7）开挖隧道底部，灌注仰拱。

8）立衬砌模板，灌注二次衬砌（墙拱一次完成）。

2.6.6 眼睛工法的施工要点

1）侧壁导洞开挖后方可进行下一步开挖。地质条件差时，每个台阶底部均应按设计要求设临时钢架或临时仰拱。

2）各部开挖时，周边轮廓应尽量圆顺。

3）应在先开挖侧喷射混凝土，待强度达到设计要求后，再进行另一侧开挖。

4）左右两侧导洞开挖工作面的纵向间距不宜小于15m。

5）当开挖形成全断面时应及时完成全断面初期支护闭合。

6）中隔壁及临时支护应在浇筑二次衬砌时逐段拆除。

2.6.7 眼睛工法的关键施工技术

眼睛工法的关键施工技术包括以下三个方面：一是保持合理的分部开挖断面和平顺的开挖轮廓线，减少对围岩的扰动；二是及时施作符合质量要求的初期支护，并使开挖断面尽早闭合，控制围岩变形；三是加强对围岩和支护结构的监控量测，进行信息化施工管理，施工监测流程如图2-14所示。

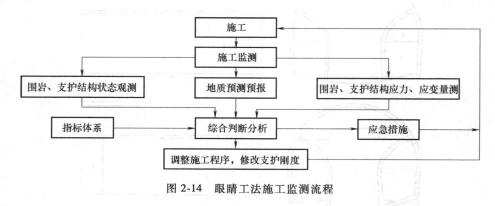

图 2-14　眼睛工法施工监测流程

1. 侧壁导洞开挖

侧壁导洞开挖，宽度取 4~4.2m，高度（双线铁路隧道边墙底至起拱线高度）取 6.5m 左右为宜，分上下两层开挖，这样既不需要工作平台，人工架设格栅支撑也比较方便。上下层错开 4~6m，两侧导洞前后错开 8~10m，每次掘进 0.4~1.0m 为宜。

2. 侧壁导洞的初期支护

侧壁导洞开挖后，应立即喷一层 5~7cm 厚的早强混凝土，随后人工安设格栅支撑，在导洞上部外侧打入局部锚杆，内侧布置系统锚杆，并挂网再喷一层早强混凝土，最后喷射普通混凝土，将格栅支撑全部喷满。

格栅支撑断面选用梯形，主筋为 4 根 ⚿22mm 螺纹钢筋（主筋中至中距离 18cm），连接主筋的钢筋为 ⚿12mm 圆筋，箍筋为 ⚿6mm 圆筋。导洞的每榀格栅由 4 段（内外侧各 2 段）组成，采用法兰盘连接。格栅支撑纵向间距视情况选择 0.4～1.0m，各榀之间用 ⚿22mm 螺纹钢筋连接。锚杆选用 ⚿22mm 螺纹钢筋，长度为 1.4～1.6m，纵向间距为 0.5～0.7m，横向间距为 1m。钢筋网一般采用 ⚿6mm 钢筋，网格尺寸为 20cm×20cm。

3. 拱部环形开挖与初期支护

一般采用人工开挖方法，从拱部中间向两边扩挖。对于特别松散、自稳时间很短的围岩，应事先采取打入超前小导管，必要时进行预注浆等辅助施工措施，以稳定开挖工作面。开挖时要挖一段喷一段，第一遍施喷一层 5～7cm 的早强混凝土，及时封闭开挖面。每次开挖进尺为 0.4～1.0m，不宜过长。台阶长度也不宜过长，双线铁路隧道台阶长一般与洞跨相等，以便翻碴。

拱部的初期支护体系基本同侧壁导洞，格栅支撑由三段组成，采用 4 根 ⚿25 螺纹主筋组成梯形断面，各段之间均用法兰盘连接。与侧壁导洞的初期支护所不同的是：一是拱部一般不设锚杆，二是喷混凝土层的厚度增加到 25cm。各支护参数比较见表 2-1。

表 2-1　眼睛工法支护参数比较表

部位	阶段	喷混凝土厚度/cm		格栅支撑			螺纹钢制锚杆		
		早强	普通	断面形式	间距/m	主筋组成	长度/m	间距/m	直径/mm
拱部	设计	10	15	梯形	0.4	4 根 ⚿25mm	—	—	—
	施工调整后	10	15	梯形	0.5	4 根 ⚿25mm			
	建议	10	15	梯形	0.6～0.7	4 根 ⚿25mm			
边墙	设计	10	10	梯形	0.4	4 根 ⚿25mm	1.4～1.6	纵 0.4，横 1.0	22
	施工调整后	10	10	梯形	0.5	4 根 ⚿22mm	1.4～1.6	纵 0.5，横 1.0	22
	建议	10	10	三角形	0.6～0.7	3 根 ⚿22mm	1.4～1.6	纵 0.6～0.7，横 1.0	22
侧壁导洞临时支护	设计	5	10	梯形	0.4	4 根 ⚿22mm	1.4～1.6	纵 0.4，横 1.0	22
	施工调整后	5	10	梯形	0.5	4 根 ⚿22mm	1.4～1.6	纵 0.5，横 1.0	22
	建议	5	10	三角形	0.6～0.7	3 根 ⚿22mm	1.4～1.6	纵 0.6～0.7，横 1.0	22

地铁车站是城市轨道交通中很重要的部分,其施工方法目前有明挖法、盖挖法、暗挖法等,本章重点阐述修建地铁车站各施工方法的原理、施工流程、优缺点和适用的车站形式。

对于车站的施工方法而言,原则上应优先选择浅埋暗挖法,其次是盖挖法,盖挖法中应优先选择盖挖逆作法,其次选择盖挖半逆作法,最后选择明挖法。采用暗挖法施工的车站中,柱洞法、侧洞法应用较多,而大断面施工应遵守大洞变小洞的施工原则。

由于施工期间对环境的影响只是一种短期效应,而功能要求、造价及工期等对地铁的社会效益和经济效益起决定作用,所以浅埋地铁多采用明挖法,与不同类型的围护结构结合能适用于各种地层;当在交通繁忙的地段修建地铁车站,尤其是修建有综合功能要求的车站,或需要严格控制基坑开挖引起的地面沉降时,可采用盖挖法施工;当不允许影响地面交通,或拆迁量过大等导致明挖很不经济时,可采用暗挖法施工,这种工法多适用于规模较小的车站或较稳定的地层。

3.1 明挖法

3.1.1 明挖法概述

在地铁车站站点施工工艺中,明挖法是使用最为广泛的施工工艺之一,也是三种地铁车站施工方法中最常用的一种。明挖法是一种从地面开始向地面下层开挖土石方直至基底设计标高,而后由基底下方开始进行结构工程施工,包括车站主体结构及防水施工,在结构施工完成后再进行基坑回填,最后恢复路面原状的施工方法。

3.1.2 明挖法适用条件及优缺点

1. 适用条件

明挖法作为一种常用的地铁车站施工方法,有施工期间安全性较好等优点,适用于建筑位置偏僻、周围建筑物较少、交通不繁忙、施工场地较大、结构埋深较浅等条件下的地铁车站。但当地质条件较差,暗挖法或盖挖法施工难度较大或施工成本过大时,也常采用明挖法。

2. 优点

明挖法具有以下优点：

（1）便于设计

明挖法边坡支护结构、支撑和锚固体系受力比较明确，便于选择合理的设计方案和参数。

（2）便于快速施工

一般情况下，明挖法的施工场地比较开阔，工作面较多，可以组织大量人员、设备、材料、机具等进行快速施工。

（3）便于控制施工安全、质量和进度

明挖法的施工工序和作业面大部分可以直接观察和检查，施工项目便于检测，安全隐患便于发现，安全措施便于制定和落实，应急抢险救援场地条件比较好，因此施工的安全、质量和进度容易控制。

（4）在拆迁量小的情况下，工程造价较低

明挖法和矿山法、盾构法相比，人员投入相对较少，设备相对简单，施工效率相对较高，在拆迁量小的情况下，工程造价较低。

3. 缺点

明挖法具有以下缺点：

（1）拆迁工作量大，影响交通

在城市中采用明挖法施工，一般情况下，需要拆迁建筑物、改移管线和树木，必要时还要进行交通管制。

（2）受气候、气象条件变化影响大

在寒冷地区或大风、大雾、雨、雪、冰冻天气，明挖法施工比较困难，容易出现险情。

（3）对环境影响较大

明挖法施工产生的噪声、粉尘、污水、振动等对环境影响比较大。此外，由于降水作业，可能引起地下水位下降、地面沉降、建筑物倾斜及地下管线破坏。

（4）易发生基坑整体失稳破坏

在不良地质和复杂环境中采用明挖法施工，一旦设计或施工方法不当，会发生边坡滑移或基坑整体失稳，可能造成重大人员伤亡和灾害。

3.1.3　明挖法施工的基本工序及分类

1. 基本工序

1）改移道路，拆除、改移管线，对围护桩进行施工。

2）开挖基坑并架设临时支撑。

3）进行基坑底部的处理：施工底板及中板。

4）施工结构顶板及内部结构。

5）回填覆土，恢复路面、车道、人行道及管线。

2. 分类

明挖法主要包括敞口明挖法和基坑支护明挖法（即基坑开挖）两种方法。在地面建筑物稀少、交通不繁忙、施工场地较大、结构物埋深较浅的地段及城市轨道交通出入地面的区段采用敞口明挖法；在施工场地较小、土质自立性差、地下水丰富、建筑物密集、结构埋深大的区段采用基坑支护明挖法，该方法适用于不同的土层。基坑的围护结构主要有地下连续墙、人工挖孔桩、钻孔灌注桩、SMW（水泥土搅拌连续墙）工法桩、钢板桩等。

3.1.4 敞口明挖法

敞口明挖法即敞口放坡明挖法。采用敞口明挖法施工时，为了防止塌方，保证施工安全，当基坑（槽）开挖深度超过一定限度时，土壁应做成有斜率的边坡，以保证土坡的稳定，工程中常称其为放坡（图3-1）。

图 3-1　敞口明挖法施工现场图

敞口明挖法是一种根据站点周边土体边坡的稳定能力，由上向下分层放坡开挖站点所在位置上方土体至设计站点基底高程后，再由下向上顺站点施作主体结构和防水层，最后进行结构外填土并恢复地表状态的施工方法。

对于敞口明挖法而言，边坡稳定性十分重要。对于无黏性土坡，可分别考虑有无渗流的情况，通过取边坡表面微元体的平衡可求得其边坡平面滑动安全系数；对于黏性土坡，在工程设计中常假定滑动面为圆弧面，通过整理圆弧法、瑞典条分法等对其进行稳定性分析。敞口放坡的槽底宽度取值要根据结构宽度的需要，同时要考虑施工操作空间。基坑两侧需要降水。

敞口明挖法虽然土方开挖量较大且易受地表和地下水的影响，但可以使用大型土方机械，施工速度快，造价低，质量也易得到保证，作业场所环境条件好，施工安全度高。当边坡局部稳定性较差时，可通过喷射混凝土进行坡面防护或采用锚杆加固边坡土体，敞口明挖法放坡施工剖面图如图3-2所示。

敞口明挖法主要适用于埋置较浅、边坡土体稳定性较好且地表没有过多限制条件的地下工程。在实际的地铁车站工程中，由于车站的深度一般较大，且本方法占地宽、拆迁量较大，因此极少采用直接放坡开挖的方式。

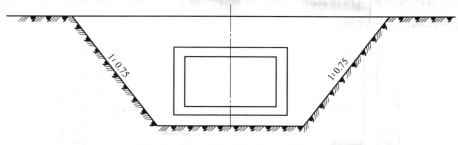

图 3-2　敞口明挖法放坡施工剖面图

3.1.5　基坑支护明挖法

基坑支护明挖法即基坑设置围护结构的明挖法。基坑周边的围护结构直接承受基坑施工阶段侧向土压力和水压力，并将此压力传递到支撑体系。

在基坑工程实践中，周边围护结构形成了多种成熟的类型。每种类型在适用条件、工程经济性和工期等方面各有不同，且周边围护结构形式的选用直接关系到工程的安全性、工期和造价。而对于每个基坑而言，其工程规模、周边环境、工程水文地质条件以及业主要求等也各不相同，因此在基坑周边围护结构设计中需根据每个工程特性和每种围护结构的特点，综合考虑各种因素，合理选用周边围护结构类型。

地铁车站基坑周边围护结构目前应用最广的主要有地下连续墙和灌注桩排桩两种形式。

1. 地下连续墙

地下连续墙可以分为现浇地下连续墙和预制地下连续墙两大类。

（1）现浇地下连续墙

目前工程中应用的现浇地下连续墙的槽段形式主要有壁板式、T 形等，并可通过各种槽段形式组合，形成格形、圆筒形等结构形式。

1）现浇地下连续墙主要特点如下：

① 施工具有低噪声、低振动等优点，工程施工对环境的影响小。

② 刚度大、整体性好，基坑开挖过程中安全性高，围护结构变形较小。

③ 墙身具有良好的抗渗能力，坑内降水时对坑外的影响较小。

④ 可作为地下室结构的外墙，可配合逆作法施工，以缩短工程的工期、降低工程造价。

⑤ 受到条件限制墙厚无法增加的情况下，可采用加肋的方式形成 T 形槽段或 Ⅱ 形槽段，以增加墙体的抗弯刚度（图 3-3）。

⑥ 存在弃土和废泥浆处理、粉砂地层易引起槽壁坍塌及渗漏等问题，需采取相关的措施来保证连续墙施工的质量。

⑦ 由于地下连续墙水下浇筑、槽段之间存在接缝的施工工艺特点，连续墙墙身以及接缝位置存在防水的薄弱环节，易产生渗漏水现象。两墙合一地下连续墙需进行专项防水设计。

⑧ 由于两墙合一地下连续墙作为永久使用阶段的地下室外墙，需结合主体结构设计，在地下连续墙内为主体结构留设预埋件。两墙合一地下连续墙设计必须在主体建筑结构施工图设计基本完成后方可开展。

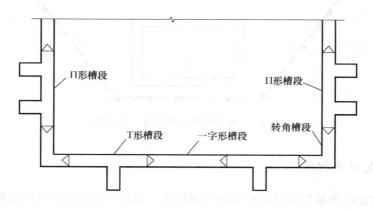

图 3-3　地下连续墙剖面图

2）现浇地下连续墙适用条件如下：

① 深度较大的基坑工程，一般开挖深度大于 10m 才有较好的经济性。

② 邻近存在保护要求较高的建、构筑物，对基坑本身的变形和防水要求较高的工程。

③ 基地内空间有限，地下室外墙与红线距离极近，采用其他围护结构无法满足留设施工操作空间要求的工程。

④ 围护结构作为主体结构的一部分，且对防水、抗渗有较严格要求的工程。

⑤ 采用逆作法施工，地上和地下同步施工时，一般采用地下连续墙作为围护墙。

⑥ 在超深基坑工程中，例如 30～50m 的深基坑工程，采用其他围护结构无法满足要求时，常采用地下连续墙作为围护结构。

（2）预制地下连续墙

预制地下连续墙即采用常规的泥浆护壁成槽，在成槽后，插入预制构件并在构件间采用现浇混凝土将其连成一个完整的墙体，剖面图如图 3-4 所示。

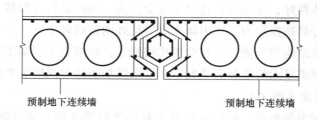

图 3-4　预制地下连续墙剖面图

1）预制地下连续墙主要特点如下：

① 工厂化制作可充分保证墙体的施工质量，墙体构件外观平整，可直接作为地下室的

建筑内墙，不仅节约了成本，也增大了地下室面积。

② 由于工厂化制作，预制地下连续墙与基础底板、剪力墙和结构梁板的连接处预埋件位置准确，不会出现钢筋连接器脱落现象。

③ 墙段预制时，可通过采取相应的构造措施和采用相应的节点形式以达到结构防水的要求，并改善和提高地下连续墙的整体受力性能。

④ 为便于运输和吊放，预制地下连续墙大多采用空心截面，减小自重，节省材料，经济性好。

⑤ 可在正式施工前预制加工，制作与养护不占绝对工期，现场施工速度快。采用预制墙段和现浇接头，省去了常规拔除锁口管或接头箱的过程，节约了成本，缩短了工期。

⑥ 由于大大减少了成槽后泥浆护壁的时间，因此增强了槽壁稳定性，有利于保护周边环境。

2）预制地下连续墙适用条件如下：在现阶段的工程实践中，由于受到起重和吊装能力的限制，墙段总长度受到了一定限制，一般仅适用于 7m 以内的浅基坑，且大多将预制地下连续墙用作主体结构地下室外墙。

2. 灌注桩排桩

（1）分类

灌注桩排桩是采用连续的柱列式排列的灌注桩形成的围护结构。工程中常用的灌注桩排桩的形式有分离式、双排式和咬合式。

1）分离式灌注桩排桩是工程中灌注桩排桩围护墙最常用，也是较简单的围护结构形式，如图 3-5 所示。灌注桩排桩外侧可结合工程的地下水控制要求设置相应的隔水帷幕。

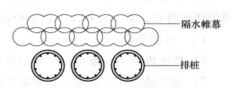

图 3-5　分离式灌注桩排桩

2）为增大排桩的整体抗弯刚度和抗侧移能力，可将桩设置成前后双排，将前后排桩桩顶的冠梁用横向连梁连接，就形成了双排式灌注桩排桩（图 3-6）。

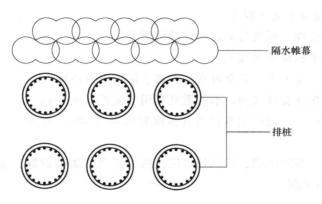

图 3-6　双排式灌注桩排桩

3）有时因场地狭窄等原因，无法同时设置排桩和隔水帷幕，此时可采用桩与桩之间咬合的形式，形成可起到止水作用的咬合式灌注桩排桩围护墙（图3-7）。咬合式灌注桩排桩围护墙的先行桩采用素混凝土桩或钢筋混凝土桩，后行桩采用钢筋混凝土桩。

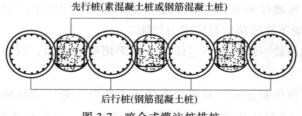

图3-7　咬合式灌注桩排桩

（2）主要特点

1）施工工艺简单、工艺成熟，质量易控制，造价经济。

2）噪声小、无振动、无挤土效应，施工时对周边环境影响小。

3）可根据基坑变形控制要求灵活调整围护桩刚度。

4）在基坑开挖阶段仅用作临时围护结构，在主体地下室结构平面位置、埋置深度确定后，再设计、实施。

5）在有隔水要求的工程中需另行设置隔水帷幕。其隔水帷幕可根据工程的土层情况、周边环境特点、基坑开挖深度以及经济性等要求综合选用。

（3）适用条件

1）软土地层中一般适用于开挖深度不大于20m的深基坑工程。

2）地层适用性广，对于从软黏土到粉砂性土、卵砾石、岩层中的基坑均适用。

3. 基坑支撑方案确定

在深基坑工程中，支护结构在基坑开挖过程中能有效地传递和平衡作用于其上的侧压力。其支撑类型选择、道数、位置、强度、刚度和稳定性对于确保基坑安全，控制围护结构变位，保护周围环境至关重要。而不同材料种类的支撑，在实践中都有各自的特点和不足。

支撑形式按材料分为现浇钢筋混凝土支撑、钢支撑。

（1）现浇钢筋混凝土支撑特点

1）浇筑形状多样性，可满足不同形状基坑要求。

2）耐碰撞，利于机械挖土施工。

3）整体刚度大、变形小、安全可靠，有利于保护周围环境。

4）一般属于一次性支撑结构，不能重复利用（装配式例外）。

5）现浇耗时较长，一般初期养护达到强度要求需要28d，时间长，使基坑因时间效应产生的变形增大。

6）在工程后期，拆除困难，若深处市区，则不宜采用爆破拆除，采用人工拆除，则劳动强度大且耗时影响工期。

（2）钢支撑特点

1）钢支撑强度高、材料均匀性好且能重复使用。

2）安装、拆除速度快，减小变形时间效应，能尽快发挥支撑的作用。

3）可以施加预紧力，还可以根据围护墙变形发展情况，多次调整预紧力。

4）一次性用钢量大，初始成本高，耐碰撞性能差。

5）刚度小，不利于增大支撑间距以方便开挖作业。

6）重复使用次数过多或连接点过多时，在轴力和偏心力的作用下易失稳。

7）节点构造处理要求妥善，工艺要求较高，安装施工不当会降低支撑能力。

3.2 盖挖法

3.2.1 盖挖法概述及优缺点

1. 盖挖法概述

盖挖法是指由地面向下开挖至一定深度后，将顶部封闭，其余的下部工程在封闭的顶盖下进行施工。主体结构可以顺作，也可以逆作。在城市繁忙地带修建地铁车站时，往往占用道路，影响交通。当地铁车站设在主干道上，而交通不能中断，且需要确保一定交通流量要求时，可选用盖挖法。盖挖法是当地下工程需要穿越公路、建筑等障碍物时采取的新型工程施工方法。

盖挖法可以分为三大类：盖挖顺作法、盖挖逆作法和盖挖半逆作法。

早期的盖挖法是在支护基坑的钢桩上架设钢梁、铺设临时路面维持地面交通，开挖到基坑底部后，浇筑底板直至浇筑顶板的盖挖顺作法；后来使用盖挖逆作法，用刚度更大的围护结构取代了钢桩，用结构顶板作为路面系统和支撑，结构施工顺序是自上而下挖土后浇筑侧墙楼板至底板完成。也有采用盖挖半逆作法，施工顺序如下：围护结构顶板→挖土到基坑底部→底板及其侧墙→中板及其侧墙。盖挖顺作法与敞口明挖法在施工顺序和技术难度上差别不大，但盖挖顺作法挖土和出土因受盖板的影响，无法使用大型机械。

2. 盖挖法优缺点

（1）优点

1）围护结构变形小，能够有效控制周围土体的变形和地表沉降，有利于保护邻近建筑物和构筑物。

2）基坑底部土体稳定，隆起小，施工安全。

3）盖挖逆作法施工一般不设内部支撑或锚固，施工空间大。

4）盖挖逆作法施工基坑暴露时间短，用于城市街区施工时，可尽快恢复路面。

（2）缺点

1）盖挖法施工时，混凝土内衬的水平施工缝处理较困难。

2）盖挖逆作法施工时，暗挖施工难度大，费用高。

3）盖挖法每次分部开挖及浇筑衬砌的深度，应综合考虑基坑稳定、环境保护、永久结构形式和混凝土浇筑作业等因素来确定。

3.2.2 盖挖顺作法

盖挖顺作法是在地表作业完成挡土结构后，以定型的预制标准覆盖结构（包括纵、横梁和路面板）置于挡土结构上维持交通，往下反复进行开挖和加设横撑，直至设计标高。依序由下而上施工主体结构和防水设施，回填土并恢复管线路或埋设新的管线路。最后，视需要拆除挡土结构外露部分并恢复道路。盖挖顺作法施工现场如图 3-8 所示。

在道路交通不能长期中断的情况下修建车站主体时，可考虑采用盖挖顺作法。

盖挖顺作法施工顺序如图 3-9 所示。

图 3-8　盖挖顺作法施工现场

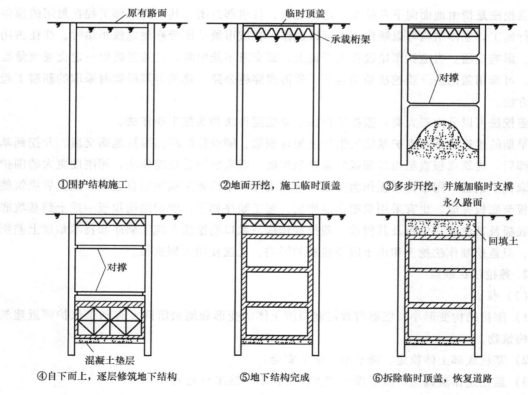

图 3-9　盖挖顺作法施工顺序

1. 盖挖顺作法施工技术要点

（1）围护形式的选择

由盖挖顺作法的施工过程可以看出，该法首先要在地面以下形成一个由顶盖和围护结构包围而成的巨大地下空间，而后再依照地上建筑物的常规施工顺序由下而上修建地下结构的主体结构。根据用途和需要，该围护结构既可以成为地下永久主体结构的一部分，承受永久荷载，也可以不作为地下永久主体结构的组成部分，仅在施工阶段承载。但是无论怎样，这个由顶盖和围护结构包围而成的巨大地下空间的安全和稳定是盖挖顺作法成功的最根本的条件。因此，根据现场条件、地下水位高低、开挖深度以及周围建筑物的邻近程度，选择确定围护结构的形式是盖挖顺作法的第一个技术关键。

由于钻孔灌注桩具有施工设备简单、施工工艺成熟、容易满足增加刚度的要求、工程质量容易保证和造价较低等一系列优点，它在北方地下水位较低的第四纪地层的地下工程施工中往往成为围护结构的首选。但是在地下水位较高的情况下，选择止水性能好的地下连续墙或密排咬合桩作为围护结构，降、排水更容易，工程成功有保证。我国南方多为饱和的软弱土层，在这种情况下，应以刚度大、止水性能好的地下连续墙为首选方案。例如上海地铁多采用地下连续墙技术。而为了降低造价、加快进度，深圳地铁选择盖挖法施工的车站则多采用人工挖孔咬合桩作为围护结构。

（2）支撑的设置和地面沉降的控制

对于常见的地铁车站和地下商业结构，其结构形式往往深入地下 2~3 层。因此在施工过程中，所需要的地下空间净高度为 20~25m。在长达数月的施工过程中，在地面荷载的不断作用下，保证围护结构的安全和稳定，按照地区邻近建筑的保护要求等级，控制地面沉降在设计允许的范围内，是盖挖顺作法的另一个技术关键。

各道临时横撑是减小围护结构（护壁桩、连续墙）变形和内力的首选。通常按照设计要求，随着顶盖下土体的逐层开挖，自上而下设置各道临时横撑。但是在地下结构施工过程中，随着结构高度的增加，各道临时横撑或拆除，或通过已形成的正式结构起再支撑的作用。直到正式结构及其外部防水层全部施工完成，在回填过程中，才把各道临时横撑全部拆除。为省去以上工序，也可以采用土体预应力锚索代替各道临时横撑。采用土体预应力锚索可以省去制造或租用大量钢制临时横撑的费用，可使围护结构内部施工空间开阔，有利于组织施工。但是其缺点是：土体预应力锚索不易回收，而且会侵入地下结构外侧的地下空间，有时不容易得到规划部门的批准。特别是在附近地层中有重要管线存在的情况下，为了避免事故发生应当慎用。

如果地下结构的宽度很大，例如像岛式地铁车站这样的建筑，则往往设有中间桩柱结构。在某些不设永久性中柱的情况下，为了缩短横撑的自由长度，防止横撑失稳，并承受横撑倾斜时产生的垂直分力以及作用于覆盖结构上的车辆荷载，常常需要在建造侧壁围护结构的同时建造中间桩柱以支撑横撑。中间桩柱可以是钢筋混凝土钻孔灌注桩，也可以是预制的打入桩。在这种情况下中间桩柱一般为临时性结构，在主体结构完成后可将其拆除。

（3）降、排水施工

盖挖顺作法施工虽然是棚盖下的明挖施工，但是为了便于结构下部施工，必须使施工期间地下水位低于底板，否则将难以施工。因此在地下水位较高的情况下，有必要采取围护结构堵水、基坑内部降水等有效措施，保持围护墙内土体地下水位稳定在基底以下，以保证施工顺利进行。

2. 盖挖顺作法优缺点

（1）优点

施工作业面多，方法简单，施工速度快，支撑构架简单，较易掌控工程质量和工期，工程造价低。

（2）缺点

安全支撑使开挖受限制，工期长，适合浅开挖工程，对城市生活干扰大，对周围环境破坏大。

3.2.3 盖挖逆作法

盖挖逆作法是先在地表面向下做基坑的围护结构和中间桩柱，与盖挖顺作法一样，基坑围护结构多采用地下连续墙或灌注桩排桩，中间支撑多利用主体结构本身的中间立柱以降低工程造价。随后即可开挖表层土体至主体结构顶板底面标高，利用未开挖的土体作为土模浇筑顶板。顶板可以作为一道强有力的横撑，以防止围护结构向基坑内变形，回填土后将道路复原，恢复交通。以后的施工都是在覆盖顶板下进行的，即自上而下逐层开挖并建造主体结构直至底板。永久结构是在盖挖的方式下自上而下逆向建成的，因此称为盖挖逆作法。如果开挖面积较大、覆土较浅、周围沿线建筑物过于靠近，为尽量防止因开挖基坑而引起邻近建筑物沉陷，或需及早恢复路面交通，但又缺乏定型覆盖结构，则常采用盖挖逆作法施工。

1. 盖挖逆作法基本施工工序

首先在地面向下做基坑的围护结构和中间桩柱（通常围护结构仅做到顶板搭接处，其余部分用便于拆除的临时挡土结构围护），然后在地面开挖至主体结构顶板底面标高，利用未开挖的土体作为土模，浇筑形成地下结构的永久顶板。该顶板同时也形成了围护结构的第一道强有力的支撑，起到了防止围护结构向基坑内部变形的作用。在顶板上回填土后将道路复原，可以铺设永久性路面，正式恢复交通。以后的施工都是在覆盖顶板下进行的。自地下1层开始，按照−1、−2、−3···的顺序，自上而下逐层开挖，每挖完一层，即浇筑本层的底板（同时也是下一层的顶板）和边墙，逐层建造主体结构直至整体结构的底板。盖挖逆作法施工工序如图3-10所示。

2. 盖挖逆作法关键技术

盖挖逆作法施工所形成的结构最大的特点是其主体结构是自上而下逆向建成的，因此与其他方法相比，盖挖逆作法带来了一系列特定的关键技术问题：

（1）施工阶段和使用阶段结构的受力转换问题

采用盖挖逆作法建成的永久结构的边墙、底板在施工阶段和使用阶段的受力状态和内力形式很不相同。对于采用双层墙的形式修建的地下构筑物，上面各层的内侧墙在浇筑初期由于采用了微膨胀混凝土材料一般为竖向受压，而在下层开挖时，由于要承担下一层顶板的重量而变为竖向受拉，在结构竣工投入使用并完成最终沉降后，内侧墙竖向仍应受压。除了最上层顶板外，其余各层顶板在本层施工时上挠，在下层施工时下挠。受力状态的变化在结构各部分所形成的组合应力更为复杂。因此，依靠量测监控技术把握好施工各阶段结构的受力体系转换，保证结构在施工和使用过程中均处于安全工作状态，是盖挖逆作法施工的第一个技术关键。

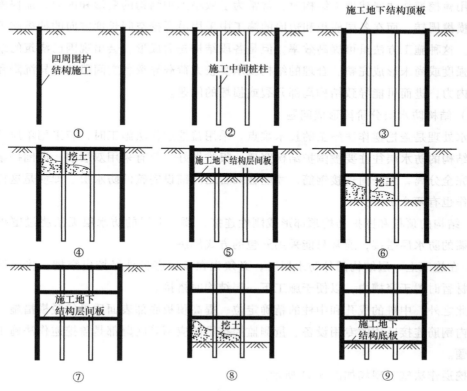

图 3-10　盖挖逆作法施工工序

（2）结构各部位的连接和节点形成问题

采用盖挖逆作法修建结构时，顶板与围护结构、顶板与内侧墙、层间底板与内侧墙、层间底板与中柱之间连接的可靠性和合理性是施工过程中应特别注意的问题。采用双层墙的地下构筑物，各层形成的顺序一般为：顶板→底板→边墙。底板和边墙的连接可以按常规施工方法，靠底板钢筋伸入边墙，并通过分步浇筑解决两者的连接问题。对于顶板和边墙的连接，由于边墙是在上部顶板混凝土达到设计强度后由下向上浇筑的，后浇筑的边墙顶面与顶板底的结合面常因边墙混凝土的收缩等原因出现数毫米宽的缝隙，对结构的强度、耐久性和防水性造成不良影响。因此对顶板（或层间板）与边墙的结合处要进行特别处理，在利用土模浇筑顶板（或层间板）前，通常在土模边缘边墙的设计位置向下挖出浅槽，以便在顶板浇筑时形成边墙顶部的加腋，同时按设计要求在槽中向下层土体内插入竖向钢筋，作为顶板（或层间板）与边墙的预留连接钢筋。浇筑边墙时，边墙的竖向钢筋要自下而上绑起，并和顶板（或层间板）下伸的预留连接钢筋可靠连接。为便于混凝土的灌入，边墙模板顶部要做成多个向外倾斜排列的簸箕形下料斗。施工时纵向分段浇筑，以保证空气能自由排出、混凝土能充满边墙顶部和顶板（或层间板）下延部位之间的空间。为避免混凝土收缩出现缝隙，用于浇筑边墙最上部分的混凝土材料，需要采用特别配制的无收缩混凝土或微膨胀混凝土。

（3）差异沉降诱发内力的问题

采用盖挖逆作法修建地下结构时，常常为了减小围护结构的变形和内力、加快施工进度和临时横撑周转，而在各层底板和边墙的施工中采用沿开挖空间长度方向的抽条施工或倒仓施工法。这种施工方法虽可提高效率，但是各段结构先后成形，会出现因已浇筑的结构未达到设计强度或尚未形成完整、合理的结构就承受较大荷载导致各空间段的差异沉降和所诱发的次生内力，进而可能导致结构局部开裂或损坏的问题。

（4）结构防水层分阶段形成问题

防水处理是盖挖逆作法施工的技术难点。采用盖挖逆作法施工时，若采用单层墙或复合墙，则结构的防水层往往要被围护结构穿透，很难做好。只有采用双层墙，即围护结构与主体结构完全分离，无任何连接钢筋，才能在两者之间铺设完整的防水层。即使是这样，防水层的施作也有两个难点：

1）结构的顶板和围护结构顶部形成刚性连接，顶板上层的防水层无法绕过围护结构顶部和边墙的防水层搭接，通常只能采用外包的方式解决。

2）在施工上一层结构的外防水层时，必须先在该层底板外缘挖出窄槽，将向下延伸的防水卷材暂时置于窄槽内，以便于施工下一层结构时搭接。

除此之外，中桩的成孔和中柱的精确定位、提高顶板底部表面质量的脱模措施、边墙狭小空间内钢筋连接所用的专用设备、量测监控技术的应用等问题都是盖挖逆作法施工特有的技术问题。

盖挖逆作法施工现场如图 3-11 所示。

图 3-11　盖挖逆作法施工现场

3. 盖挖逆作法优缺点

（1）优点

1）以刚度大的地下结构体作为挡土支撑，自上而下的顶板、中隔板及水平支撑体系刚度大，可营造相对安全的作业环境。

2）占地少，回填量小，可分层施工，也可分左右两幅施工，交通导改灵活。

3）快速覆盖，缩短中断交通的时间。

4）地上地下结构体同时施工，进度较快，工期短。

5）设备简单，不需大型设备，操作空间大，操作环境相对较好。

6）受气候影响小，无冬期施工要求，低噪声、扰民少。

（2）缺点

1）逆打接头施工复杂。

2）弃土作业有时需有特殊设备。

3）垂直构件续接处理困难，特别是在强度与止水性方面。

4）钢柱需插入桩基，吊放钢柱困难。

5）开挖至最底部若产生上述现象，对基桩会有不良影响。

6）开挖深度大，作业环境差。

3.2.4　盖挖半逆作法

1. 盖挖半逆作法概念

在某些特殊工程中，盖挖半逆作法也得到了应用。盖挖半逆作法和盖挖顺作法相似，也是在开挖地面、完成顶板及恢复路面后，向下挖土至地下结构底板的设计标高，先建筑底板，再依次向上逐层建筑边墙、层间板。

盖挖半逆作法与盖挖顺作法的区别在于，盖挖顺作法所完成的顶板是将来要拆除的临时性盖板，不是永久结构的顶板，而盖挖半逆作法所完成的顶板就是地下结构的顶部结构。盖挖半逆作法与盖挖逆作法的区别在于，盖挖半逆作法顶板完成及恢复路面，向下挖土至设计标高后，先浇筑底板，再依次向上逐层浇筑边墙、层间板。因此，在盖挖半逆作法施工中，一般必须设置横撑并施加预应力，且在地下结构完成后不必再一次挖开路面。

2. 盖挖半逆作法基本施工工序

盖挖半逆作法汲取了盖挖顺作法和盖挖逆作法两者的优点，避免了对地面进行二次开挖，减少了对交通的影响，除地下一层边墙和顶板为逆作连接外，其余各层均为顺向施工，减少了结构的应力转换，对结构的整体性和使用寿命有利，结构的防水施工也变得简单可靠。

盖挖半逆作法用于结构宽度较大、有中间桩柱存在的结构时，各道横撑和各层间板的相互位置关系、施工交错处理、横撑的稳定性都是应当注意的问题。此外，在施工阶段，中桩和顶板中部已有力学连接，顶板边缘与围护结构连为一体，但各层是自下而上依次建成的，各层结构重力的一部分将通过楼板传递到中柱上，中柱的受力变化比较复杂，结构的总体沉降也比较复杂。因此，设计阶段全面考虑、施工阶段现场观测防止结构在中柱周围出现受力裂缝是十分必要的。

盖挖半逆作法施工工序如图 3-12 所示。

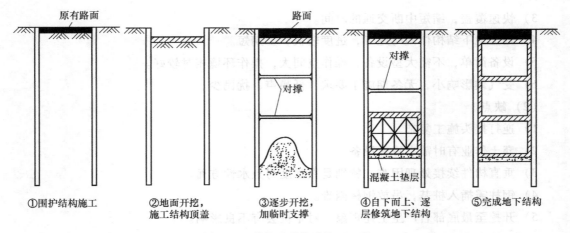

①围护结构施工　②地面开挖，施工结构顶盖　③逐步开挖，加临时支撑　④自下而上、逐层修筑地下结构　⑤完成地下结构

图 3-12　盖挖半逆作法施工工序

3.2.5　盖挖法工艺比较

1. 盖挖逆作法与盖挖顺作法工艺比较

盖挖逆作法与盖挖顺作法工艺比较见表 3-1。

表 3-1　盖挖逆作法与盖挖顺作法工艺比较

比较项	盖挖逆作法	盖挖顺作法
对场地要求	施工场地狭小无足够放坡条件时采用	要求有足够大的施工场地进行放坡或锚索支护不受限的情况下采用
对周围环境影响	对周边环境影响极小	无论是采用放坡开挖，还是采用锚索支护，均会对周围环境产生一定影响
围护结构及支撑	由于采用了地下层间板作为围护结构的一部分，因此减少了大量的内支撑或其他围护结构；同时因梁板均在土模上浇筑，所以节省了大量的支架	需额外增加围护结构和支撑
对工期的影响	当层次多、规模大时，可使地上、地下结构同时施工，从而大大缩短工期	大大缩短工期
安全性	安全性较高	安全性受内支撑及锚索影响较大

2. 盖挖半逆作法和盖挖顺作法施工顺序比较

盖挖半逆作法和盖挖顺作法相似，也是在开挖地面、完成顶板及恢复路面后，向下挖土至地下结构底板的设计标高，先浇筑底板，再依次向上逐层浇筑边墙、层间板。其与盖挖顺作法的区别在于，盖挖顺作法所完成的顶板是将来要拆除的临时性盖板，不是永久结构的顶板，而盖挖半逆作法所完成的顶板就是地下结构的顶部结构。

3.2.6　盖挖法技术优势

综合来看，盖挖法相较于传统的施工技术而言拥有诸多的突出优势，它突破了以往施工技术的局限性，使得交通工程施工技术更加系统、成熟。

1）盖挖法技术施工范围较小，且有临时路面系统作为交通运行保障。这就减小了工程施工对交通系统造成的不利影响。

2）盖挖法显著缩短了建设周期。传统的地铁车站对前期工程要求高，在现代化建设进程中，明挖车站往往占地面积大，对于建设周期而言往往需要花费绝大部分时间用于推进前期征拆工作，而盖挖法施工可以及时恢复交通，加快施工进度，缩短建设周期。

3）盖挖法的成本较低。虽然就投资比重来说，盖挖法与明挖法相比，盖挖法建安费用高于明挖法，但是综合考虑，由于浅埋地铁的修筑是为了缓解人流密集区的交通压力，而明挖法在施工过程中对于交通产生的不利影响会直接造成经济损失。盖挖法工程量小，效率高，且不影响正常交通通行，有效避免了道路施工带来的经济损失。

4）目前城市管线众多，在地下空间作业过程中，有些管线避无可避、改无可改，盖挖法施工可将需要迁改的管线改迁至提前施工完成的顶板上，对管线工作的开展提供了有利的条件。

3.3 暗挖法

3.3.1 暗挖法概述

暗挖法是指在特定条件下，不挖开地面，全部在地下进行开挖和修筑衬砌结构的地铁施工方法。由于地铁车站通常在城市中心区段修建，周边的环境非常复杂，各种地下管线、地上（下）建（构）筑物众多，同时地面交通繁忙，很多情况下无法采用明挖法或盖挖法修建地铁，此时采用暗挖法修建地铁成了不错的选择。

暗挖法主要包括浅埋暗挖法、盾构法、钻爆法、掘进机法、顶管法、沉管法、新奥法等。其中，浅埋暗挖法和盾构法应用较为广泛。本节主要介绍浅埋暗挖法，盾构法、顶管法等将于第 4 章进行详细介绍。

3.3.2 浅埋暗挖法概述

浅埋暗挖法即松散地层的新奥法施工，其充分利用围岩的自承能力和开挖面的空间约束作用，采用锚杆和喷射混凝土为主要支护手段，对围岩进行加固，约束围岩的松弛和变形，并通过对围岩和支护的量测、监控，指导地下工程的设计施工。

浅埋暗挖法是针对埋置深度较浅、松散不稳定的上层和软弱破碎岩层施工而提出来的。它的主要施工技术特点为：围岩变形波及地表、要求刚性支护或地层改良、通过试验段来指导设计和施工。对于城市地铁，覆跨比 H/D 在 $0.6 \sim 1.5$ 时为浅埋，H/D 小于 0.6 时为超浅埋。

3.3.3 浅埋暗挖法施工原则

浅埋暗挖法施工工艺应贯彻的原则可以概括为：管超前、严注浆、短开挖、强支护、快封闭、勤量测。

1. 管超前

管超前是指采用超前管棚或小导管注浆防护，实际上就是采用超前支护的各种手段，提高掌子面的稳定性，防止围岩松弛和坍塌。

2. 严注浆

严注浆是指在导管超前支护后，立即进行压注水泥浆或其他化学浆液，填充围岩空隙，使隧道周围形成一个具有一定强度的壳体以增强围岩的自稳能力。

3. 短开挖

短开挖是指限制一次进尺的长度，以减少对围岩的扰动。

4. 强支护

强支护是指在浅埋的松软地层中施工，初期支护必须十分牢固，具有较大的刚度，以控制开挖初期的变形。

5. 快封闭

快封闭是指在台阶法施工中，如台阶过长时，变形增加较快，为及时控制围岩松弛，开挖后必须及时封闭，提高初期支护的承载能力。

6. 勤量测

勤量测是指对隧道施工过程按要求进行监控量测，掌握施工动态，及时反馈。

3.3.4 浅埋暗挖法的分类

采用浅埋暗挖法施工隧道时，应根据工程特点、围岩情况、环境要求以及施工单位的自身条件等，选择适宜的开挖方法及掘进方式。地铁车站较多采用的开挖方法有：柱洞法、中洞法、侧洞法。

1. 柱洞法（PBA法）

（1）工法概述

PBA法的含义是：桩（pile）、梁（beam）、拱（arc），即由边桩、中桩（柱）、顶底梁、顶拱共同构成初期受力体系，承受施工过程的荷载。其主要思想是将明挖法、盖挖法及暗挖法有机结合起来，发挥各自的优势，在顶盖的保护下可以逐层向下开挖土体，施作二次衬砌，可采用顺作和逆作两种方法施工，最终形成由初期支护和二次衬砌组合而成的永久承载体系。

当地质条件差、断面特别大时，一般设计成多跨结构，跨与跨之间由梁、柱连接，例如常见的三跨两柱大型地铁站。PBA法就是先开挖导洞，在洞内制作挖孔桩或钻孔桩，梁、柱完成后，再施作顶部结构，然后在其保护下施工。该工法施工工序较多，且地下工作环境较差，但施工引起的地面沉降较易控制；多在无水、地层相对较好、周边环境复杂的时候应用。PBA法施工顺序如图3-13所示。

（2）工法特点

PBA法的核心思想在于设法形成由侧壁支撑结构和拱部初期支护组成的整体支护体系，

代替传统的预支护和初期支护结构，以保证在进行洞室主体部分开挖时具有足够的安全度，并有效地控制地层沉降。

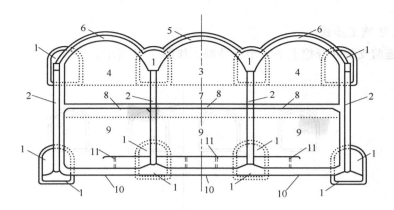

图 3-13　PBA 法施工顺序

1—上下导洞错开距离开挖（包括初期支护）　2—孔桩开挖，底纵桩、中柱、边桩、顶纵梁施工

3—中洞上台阶开挖（包括初期支护）　4—左右洞上台阶开挖（包括初期支护）

5—中洞拱部衬砌　6—侧洞拱部衬砌　7—层间板以上土体开挖　8—层间板浇混凝土

9—剩余部分土体开挖　10—底板及底部边墙衬砌　11—站台板浇筑

PBA 法施工车站的结构形式为直墙多层多跨拱形结构，采用复合衬砌支护形式。拱部初期支护为格栅加喷射混凝土结构，利用大管棚、超前小导管及注浆等辅助措施对前方土体进行预加固、支护，侧墙初期支护为灌注桩，中柱多采用钢管柱形式。随着基坑的开挖，桩间可设薄层网喷混凝土，以保证桩间土体的稳定。拱部、侧墙、底板二次衬砌及中间楼板均为现浇钢筋混凝土结构，中间楼板及底板可以为纵梁体系，也可以采用纵横梁、井字梁体系。PBA 法具有以下特点：

1）桩、梁、拱、柱先期形成，首先形成了主受力的空间框架体系，后面的开挖都是在顶盖的保护下进行的，支护转换单一，不但安全，而且大大减小了对地面沉降的影响，同时节省了大量的坯工。

2）PBA 法施工灵活，施工基本不受层数、跨数的影响，底部承载结构可根据地层条件做成底纵梁（条基）或桩基。

3）小导洞施工技术成熟、安全可靠，由于各导洞间具有一定距离，故可同步进行导洞施工，施工干扰小，各导洞内的柱、纵梁也可同时作业。

4）扣拱后内部一般无须进行地层加固等，施工空间开阔，可采用机械开挖，作业效率高，整体施工速度快，精度高，施工中也便于地下水的处理。

5）直墙式结构内有效净空大，减少了曲墙及仰拱结构工程投入。

6）PBA 法因需在两侧施作灌注桩而提高了造价，且要在十分狭窄的小导洞内完成钢筋插入、立模、浇筑、吊装等系列操作，作业环境恶劣。

PBA 法也可以用钻孔桩法施工边桩及中柱，并可取消下导坑，对控制地表沉降有利，但施工设备复杂，成本高，在有的地层（例如漂石和直径较大的砂卵石地层）中钻孔速度慢，如果地质条件好，边桩可采用矩形挖孔桩底部扩桩的办法，取消边桩的下导坑和条形基础。

（3）PBA 法施工步骤

1）打设超前支护并开挖上下 8 个小导洞，如图 3-14 所示。

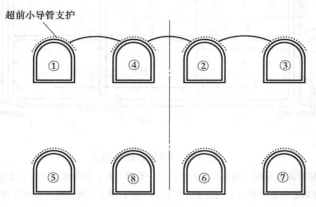

图 3-14　PBA 法施工步骤（1）

2）施工下导洞横通道、条形基础、中间底纵梁，施作边桩及桩顶冠梁；施工下部横通道部分底板；边桩外侧与导洞间采用混凝土回填，如图 3-15 所示。

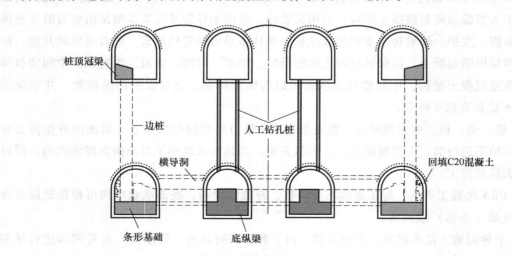

图 3-15　PBA 法施工步骤（2）

3）在上层边导洞内架设主体侧洞钢架，下部与冠梁上预留钢筋焊接，上部与导洞预留钢筋焊接，回填混凝土；中间导洞施作钢管柱、顶纵梁，如图 3-16 所示。

4）施作主体中洞超前支护，开挖、支护并施作二次衬砌，设置钢拉杆，如图 3-17 所示。

5）对称开挖并施工主体侧洞初期支护，如图 3-18 所示。

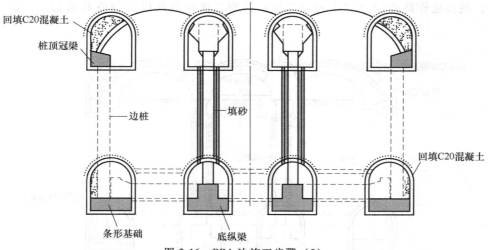

图 3-16　PBA 法施工步骤（3）

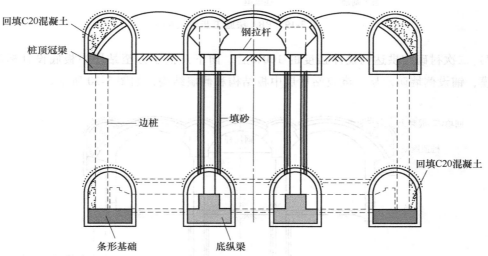

图 3-17　PBA 法施工步骤（4）

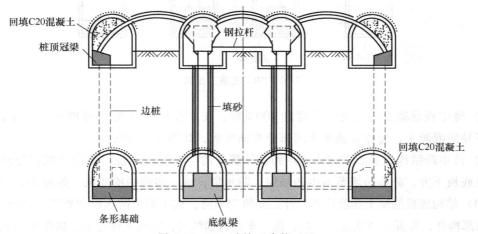

图 3-18　PBA 法施工步骤（5）

6）跳段施作防水层及二次衬砌扣拱；边跨二次衬砌扣拱应分段对称施工，如图 3-19 所示。

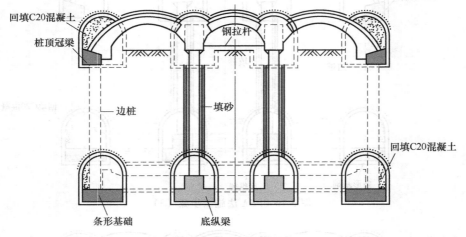

图 3-19　PBA 法施工步骤（6）

7）二次衬砌扣拱达到设计强度的 100% 后，向下开挖土方至站厅中板底设计标高；施作底模，铺设侧墙防水层，浇筑站厅层中板结构和侧墙结构，如图 3-20 所示。

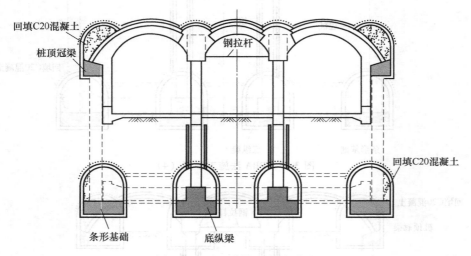

图 3-20　PBA 法施工步骤（7）

8）待中板混凝土达到设计强度的 100% 后，在车站中间开挖 V 形槽至底板设计标高，凿除下导洞混凝土；施作底纵梁中间部分车站底板，如图 3-21 所示。

9）待中跨结构底板施工完成并达到设计强度的 75% 后，分段、跳段开挖边跨范围内的土方至底板下方，施作边跨范围内的垫层、防水层，施工边跨结构底板，如图 3-22 所示。

10）结构底板混凝土强度达到设计强度的 75% 后，施工剩余防水层及地下二层结构侧墙；施作内部构件，并拆除顶纵梁间拉杆；施工车站内部结构，完成土建施工，如图 3-23 所示。

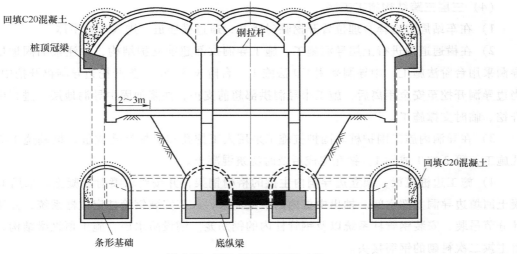

图 3-21　PBA 法施工步骤（8）

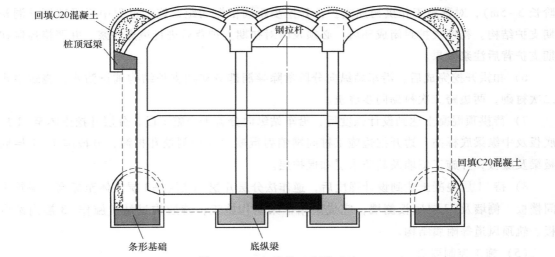

图 3-22　PBA 法施工步骤（9）

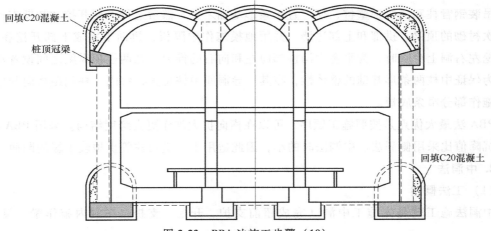

图 3-23　PBA 法施工步骤（10）

（4）三层三跨结构施工工序

1）在车站周边选择合理位置开挖临时竖井，通过横通道，进入车站主体。

2）在横通道内进行上层导洞施工。施工导洞拱部超前支护结构，并注浆加固地层，边导洞采用台阶法施工，中导洞采用 CD 法施工，台阶长 3~5m。先开挖边导洞再开挖中导洞。当边导洞开挖至安全距离后，施工中导洞拱部超前支护，注浆加固中导洞地层，进行中导洞开挖、临时支撑施工。

3）在导洞内施工围护桩。围护桩施工采用人工挖孔和机械钻孔成桩，桩基施工必须跳孔施工，隔 2 挖 1 或钻 1，钻孔完成后及时浇筑混凝土。

4）施工边桩冠梁，架立边导洞内主拱的格栅钢架，并按要求喷射混凝土。采用 C15 混凝土回填边导洞上部空间。抽出中桩内的护壁泥浆，人工安装钢管柱定位器系统，并按照设计分节吊装、安装钢管柱系统以及钢管柱内的钢筋笼。铺设防水层，施工顶纵梁结构，并预留主拱二次衬砌的钢筋接头。

5）导洞之间土体超前加固，开挖主拱土体，施作初期支护。台阶法开挖扣拱土体（台阶长 3~5m），对称施工扣拱初期支护，开挖步距同格栅间距，施工过程中不得破坏导洞初期支护结构。初期支护封闭成环后，必须及时对初期支护背后进行填充注浆，并严格控制初期支护背后注浆效果。

6）扣拱开挖完成后，沿车站纵向分段凿除导洞部分初期支护结构铺设防水，浇筑主拱二次衬砌，两边跨二次衬砌同步浇筑。

7）待拱顶混凝土达到设计强度后，沿车站纵向分若干个施工段，分层开挖土体至-1 层底板及中纵梁底标高。边开挖边施工桩间网喷射混凝土及切割挖孔护筒，分段施工-1 层底板梁及底板，并施工侧墙及其防水层和保护层。

8）待-1 层混凝土达到设计强度后，逆作法分层开挖-1 层、-3 层土体至标高，浇筑中间楼板、侧墙及-3 层底板侧墙，完成车站框架结构施工，待盾构过站后施作-3 层内站台板、轨顶风道等附属结构。

（5）施工控制要点

首先施工上下导洞，在下导洞内施作条形基础并由上导洞向下开挖护壁桩孔和立柱孔，分别吊装钢管柱和浇筑护壁桩，使之置于条形基础之上，然后进行上层开挖和初期支护，施工二次衬砌的顶梁、拱部和上部边墙，并用地模施作中隔板，再向下完成下部开挖和衬砌。在开挖左右洞上台阶时，为平衡中洞拱脚向左和向右的推力，在两柱顶纵梁之间设置水平拉杆。为保证中柱两条形基础的整体性，在其下导洞间中柱位置，每隔一柱间距横向开挖小导洞先施作部分窄条底板。

PBA 法最大优点是按照施工顺序，可以在横向扩大施作更大跨度结构。采用 PBA 法时，地表沉降值比采用侧洞法、中洞法时的小，因此适用于一拱两柱等拱顶较平缓的断面。

2. 中洞法

（1）工法概述

中洞法施工就是先施工中洞（完成超前支护、开挖、支护，在洞内施作梁、板、柱，以及二次衬砌），然后再施工两个侧洞（完成超前支护、开挖，施作底板、楼板、二次衬砌，凿掉中洞临时支撑，封闭二次衬砌）。

采用中洞法施工可以有效达到减跨的目的。中洞的施工方法一般采用 CRD 法。在中洞完成后，两侧洞对称施工，施工顺序如图 3-24 所示。该方法有效地解决了侧压力从中洞初期支护转移到梁柱上时产生不平衡侧压力的问题，施工引起的地面沉降较易控制。

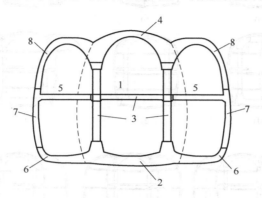

图 3-24　中洞法施工顺序

1—用 CRD 法开挖中洞（包括初期支护和施工支护）　2—施作中洞底板、底纵梁

3—施作钢管柱、楼板　4—施作柱顶纵梁和中洞拱部　5—用台阶法开挖左右洞　6—施作左右洞底板

7—施作左右洞部分边墙和楼板　8—施作左右洞其余边墙和拱部

该法工序简单，中洞开挖充分利用各部分尽快封闭早成环，整体环套环特点，结构整体性好。

（2）工法特点

1）安全性好，完成中墙和第一期底板后，再进行开挖时可将临时支撑和拱架都支撑于坑道中墙及第一期底板上。

2）灵活性好，可因地制宜地选择断面形状和尺寸。

3）可操作性强、机械化程度低，挖土采用人工或简便挖掘机具。

4）出土效率高，开挖上部断面时的大量石碴可通过上下导洞间一系列漏碴孔装车后从下导洞运出。

5）工序间干扰较少，完成中洞后，可左右洞同时施工。

6）造价低、经济性强。中洞法适用于土类-软岩类的、地质条件较好且施工受地下水影响较小的工程项目。

（3）施工工序

拱部超前支护→中墙上导洞开挖及临时支撑→中墙下导洞开挖及临时支撑→施作中墙钢筋混凝土及临时支撑→左右侧断面上台阶开挖及临时支撑→左右侧断面下台阶开挖及临时支撑→施作钢筋混凝土二次衬砌。

具体工序如下（图 3-25）：

1）进行中洞拱部大管棚超前支护、小导管注浆加固地层。

2）中洞采用 CRD 法，按图 3-25b 的顺序进行开挖，及时封闭初期支护。

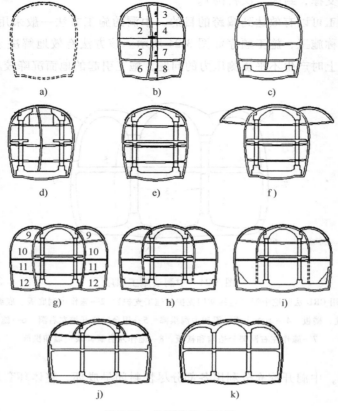

图 3-25　中洞法施工工序

3）拆除部分临时竖向支撑，铺设底部部分防水层，施作部分底板、底纵梁，预留钢筋及防水板接头。

4）恢复底部临时竖向支撑，施作钢管柱、中部梁及部分中层桩，铺设拱部部分防水板，并施作顶部梁部分拱部衬砌，预留好钢筋及防水板接头。

5）拆除临时竖向支撑，铺设拱部剩余防水板，施作拱部、底板、中板剩余衬砌。

6）两侧边洞拱部施作大管棚超前支护及小导管注浆加固地层，对称开挖及施工回填，及时施作剩余部分支护。

7）按图 3-25g 所示顺序对称开挖两侧边洞，及时封闭初期支护。

8）拆除中洞下部临时支撑，铺设两侧边墙底板及部分边墙防水层，施作二次衬砌，并预留好钢筋及防水板接头，必要时在中隔层下加临时支撑。

9）拆除下部临时仰拱及中洞部分临时支撑，铺设两侧部分边墙防水层，施作二次衬砌，并预留好钢筋及防水板接头，必要时加临时支撑。

10）拆除中部临时仰拱及中洞部分临时支撑，铺设两侧边墙防水层，施作两侧边墙底板及部分边墙防水层，施作二次衬砌，并预留好钢筋及防水板接头。

11）拆除剩余临时支撑，铺设边墙部分及拱部防水层，与顶部及上部防水层连接好，施作剩余衬砌。

（4）施工控制要点

1）上下导洞距离保持 60~80m 为宜。

2）要待中洞二次衬砌结构混凝土强度达到设计强度的 70% 后，再进行两侧洞的施工。

3）隧道初期支护及二次衬砌背后均回填注浆，注浆管预埋，注浆压力要适当控制。

4）隧道底板的回填层混凝土与仰拱混凝土一起浇筑。

3. 侧洞法

（1）工法概述

侧洞法施工就是先开挖两侧部分（侧洞），在侧洞内做梁、柱结构，然后再开挖中间部分（中洞），并逐渐将中洞顶部荷载通过侧洞初期支护转移到梁、柱上，施工顺序如图 3-26 所示。这种施工方法在处理中洞顶部荷载转移时，相对于中洞法要困难一些，顶纵梁、钢管柱及梁柱节点是车站结构承载和传力（尤其在施工期间）的关键部位。

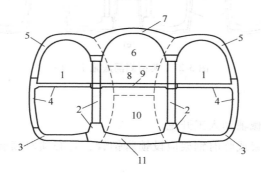

图 3-26 侧洞法施工顺序

1—CRD 法开挖左右洞，施作初期支护和施工支护 2—施作柱底纵梁和钢管柱 3—施作左右洞底板
4—施作边墙和左右洞楼板 5—施作左右洞其余边墙和拱部 6—中洞上台阶环形开挖
7—施作中洞拱部 8—中洞楼板以上土方开挖 9—施作中洞楼板 10—中洞其余部分开挖
11—施作中洞底板

侧洞法根据其侧洞的施工方法可以分为两类：一类是典型侧洞法，侧洞采用 CRD 法进行施工；另一类是早期的双侧壁导坑法，即在施作侧洞时，自下而上分块开挖，多次对上层土体进行扰动，在控制地面沉降方面不如典型侧洞法，但其废弃工程量比典型侧洞法略小。侧洞法必须同步推进两个较大跨度的侧洞，以免产生不均匀推力，对地层扰动范围较大。

（2）施工工序（图 3-27）

1）开挖侧洞，施作初期支护和临时支撑。

2）纵向分段拆除临时中隔壁，施作底梁，侧洞底板二次衬砌。底板达到设计强度后，及时支撑临时中隔壁。

3）施作中柱与顶梁。纵向分段拆除下部临时仰拱，施作部分侧墙。侧墙达到设计强度后，及时支撑。

4）纵向分段拆除中隔壁、临时仰拱，完成侧洞二次衬砌。

5）中洞上台阶开挖，施作拱顶初期支护，及时架设顶梁水平钢支撑。拆除顶部临时支撑，施作拱部二次衬砌。

6）开挖中洞剩余土体，施作初期支护和二次衬砌。最后拆除临时钢支撑，完成暗挖段主体结构。

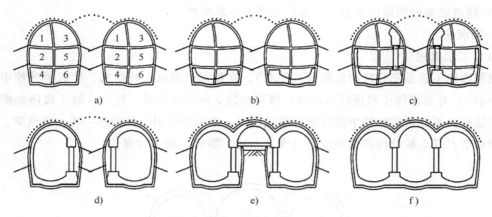

图 3-27　典型侧洞法施工工序

（3）施工控制要点

1）开挖方式采用机械辅助人工开挖。

2）工序变化之处钢架或临时钢架应设锁脚钢管，且必须对锁脚钢管进行注浆，以确保钢架基础稳定。

3）当现场导洞开挖孔径及台阶高度需进行适当调整时，应保证侧壁导洞临时支撑与主体洞身钢架连接牢固，横向钢支撑可根据监控量测结果适当调整位置。并考虑侧壁导洞自身的稳定性及施工的便捷性。

4）采用眼睛工法施工时，其导洞跨度不宜大于隧道宽度的 30%，左右导洞前后错开距离不应小于 15m，导洞施工完后方可按台阶法施工上下台阶及仰拱。

5）钢架之间纵向连接钢筋应按要求设置，及时施作并连接牢固。

6）临时钢架的拆除应等洞身主体结构初期支护施工完毕并稳定后，方可进行。

7）施工中，应按有关规范及标准图的要求，进行监控量测，及时反馈结果，分析洞身结构的稳定，为支护参数的调整、浇筑二次衬砌的时机提供依据。

3.3.5　浅埋暗挖法不同工法比较

浅埋暗挖车站的几种施工方法各有其优缺点，且都有很多成功实施的先例。侧洞法是修建大跨隧道常用的方法，但由于先开挖的是两个侧洞，跨度大，且要同步，对地表扰动大，安全性稍差。中洞法采用 CRD 工法，按照"小分块、短台阶、早成环、环套环"的原则，施工安全度高，地面沉降及影响范围与侧洞法相比要小，但中洞法工序转换次数是其他两种工法中最多的，因而技术含量要求高。在目前国内施工技术和工程管理水平条件下，很难限制工序转换中的附加位移，而且，与侧洞法相同，由于施工过程中必须采用大量的临时支撑，因此废弃工程量大。PBA法克服了工序转换多的缺点，地面沉降控制较好，但为了形成拱盖，除了必须施作中柱及上下导洞外，还要施作围护边桩及成桩导洞，增加了不必要的工程量。三种工法比较见表3-2。

表 3-2　PBA 法、侧洞法、中洞法比较

项目	PBA法	侧洞法	中洞法
主要特点	（1）利用小导洞施作桩梁形成主要传力结构，在暗挖拱盖保护下进行内坑开挖 （2）导洞及拱盖施工，工序较少，地面沉降较小 （3）废弃工程量大，造价稍高	（1）两个侧洞先施工，然后施作中洞 （2）分块多，工序多，对地层扰动最大 （3）废弃工程量较大，造价高	（1）中洞先施工，建立起梁柱支撑体系，然后施作侧洞 （2）分块多，多次扰动地层，但先建立起的梁柱支撑体系对地面沉降起一定控制作用 （3）造价较高
适用范围	（1）适用于少水的软岩或土质地层 （2）适用于双层中大跨度地下工程	（1）适用于少水的各种地层 （2）适用于单、双层中大跨度地下工程	（1）适用于少水的各种地层 （2）适用于单、双层中大跨度地下工程
防水质量	多拱多跨结构，柱顶施工条件差，V形节点防水质量难以保证	采用单拱多跨结构，避免V形节点，防水质量可保证	采用单拱多跨结构，避免V形节点，防水质量可保证
施工难度	桩身钢筋分段多，扣拱二衬施工跨度大	对大跨度地下结构，施工难度大	对大跨度地下结构，施工难度一般
施工速度	拱盖施工较费时，正洞施工速度可加快，总体施工进度一般	工序多次转换，进度慢	工序转换较多，但建立起中洞梁柱支撑体系，侧洞施工速度可加快，总体施工进度一般
地面沉降	较小	较大	一般
废弃工程量	要施作边桩及桩下基础围护结构，需拆除小导洞部分初期支护，废弃工程量稍大	工序多次转换，废弃工程量大	工序多次转换，废弃工程量较大
工程造价	稍低	高	高

通过对双层暗挖车站的调研，采用PBA法施工的车站占总调研车站的74%，采用侧洞法施工的车站占5%，采用中洞法施工的车站占21%，可见在双层暗挖车站中采用PBA法施工的实例较多，且该施工方法也在不断地发展与完善，因此在土质地层中修建双层车站应该优先选择PBA法，在岩质地层中修建双层车站应结合围岩稳定性进行系统分析确定施工方法。

通过对单层暗挖车站的调研，采用中洞法施工的车站占到了50%以上，经分析：

1）单洞结构的车站，宜选用CRD法施工。地铁车站之所以出现单洞结构，一般情况下是由于周边环境条件的限制，通过采用单洞施工来尽量减小对周边环境的影响。采用CRD

法可以在施工的每一步做到及时封闭支护结构，达到减小对周边环境影响的目的。

2）对于双跨结构，无论是单拱还是双联拱形式，均宜采用中洞法施工。首先施工中洞，形成梁柱支撑体系，然后再施工侧洞。由于首先形成了梁柱支撑体系，因而能有效控制地层变形，保证施工在安全的环境中进行。

3）对于三跨结构，中洞法、侧洞法和 PBA 法均有实例，且每个方法都是成功的，每一种方法都不存在唯一的优越性。施工中如何控制地表沉降值、地表控制值如何确定，与周边环境、地面建筑及交通、地下管线以及经济投入都有直接关系，确定施工方法时必须进行系统的研究。

第4章
地铁施工技术——盾构

4.1 盾构机及其工作原理

4.1.1 盾构机

盾构机是一种用于隧道暗挖施工，具有金属外壳，壳内装有整机及辅助设备，在盾壳的掩护下进行土体开挖、土碴排运、整机推进和管片安装等作业，使隧道一次成形的隧道施工机械，如图4-1所示。

图4-1　盾构机的外形

盾构机是一种隧道施工专用工程机械，实现了隧道快速、安全、环保的工厂化施工作业。现代盾构机集机、电、液、传感、信息技术于一体，具有开挖切削土体、拼装隧道衬砌、测量导向纠偏等功能。盾构机已广泛应用于地铁、公路、铁路、市政、水电等隧道工程。

盾构机由通用机械（盾体，挡土机构，掘削机构，推进机构，管片拼装机构，液压、电气及控制系统，附属装置等部件）和专用机构组成。专用机构因机种的不同而异。如对土压平衡式盾构机而言，专用机构即为排土机构、搅拌机构；而对泥水加压平衡式盾构机而言，专用机构是指搅拌机构、送/排土机构。

1. 盾体

盾构机的主要组成部分即为盾体，盾体主要包括切口环（前盾）、支承环（中盾）和盾尾三部分。

（1）切口环

切口环位于盾构机的前方，该部位装有掘削机械和挡土设备。对切口环的要求是：

1）切口环的形状、尺寸必须与围岩条件相适应。

2）刃脚必须是坚固、易贯入地层的结构。

切口环不仅可以保持工作面的稳定，还可以作为把开挖下来的土碴向后方运送的通道。因此采用土压平衡式盾构机或泥水加压平衡式盾构机时，应根据开挖下来土碴的状态，确定切口环的形状、尺寸。尤其是当工作面用隔板隔开，承受水压时，对切口环强度必须进行充分研究。

（2）支承环

支承环连接切口环与盾尾，内部可安装切削刀盘的驱动装置、排土装置、盾构千斤顶等，或作为推进操作的场所。支承环承担支护开挖面千斤顶和盾构千斤顶反力，并且为盾构千斤顶等设备提供安装的空间。支承环是盾构机的主体结构，承受作用于盾构机上的全部荷载。支承环的长度应根据安装盾构千斤顶、切削刀盘的轴承装置、驱动装置和排土装置的空间决定。

（3）盾尾

盾尾的最小长度必须满足衬砌组装工作的需要，同时应考虑修理盾构千斤顶和在曲线段进行施工等的空间条件。在盾尾的尾端安装有密封装置，具有防水性能。盾尾密封装置通常安装在尾板和衬砌之间，用于防止周围地层中的土砂、地下水、背后注浆浆液、掘削面上的泥水和泥土从盾尾间隙流向盾构机掘削舱，如图4-2所示。

图 4-2　盾尾密封装置

盾尾密封装置通常与衬砌保持同心圆状态，但也有装配成偏心圆或椭圆形的情况。在曲线隧道施工时，盾尾空隙很难做到均等，因此，盾尾密封层数至少是设计的两倍，同时，其还要能抵抗注浆压力、地下水压力及泥浆压力。

2. 挡土机构

挡土机构是为了防止掘削时掘削面地层坍塌和变形，确保掘削面稳定而设置的机构。

敞开式盾构机的挡土机构是挡土千斤顶；半敞开式网格盾构机的挡土机构是网格式封闭挡土板；机械盾构机的挡土机构是刀盘面板；泥水加压平衡式盾构机的挡土机构是泥水舱内的加压泥水和刀盘面板；土压平衡式盾构机的挡土机构是土舱内的掘削加压土和刀盘面板。

3. 掘削机构

刀盘是掘削机构的主要组成部分，如图 4-3 所示。选择掘削机构时应充分考虑刀盘构造形式、刀盘支承方式、刀盘扭矩、刀盘切削刀等因素。

图 4-3 刀盘

（1）刀盘构造形式

刀盘用来开挖土体同时兼具搅拌泥土的功能，一般有封闭式和开放式两种构造形式，可正反方向回转，工作效率相等。

封闭式刀盘由辐条刀盘架、刀具和面板组成。辐条是刀具安装的底架，刀具沿辐条两侧对称布置，以满足刀盘正反两个方向旋转切削的需要。刀具的设置要做到可对全断面进行均匀切削。一般对大直径盾构机来说，越靠近面板周边，刀具切削轨道越长，故在面板周边应适当增加刀具数量。

开放式刀盘只有辐条刀盘架和刀具，而无面板，辐条正面安装刀具，背面安装搅拌叶板，开口率近 100%。

（2）刀盘支承方式

刀盘的支承方式由盾构机直径及土质条件决定，同时应考虑其与挡土机构的组合。

1）中心支承式。结构简单，多用于中小型盾构机。优点是附着黏性土的危险性小。此外，当刀盘需要前后滑动时，中心支承式比其他支承方式更易做到。

2）中间支承式。结构均衡，多用于大中型盾构机。当用于小直径盾构机时，需采取处理孤石、漂石及防止中心部位附着黏性土的措施。

3）外周支承式。由于该支承形式的盾构机内部空间开阔，故便于处理孤石、漂石。刀盘架形状有滚筒和棱柱状（梁形）两种。

（3）刀盘扭矩

刀盘扭矩应根据地质条件、盾构机形式、盾构机构造、盾构机直径等确定。

（4）刀盘切削刀

刀盘切削刀的形状必须与土质相适应，对切削刀的前角及后角必须加以注意。切削黏性土时，切削刀前角及后角应大；切削砾石层时，切削刀一般采用略小的角度。

4. 推进机构

盾构机是通过沿支承环周边布置的、支承在已安装好的管片衬砌上的千斤顶所产生的作用力而前进的。推进时，千斤顶既可单独操作，也能分组操作。为了防止千斤顶对管片的挤压破坏及控制推进方向，一般采取如下措施：

1）每个千斤顶上装有一个球形轴承节十字头，其上有聚亚氨酯鞍板，球形轴承节可以自动调节鞍板使其与管片的接触面对齐。

2）将千斤顶分成若干组，在每一组千斤顶上装线性传感器，以显示盾构机位置和进刀速度。或者每一组设一只电磁比例减压阀，调节各组千斤顶的压力，从而纠正或控制盾构机推进方向，使之符合设计要求。

5. 管片拼装机构

管片拼装机构由举重臂和真圆保持器等组成，安装在盾尾区域，用来安装衬砌管片，如图 4-4 所示。

图 4-4　管片拼装机构

（1）举重臂

举重臂是一个机械装置。为了能把管片按照所需要的形状，安全、迅速地进行拼装，举重臂必须具有钳住管片及使管片伸缩、前后滑动、旋转等功能。举重臂的形式有环式、齿轮齿条式、中心筒体式等。

支架的前后滑动装置可使管片沿隧道轴线方向移动，举重臂夹住管片后便可进行拼装。

（2）真圆保持器

盾构机向前推进时管片会从盾尾脱出，管片受到自重和土压力的作用产生变形，当该变形量很大时，管片就会高低不平，给安装纵向螺栓带来困难。为了避免管片高低不平，必须让管片临时保持真圆，该装置就是真圆保持器。

真圆保持器支柱上装有上、下可伸缩的千斤顶，其上支撑有圆弧形的支架。真圆保持器可在动力车架的挑梁上滑动，当一环管片拼装成环后，就让真圆保持器移到该管片环内，调整支柱上的千斤顶，使支架密贴管片后，盾构机便可继续推进，而管片圆环则不会产生变形，始终保持着真圆状态。

6. 液压、电气及控制系统

（1）液压系统

液压系统由盾构千斤顶系统、刀盘系统及拼装系统构成。液压泵有分别安装在各自系统中的，也有共同使用一个总泵的。

（2）电气系统

电气系统由电动机、配电盘、漏电开关等组成，应防水、防潮、防尘及防膨胀，此外还应便于操作。

（3）控制系统

控制系统的作用是使掘进、推进、排土等相互关联的机构及其他机构相互协调联合工作。具体如下：

1）显示各机构的运转状态，异常时能迅速报警。

2）为了保全设备，误操作时设有联锁器或有报警装置。

3）断电或临时停电时，各部件能立即停止工作或停在安全位置。

盾构机主机操作台安装在一封闭的隔声操作室内，操作人员可从操作台显示器上查看卸料及护盾区的工作情况，可控制盾构机运行。操作室和其他区域之间一般设对讲系统相互联系。

7. 附属装置

（1）形态控制装置

形态控制装置是为了使开挖的隧道外廓尺寸、线路线形、坡度符合设计要求而准确控制盾构机姿势的装置。通常仅操作盾构千斤顶很难控制盾构机姿势，所以在推进装置的时候要注意盾构机的重心位置、浮力中心位置。

形态控制装置有以下几种：

1）超挖装置。土压平衡式、泥水加压平衡式及机械式盾构机上安装在刀盘上的超挖转刀和仿形切刀等的切削直径比盾构机直径要大，这种超挖减小了土抗力，使盾构机形态（姿态）容易得到控制。

2）稳定装置。盾构机前端凸出的翼板起稳定作用，它所产生的阻力能防止盾构机摆动。当翼板倾斜安装时，可使盾构机产生一定的转动。

3）阻力板。阻力板为沿盾构前进方向凸出的垂直板，其产生的土抗力能控制盾构机的方向。

4）配重（锁链板）。配重（锁链板）安装于盾构机最下部，靠其自重防止盾构机沉降并可进行方向修正。

（2）中折装置

为了控制曲线隧道的线形，将盾构机主体分为前筒和后筒，前后筒连接段上设一处或两处折线弯曲，以减少盾构机推进时的超挖量。连接段在盾构机推进时产生的推进分力作用下很容易弯曲，这种结构就是中折装置。

（3）背后注浆装置

为了做到同步注浆，注浆管通常设在盾尾处，其安装位置以不扰动地基、在盾构机推进时不损坏环形垫圈为准。

（4）后配套台车

后配套台车是为盾构机顺利掘进而设的机构停置场、材料堆放场和各种作业工具存放场，用以放置不能装在盾构机内的液压设备、电器装置、出土设备、注浆设备等。

（5）排土装置

排土装置主要包括螺旋输送机和带式输送机。碴土由螺旋输送机从泥土舱中运输到带式输送机上，带式输送机再将碴土向后运输至台车的尾部，落入等候的碴土车的土箱中，土箱装满后，由电瓶车牵引沿轨道运至竖井，门式起重机将土箱吊至地面，并倒入碴土坑中。

4.1.2 工作原理

盾构机的工作原理就是一个钢结构组件沿隧道轴线边向前推进边对土壤进行掘进。这个钢结构组件的壳体称为盾壳，盾壳对挖掘出的未衬砌的隧道段起着临时支护的作用，承受周围土层的土压力、地下水的水压力，并将地下水挡在盾壳外面。掘进、排土、衬砌等作业在盾壳的掩护下进行。图 4-5 为盾构机施工现场。

图 4-5　盾构机施工现场

下面介绍两种常用盾构机的具体施工原理。

1. 泥水加压平衡式盾构机施工原理

泥水加压平衡式盾构机是在盾构机的前部刀盘后侧设置隔板，它与刀盘之间形成泥水压力室，将加压的泥水送入泥水压力室，使泥水对掘削面上的土体作用有一定压力，以稳定开挖面。盾构机推进时，由旋转刀盘切削下来的土砂经搅拌装置搅拌后形成高浓度泥水，将其输送到地面的泥水分离系统中，待土、水分离后，再把滤除掘削土砂的泥水重新压送回泥水压力室，如此不断循环完成掘削、排土、推进。因为是泥水压力使掘削面稳定平衡的，故称泥水加压平衡式盾构机，简称泥水式盾构机。

泥水压力在掘进中主要起支护作用。当泥水压力大于地下水压力时，泥水按达西定律渗入土壤，形成悬浮液，悬浮液中的黏土颗粒被捕获并积聚于土壤与泥水的接触表面，形成一层泥膜，其对提高开挖面的稳定性起到极其重要的作用。随着时间的推移，泥膜厚度不断增加，渗透抵抗力逐渐增强。当泥膜抵抗力远大于正面土压力时，产生泥水平衡效应。

泥水加压平衡式盾构机采用泥水加压平衡刀盘切削开挖面，能使开挖面保持稳定，确保隧道施工安全，具有对地层扰动小和沉降小等优点。适用于开挖区不稳定、滞水砂层、含水量高的松软黏性土层及隧道上方有水体的场地。在工程实际中，泥水加压平衡式盾构技术应用非常广泛，其中大多应用于水下隧道（主要包括江底隧道和海底隧道）施工中。

2. 土压平衡式盾构机施工原理

土压平衡式盾构机又称为削土封闭式盾构机或泥土加压式盾构机。土压平衡式盾构机前盾前方装有一个全断面的刀盘，在刀盘后面设了一道承压板，两者之间形成了封闭的空间，这个空间就是盾构机的密封舱。通过刀盘转动切削泥土进入密封舱，通过维持密封舱压力的动态平衡来保证掘进面的稳定，从而进行隧道的掘进。

当土压平衡式盾构机用于黏土地层时，通过刀盘转动切削泥土进入密封舱，在承压板底部有一长筒型螺旋输送机，此口为螺旋输送机进土口，出土口在密封舱外面，通过螺旋输送机可将密封舱中的泥土输送出去，维持密封舱土压平衡；当土压平衡式盾构机用于砂土地层时，该类型地质下的土质缺乏黏性，螺旋输送机无法排出砂土，因此需要在密封舱的砂土中注入一定量的泡沫添加剂，通过搅拌使其成为具有黏性的泥土，在掘进的过程中，刀盘转动切削前方泥土并通过刀盘上面的开口流入密封舱，在不同土质条件下会向密封舱中注入水或者泡沫添加剂对泥土进行改良，并通过搅拌使泥土充满整个密封舱，通过螺旋输送机可将泥土排出密封舱，利用传送带将泥土传送到碴土车的土箱中，土箱由电瓶车牵引运出隧道，以此保持密封舱压力的动态平衡，维持开挖面的稳定。

土压平衡式盾构机适用于从软性黏土到砂砾土质范围内各种地层隧道的施工，其凭借显著的施工优点已经被广泛地应用于全球地下空间轨道工程项目的建设中。

4.2 盾构机分类

盾构机是隧道施工正面支护掘进和衬砌拼装的专用机具。不同类型盾构机的主要区别是盾构机正面对土体支护开挖的方法工艺不同。盾构机按其结构特点和开挖方法划分，主要有手掘式盾构机、挤压式盾构机、半机械式盾构机、机械式盾构机。

4.2.1 手掘式盾构机

手掘式盾构机结构最简单，配套设备少，因而造价也最低，制造工期短，如图 4-6 所示。手掘式盾构机开挖可以根据地质条件决定采用全部敞开式开挖，或用正面支撑开挖，或一面开挖一面支撑。在松散的砂土地层中，可以按照土的内摩擦角大小将开挖面分为几层，这时的盾构机称为棚式盾构机。

图 4-6　手掘式盾构机

1. 手掘式盾构机的主要优点

1）正面是敞开的，施工人员随时可以观测地层变化情况，及时采取应对措施。

2）当在地层中遇到桩、大石块等地下障碍物时，比较容易处理。

3）可向需要方向超挖，容易进行纠偏，也便于曲线施工。

4）造价低，结构设备简单，制造工期短。

2. 手掘式盾构机的主要缺点

1）在含水地层中，当开挖面出现渗水、流沙时，必须辅以降水、气压等地层加固措施。

2）工作面若发生塌方，则易引发工程安全事故。

3）劳动强度大，效率低，进度慢，在大直径盾构机中尤为突出。

手掘式盾构机尽管有上述缺点，但由于简单易操作，在地质条件良好的工程中仍在应用。

4.2.2　挤压式盾构机

挤压式盾构机又称部分开放式盾构机，其构造简单、造价低。挤压式盾构机适用于流塑性高、无自立性的软黏土层和粉砂层。

1. 半挤压式盾构机（局部挤压式盾构机）

在盾构机的前端用胸板封闭以挡住土体，避免发生地层坍塌和水土涌入盾构机内部的危险。盾构机向前推进时，胸板挤压土层，土体从胸板上的局部开口处挤入盾构机内，因此可不必开挖，使掘进效率提高，劳动条件改善。这种盾构机称为半挤压式盾构机，或局部挤压式盾构机。

2. 全挤压式盾构机

在特殊条件下，可将胸板全部封闭而不开口放土，构成全挤压式盾构机。

3. 网格式盾构机

在半挤压式盾构机的基础上加以改进，可形成一种胸板为网格的网格式盾构机，如图 4-7

所示。其构造是在切口环的前端设置网格梁，与隔板组成有许多小格子的胸板。借助土的凝聚力，使网格胸板对开挖面土体起支撑作用。当盾构机推进时，土体克服网格阻力从网格内挤入，被切分成许多条状土块，在网格的后面设有提土转盘，将土块提升到盾构机中心的刮板运输机上并运出盾构机，然后装箱外运。

图 4-7　网格式盾构机

4.2.3　半机械式盾构机

半机械式盾构机是在手掘式盾构机的基础上安装掘土机械和出土装置，以代替人工作业，如图 4-8 所示。根据地层条件，可以安装反铲挖土机或螺旋切削机，土体较硬时，可安装软岩掘进机。

半机械式盾构机的适用范围基本上和手掘式盾构机一样，其优点除可减轻工人劳动强度外，其余均与手掘式盾构机相似。

图 4-8　半机械式盾构机

4.2.4　机械式盾构机

机械式盾构机是在手掘式盾构机的切口部分装上一个与盾构机直径一般大小的大刀盘，用它来实现盾构施工的全断面切削开挖。

下面介绍三种常见的机械式盾构机。

1. 局部气压式盾构机

这种盾构机是在开胸机械式盾构机的切口环和支承环之间装上隔板，使切口环部分形成一个密封舱，舱中输入压缩空气，以平衡开挖面的土压力，保证正面土体自立而不坍塌。用盾构法进行隧道施工，首先是要解决切口前开挖面的稳定问题，加局部气压的作用是使正面土体稳定，从而代替了在隧道内加气压的全气压施工方法。这样，隧道内施工人员就可不在气压条件下工作，具有很大的优越性。

但局部气压式盾构机的一些技术问题，目前尚未找到很好的解决方法，主要如下：

1）从密封舱内连续向外出土的装置，存在漏气和使用寿命不长的问题。

2）盾尾密封装置不能完全阻止密封舱内的压缩空气通过开挖面经盾构机外表至盾尾处泄漏。

3）衬砌环接缝不能防止密封舱内的气体经过盾构机外表至盾构机后部管片缝隙渗入隧道内。

以上所述三处漏气都会影响正面密封舱内的压力控制。由于密封舱容量小，加上这三处漏气问题尚未彻底解决，因此密封舱内压力值上下波动较大，当正面切削遇到问题需要处理时，需有工人进入密封舱工作，这种施工条件对人的影响很大。在正常施工中，若舱内压力控制不好，正面土体稳定性就没有保证，将直接影响施工。故目前该形式盾构机的使用已不多。

2. 泥水加压平衡式盾构机

前面叙述的局部气压式盾构机的技术难题除压缩空气的泄漏问题外，还有无法连续出土的问题。若在上述局部气压式盾构机的密封舱内用泥水或泥浆来代替压缩空气，如泥水加压平衡式盾构机（图4-9），这样既可利用泥水压力来支撑开挖面土体，又可避免气体泄漏。刀盘切削下来的土在泥水中经过搅拌机搅拌，用排浆泵将泥浆通过管道输送到地面的泥水分离站，这样就解决了连续出土的技术难题，泥水加压平衡式盾构机的优点是显而易见的。

图4-9　泥水加压平衡式盾构机

1—刀盘　2—平衡仓隔板　3—空气平衡仓　4—土仓隔板　5—出浆管

6—泥浆孔　7—进浆管　8—管片拼装机　9—盾壳　10—台车

但泥水加压平衡式盾构机的辅助配套设备多，首先要有一套自动控制和泥水输送系统，其次还要有一套泥水处理系统，所以泥水加压平衡式盾构机的设备费用较大。这是它的主要缺点。但像泥水处理系统这样的辅助设备可重复利用，经济上还是可行的。

3. 土压平衡式盾构机

土压平衡式盾构机又称削土密封式或泥土加压式盾构机，是在上述两种机械式盾构机的基础上发展起来的适用于含水饱和软弱地层施工的新型盾构机，如图 4-10 所示。

所谓土压平衡，就是盾构机密封舱内始终充满了用刀盘切削下来的土，并保持一定压力以平衡开挖面的土压力。螺旋输送机靠转速来控制出土量，出土量要密切配合刀盘的切削速度，以保证密封舱内充满泥土而又不致过于饱和。这种盾构机避免了局部气压式盾构机的主要缺点，也解决了泥水加压平衡式盾构机投资较大的问题。

目前，土压平衡式盾构机与泥水加压平衡式盾构机，已成为比较成熟、可靠的新型设备，广泛地应用于隧道施工。

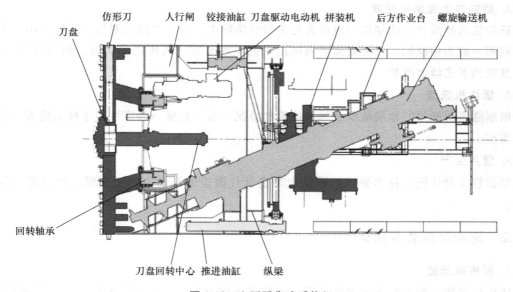

图 4-10　土压平衡式盾构机

4.3 | 盾构施工技术

4.3.1　施工前准备

1. 施工用地规划及部署

（1）平面用地范围确定

对业主提供的施工用地，应先进行现场实测实量。根据实测数据绘制出准确的平面用地范围图，然后根据隧道施工的要求，在确定的有限的平面空间内进行施工现场的规划和布置。

（2）施工用地规划

在业主提供的施工场地中，划分出施工用地区域和生活用地区域。考虑到隧道施工属于土建工程项目，施工区域扬尘较多，环境不是很好，因此生活区域与施工区域间最好相隔一定距离，并采取一定分离措施。生活区域尽可能布置在上风口。

2. 给水排水、消防设计

（1）施工现场给水系统

一般供水源由业主提供至施工用地边缘，施工单位再根据施工场地布置图中有关用水机械或区域，将水通过管路从水源输送至用水处。管路的粗细根据用水机械或用水区域用水量来确定。

在危险品仓库附近必须设置消防供水管，以备火灾时急用。

（2）施工现场排水系统

根据有关环境保护条例，施工企业生产废水必须进行处理后才能排入下水管道。

3. 始发井土建结构完成

盾构机的始发井土建结构完成后方可进行盾构施工，始发井内需要预留盾构机出洞的洞门，洞圈一般为钢结构，以便安装盾构机出洞的止水装置。盾构机出洞前，洞门应以钢板、钢板桩或地下连续墙围护。

4. 盾构机选型

根据隧道所经过的地层地质及地面构筑物情况、施工进度、经济性等条件确定所用的盾构机类型。

5. 管片生产

根据管片设计图及技术要求，设计出制造管片钢模的详图，加工钢模，然后进行管片生产。

4.3.2 盾构机组装与调试

1. 盾构机组装

盾构机组装一般宜按下列程序进行：组装场地的准备、始发基座安装、行走轨道铺设、吊装设备准备并就位、将后配套各部件组装成拖车总体（包括结构、设备、管路等）、将设备桥与后配套组装连接、主机中体组装、主机前体组装、刀盘组装、主机前移使刀盘顶至掌子面、管片安装机轨道梁下井安装、管片安装机安装、盾尾安装、反力架及反力架钢环安装、主机与后配套对接、附属设备的安装及管路连接。

盾构机组装顺序总原则为由后向前、先下后上、先机械后液压和电气。以土压平衡式盾构机为例，组装的一般顺序如下：

（1）后配套拖车下井

各节后配套拖车下井顺序为从后到前，如盾构机有4节拖车，其下井顺序为：4号拖车→3号拖车→2号拖车→1号拖车。拖车下井后，组装拖车内的设备及其相应管线，由电瓶车牵引至指定的区域，拖车由连接杆连接在一起。

（2）设备桥下井

设备桥（也称连接桥）长度较长，下井时需要由汽车式起重机与履带式起重机配合着倾斜下井。下井后其一端与拖车由销子连接，另一端支撑在现场施焊的钢结构上，然后将上端的吊机缓缓放下后移走吊具。用电动机车将拖车与设备桥向后拖动，将设备桥移出盾构机组装竖井，如图 4-11 所示。

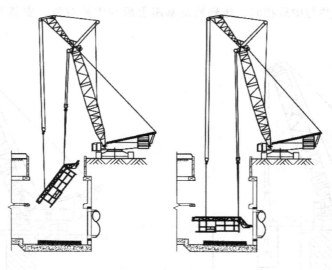

图 4-11　设备桥下井示意图

（3）螺旋输送机下井

螺旋输送机长度较长，下井时需要由汽车式起重机与履带式起重机配合着倾斜下井。吊机通过起、落臂杆和旋转臂杆使螺旋输送机就位。螺旋输送机下井后，摆放在矿车底盘上，拖至指定区域，如图 4-12 所示。

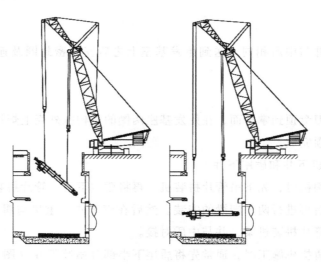

图 4-12　螺旋输送机下井示意图

（4）中盾下井

中盾在下井前将两根软绳系在其两侧，向下吊运时，应由人工缓慢托住，防止中盾扭动，吊机缓慢下钩，使中盾自然下垂，由平放翻转至立放状态送到始发基座上，如图4-13所示。

（5）前盾下井

前盾翻转及下井与中盾相同，送到始发基座上后与中盾对位，安装与中盾的连接螺栓，如图4-14所示。

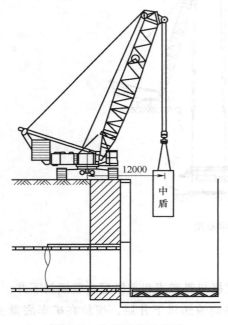

图4-13 中盾下井示意图

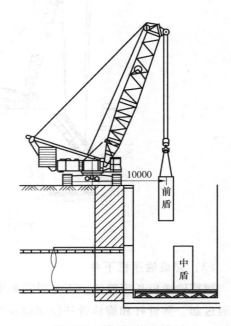

图4-14 前盾下井示意图

（6）安装刀盘

刀盘翻转及下井与中盾相同，送到始发基座上之后安装密封圈及连接螺栓，如图4-15所示。

（7）主机前移

主机前移，使刀盘顶到掌子面，在始发基座两侧的盾构机外壳上焊接顶推支座。前移一般由两个液压千斤顶完成。

（8）管片拼装机下井和盾尾下井

组装小直径盾构机时，先下吊管片拼装机，再将盾尾下吊。管片拼装机翻转及下井与中盾相同，下井安装后再进行两个端梁的安装。然后在汽车式起重机与履带式起重机配合下，倾斜着将盾尾穿入管片拼装机梁，并与中盾对接。

在应用大直径盾构机施工时，通常先将盾尾下半部分吊装下井（图4-16），然后将管片拼装机吊装下井（图4-17），最后将盾尾上半部分吊装下井（图4-18）。

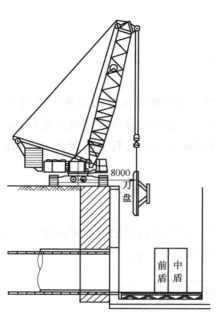

图 4-15　刀盘下井示意图

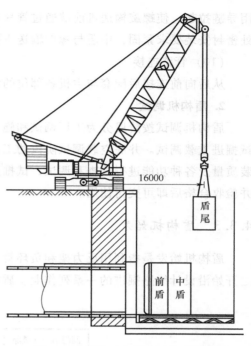

图 4-16　盾尾下半部分下井示意图

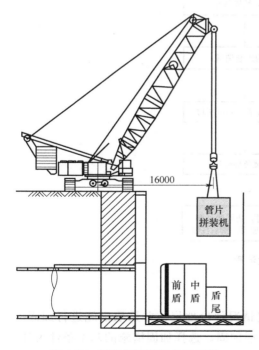

图 4-17　管片拼装机下井示意图

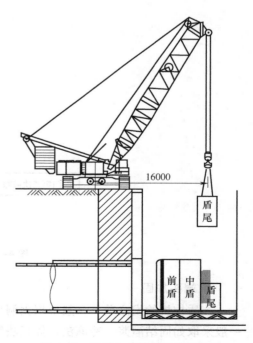

图 4-18　盾尾上半部分下井示意图

（9）安装螺旋输送机

延伸铺设轨道至盾尾内部，将螺旋输送机与矿车底盘一起推进盾壳内。螺旋输送机前端用导链拉起,使螺旋输送机前端通过管片拼装机中空插到中盾内部。螺旋输送机与前盾连接处密封安装要求紧固,中盾与螺旋输送机要固定好。

(10)管路连接

从后向前连接后配套与主机各部位的液压及电气管路。

2. 盾构机调试

盾构机调试按阶段分为工厂调试和施工现场调试。施工现场调试又分为井底空载调试、试掘进重载调试。井底空载调试阶段的工作是在盾构机吊到井底后按照井底调试大纲对其总装质量及各种功能进行检查和调试;试掘进重载调试是在试掘进期间进行重载调试,经调试并验收合格后即可交付使用。

4.3.3 盾构机始发

盾构机始发是指利用反力架和负环管片,将始发基座上的盾构机由始发井推入地层,使之开始沿设计线路掘进的一系列作业。盾构机始发流程如图4-19所示。

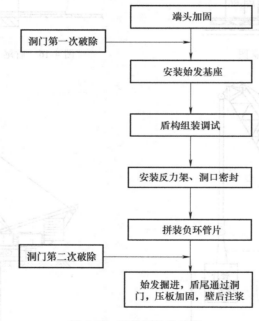

图 4-19 盾构机始发流程

1. 端头加固

在盾构机始发之前,一般要根据洞口地层的稳定情况评价地层,并采取措施进行加固。一般采取如固结灌浆、冷冻法、插板法等措施进行地层加固。选择加固措施的基本条件为加固后的地层要具备至少一周的侧向自稳能力,且不能有地下水的损失。常用的具体处理方法有搅拌桩法、旋喷桩法、注浆法、SMW工法、冷冻法等。

2. 洞门凿除

端头加固的土体需要达到设计所要求的强度、渗透性、自立性等技术指标后,方可进行洞门凿除工作。

3. 安装始发基座

围护结构拆除后，盾构机基座端部与洞口围岩之间必然会产生一定的空隙，为保证盾构机在始发时不至于因刀盘悬空而产生盾构机叩头现象，需要在始发洞内安装始发基座。安装始发基座时应在基座的末端预留足够的空间，以保证盾构机在始发时不致因安装始发基座而影响刀盘旋转。

4. 洞口密封

洞口密封是为防止盾构机在始发时背衬注浆砂浆外泄，按种类不同分为压板式密封和折叶式密封两种。

5. 安装反力架

在盾构机主机与后配套连接之前，开始进行反力架的安装。反力架端面应与始发基座水平轴垂直，以便盾构机轴线与隧道设计轴线保持平行。反力架与车站结构连接部位的间隙要垫实，保证反力架的安全稳定。

6. 拼装负环管片

在安装负环管片之前，为保证负环管片不破坏盾尾刷、保证负环管片在拼装好以后能顺利向后推进，在盾壳内安设厚度不小于盾尾间隙的方木（或型钢），以使负环管片在盾壳内的位置准确。

始发井内的负环管片通常采取通缝拼装，主要是因为始发井一般只有一个，在施工过程中要利用此井进行出碴、进管片。采用通缝拼装可以保证能及时、快速地拆除负环管片。

7. 拆除反力架、负环管片

反力架、负环管片的拆除时间根据背衬注浆砂浆的性能参数和盾构机的始发掘进推力决定。一般情况下，掘进 100m 以上（同时前 50 环完成掘进 7d 以上），可以根据工序情况和工作需要整体安排，进行反力架、负环管片的拆除。

4.3.4　盾构机掘进

1. 土压平衡式盾构机掘进

（1）土压平衡式盾构机掘进模式

土压平衡式盾构机掘进一般有三种模式，即敞开式、局部气压式和土压平衡式。每一种掘进模式都具有不同的特点和使用条件。

1）敞开式掘进一般适用于地层自稳条件比较好的场地，即使不对开挖面施加连续压力，在短时间内也可保证开挖面不失稳，土体不坍塌。在能够自稳、地下水少的地层中多采用这种模式。盾构机切削下来的碴土进入土舱内即刻被螺旋输送机排出，土舱内仅有极少量的碴土，土舱基本处于清空状态，掘进中刀盘和螺旋输送机所受反扭力较小。

2）局部气压式也称半敞开式。土压平衡式盾构机对于开挖面具有一定的自稳性，可以采用半敞开式掘进，调节螺旋输送机的转速，土舱内保持 2/3 左右的碴土。如果掘进中遇到围岩稳定、富含地下水的地层，或者施工断面上大部分围岩稳定，仅局部会出现失压崩坍的地层，或者破碎带，此时应增大推进速度以求得快速通过，并暂时停止螺旋机出土，关闭螺旋机出土闸门，使土舱的下部充满碴土，向开挖面和土舱中注入适量的添加材料（如膨润土、泥浆或添加剂）和压缩空气，使土舱内碴土的密水性增加，阻止开挖面涌水和坍塌现象的发生，再控制螺旋机低速转动以保证在螺旋机中形成土塞。这样操作是完全可以安全快速地通过这类不良地层的。掘进时土舱内的碴土未充满土舱，尚有一定的空间，通过向土舱内输入压缩空气使其与碴土共同支撑开挖面和防止地下水渗入。该掘进模式适用于具有一定自稳能力和地下水压力不太高的地层，其防止地下水渗入的效果主要取决于压缩空气的压力。在上软下硬地层施工时多采用这种模式。

3）土压平衡式掘进适用于开挖地层稳定性不好或有较多的地下水的软质岩地层。此时需要根据地层条件的不同，保持不同的土舱压力。土压平衡式掘进，以齿刀、切刀为主切削土层，以低转速、大扭矩推进。土舱内土压力值应略大于静水压力和地层土压力之和，在不同地质地段掘进时，根据需要添加泡沫剂、聚合物、膨润土等以改善碴土性能，也可在螺旋输送机上安装止水保压装置，以使土舱内的压力稳定平衡。

（2）掘进方向控制

盾构机施工时，采用激光导向来保证掘进方向的准确性和盾构机姿态的控制。导向系统用来测量盾构机的坐标和位置，测量的结果可以在面板上显示，以便将实际的数据和理论数据进行对比。导向系统还可以存储每环管片安装的关键数据。

（3）盾构机姿态调整与纠偏

在实际施工中，盾构机推进方向可能会偏离设计轴线并超过管理警戒值。在稳定地层中掘进，因地层提供的滚动阻力小，可能会产生盾体滚动偏差；在线路变坡段或急弯段掘进，有可能产生较大的偏差。可以通过以下方法调整和纠偏盾构机：

1）通过分区操作推进液压缸来调整盾构机姿态，纠正偏差，将盾构机的方向控制调整到符合要求的范围内。

2）在急弯和变坡段，必要时可利用盾构机的超挖刀通过局部超挖来纠偏。

3）当滚动超限时，盾构机会自动报警，此时应采用盾构刀盘反转的方法来纠正滚动偏差。

2. 泥水加压平衡式盾构机掘进

泥水加压平衡式盾构机由以下五大系统构成：一边利用刀盘挖掘整个开挖面、一边推进的盾构掘进系统；可调整泥浆物性，并将其送至开挖面，保持开挖面稳定的泥水循环系统；综合管理送排泥状态、泥水压力及泥水处理设备运转状况的综合管理系统；泥水分离处理系统；壁后同步注浆系统。

在泥水盾构施工中，形成泥膜，产生泥水平衡效应是非常关键的。因此，在掘进过程中，控制泥水压力和控制泥水质量尤为重要。

（1）泥水压力管理

作用在开挖面上的泥水压力一般设定为：泥水压力＝土压＋水压＋附加压。附加压的标准值为 0.02MPa，一般要根据渗透系数、开挖面松弛状况、渗水量等进行设定。此外，泥水压力的设定也有不同的理论，常有与开挖面状况不吻合的时候。因此，要从干砂量测定结果等进行推测和考虑，并需要通过试验来对泥水压力数值等进行修正。

（2）泥水分离技术

泥水加压平衡式盾构机是通过加压泥水来稳定开挖面的，其刀盘后面有一个密封隔板，与开挖面之间形成泥水压力室，充满了泥浆，开挖土碴与泥浆混合后由排浆泵输送到洞外的泥水分离站，经分离后进入泥浆调整池进行泥水性状调整后，由送泥泵将泥浆送往盾构机的泥水压力室重复使用。

1）泥水分离站。选择泥水处理设备时，必须考虑两个方面：一是必须具有与推进速度相适应的分离能力；二是必须能有效地分离所排出泥浆中的泥土和水分。此外，泥水分离设备还应有一定的储备系数。

2）泥浆制备。泥浆制备时，通过黏土、膨润土（粉末黏土）来提高密度，通过 CMC（羧甲基纤维钠）来增大黏度。黏性大的泥浆在砂砾层可以防止泥浆损失、砂层剥落，使作业面保持稳定。在坍塌性围岩中，也宜使用高黏度泥水。

4.3.5 管片拼装

1. 管片选型

管片是在盾尾内拼装的，所以不可避免地受到盾构机姿态的约束。管片要尽量垂直于盾构机轴线，让盾构机的推进液压缸能垂直地推在管片上，这样才会使管片受力均匀，掘进时不会造成管片破损。同时也要兼顾管片与盾尾之间的间隙，避免盾构机与管片发生碰撞而损坏管片。

2. 管片拼装顺序

管片一般由标准块、邻接块及封顶块组成。拼装时，由下部开始，对称安装标准块和邻接块，最后拼装封顶块。封顶块拼装方便，施工时可先搭接 2/3 环宽径向上推，再进行纵向插入。

3. 拼装工艺

1）管片在做防水处理前必须对其进行清理，然后再进行密封垫的粘贴。

2）安装过程中彻底清除盾壳安装部位的垃圾，同时必须注意管片的定位精度，尤其第一环要做到居中安放。

3）安装时千斤顶交替收放，即安装哪段管片就收回相对应的千斤顶，其余千斤顶仍顶紧。

4）管片安装把握好管片环面的平整度、环面的超前量以及真圆度。

5）边拼装管片，边拧紧纵、环向连接螺栓，待整环管片安装完毕，撑开真圆保持器固定。

6）在整环管片脱出盾尾后，再次按规定扭矩拧紧全部连接螺栓。

4.3.6 壁后注浆

1. 壁后注浆的分类

（1）同步注浆

同步注浆与盾构机掘进同时进行，是通过同步注浆系统及盾尾的注浆管，在盾构机向前推进，盾尾空隙形成的同时进行，浆液在盾尾空隙形成的瞬间及时起到充填作用，使周围岩体获得及时的支撑，可有效防止岩体的坍塌，控制地表的沉降。

（2）二次补强注浆

管片背后二次补强注浆则是在同步注浆结束以后，通过管片的吊装孔对管片背后进行补强注浆，以提高同步注浆的效果，补充部分未充填的部分，提高管片背后土体的密实度。二次注浆浆液充填时间滞后于掘进时间，对围岩起到加固和止水的作用。

（3）堵水注浆

为提高背衬注浆层的防水性及密实度，在富水地区考虑前期注浆受地下水影响以及浆液固结率的影响，必要时在二次注浆结束后进行堵水注浆。

2. 壁后注浆的作用

盾构机推进时，在围岩塌落前及时地向盾尾空隙压浆，充填空隙，稳定地层，不但可防止地面沉降，而且有利于隧道衬砌的防水。选择合适的浆液、注浆参数、注浆工艺，在管片外围形成稳定的固结层，将管片包围起来，形成一个保护圈，防止地下水侵入隧道中。

4.3.7 盾构机到达

盾构机到达一般按下列程序进行：洞门凿除、接收基座安装定位、洞门密封安装、到达段掘进、盾构机接收，如图 4-20 所示。

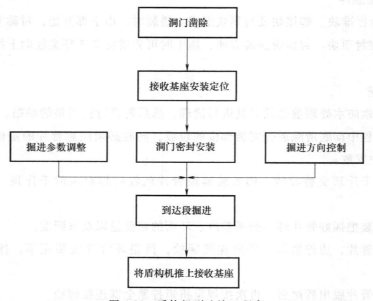

图 4-20 盾构机到达施工程序

1. 盾构机到达准备工作

盾构机到达前，应做好以下工作：

1）制定盾构机接收方案，包括到达掘进、管片拼装、壁后注浆、洞门外土体加固、洞门围护拆除、洞门钢圈密封等工作的安排。

2）对盾构机接收井进行验收并做好接收盾构机的准备工作。

3）盾构机到达接收井前 100m 和 50m 时，必须对盾构机轴线进行测量、调整。

4）盾构机切口距离接收井约 10m 时，必须控制盾构机推进速度、开挖面压力、排土量，以减小洞门地表变形。

5）盾构机接收时应按预定的拆除方法与步骤，拆除洞门。

6）当盾构机被全部推上接收井内基座后，应及时做好管片与洞门间隙的密封，做好洞门堵水工作。

2. 接收基座安装定位

接收基座的构造同始发基座，接收基座在准确测量定位后安装。其中心轴线应与盾构机进接收井的轴线一致，同时还要兼顾隧道设计轴线。

接收基座的轨面高程应适应盾构机姿态，为保证盾构机刀盘贯通后拼装管片时有足够的反力，可考虑将接收基座的轨面坡度适当加大。在接收基座安装固定后，盾构机可被慢速推上接收基座。

3. 到达段掘进

根据到达段的地质情况确定掘进参数：低速度、小推力、合理的土压力（或泥水压力）和及时饱满的回填注浆。

在最后 10~15 环管片拼装中要及时用纵向拉杆将管片连接成整体，以免在推力很小或者没有推力时引起管片之间的松动。

4. 洞门圈封堵

在最后一环管片拼装完成后，拉紧洞门临时密封装置，使橡胶板帘布与管片外弧面密贴，通过管片注浆孔对洞门圈进行注浆填充。注浆时要密切关注洞门的情况，一旦发现有漏浆的现象应立即停止注浆并进行封堵处理，确保洞门注浆密实，洞门圈封堵严密。

4.3.8　盾构机拆卸

1. 拆卸顺序

盾构机拆卸程序如图 4-21 所示。

1）先清除刀盘泥渣。

2）断开盾构机风、水、电供应系统。

3）拆除管线与小型组件。

4）将盾构机主机吊出工作井，运往指定地点再组装或拆卸、解体、检修、包装。

5）分节吊出后配套系统。

6）零部件清理、喷漆、包装、储存。

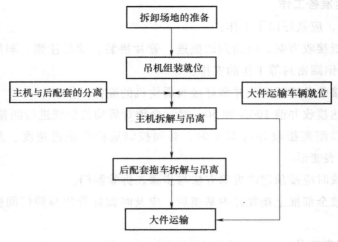

图 4-21　盾构机拆卸程序

2. 盾构机拆卸技术措施

1）盾构机拆卸前必须制定详细的拆卸方案与计划，由有经验的、经过技术培训的人员组成拆卸班组。

2）履带式起重机工作区应铺设钢板，防止地层不均匀沉陷。

3）大件组装时应对车站端头墙进行严密的观测，掌握其变形与受力状态。

4）大件吊装时必须有 90t 以上的起重机辅助翻转。

5）拆卸前必须对所有的管线接口进行标志（机、液、电）。

6）所有管线接头，特别是液压系统管路、传感器接口等必须做好相应的密封和保护。

7）盾构机主机吊耳的布置必须使吊装时的受力平衡，吊耳的焊接必须由专业技术工人操作，同时必须有专业技术人员进行检查监督。

3. 拆卸工作注意事项

1）在隧道贯通前，需全面仔细复查，补全各部件的标志。

2）准备拆卸专用拖车、牵引车连接装置。

3）检查各种管接头、堵头短缺数量、规格并补齐。

4）贯通前进行主机、后配套及其辅助设备的带负荷性能测试，以全面鉴定各机构、设备的性能状态，为拆卸后及时维护、修理和制定配件计划提供依据。

5）无论何种零部件储存前均需检查标志。

6）零件入库存放前检查零件性能状态，并对短缺、损坏的零件列出配件清单。

4.4 │ 盾构施工风险及管理措施

任何施工中都会存在一定的安全隐患，地铁盾构也是一样的。在对地铁盾构进行操作管理时，需要合理识别风险，并在此基础上制定科学合理的决策，按照规定时间对施工项目进行推进。在实际具体施工时，要着重把控以下几点：首先，熟悉施工资料并对地质勘探信息进行了解；其次，了解所施工的地底隧道的地质情况，从而获得有效水文地质信息；再次，严格按照相关流程标准检查设备，核对施工相关参数；最后，有效规避风险，通过制定方案并检查管理内容来预防风险发生，强化安全风险管理，采取相应安全举措，从而有效提升地铁施工质量。

4.4.1　地铁盾构施工常见风险

1. 施工出洞阶段

盾构机在出洞的阶段，首先要注意的就是洞口土体涌入工作井的风险，还要防止盾构机掘进轴线偏离设计轴线。洞口处要采取适当的加固措施，洞门密封要处理得当，洞门凿除要合理。对于始发阶段的地下水位要控制好，合理选用支护结构。此外，负环管片的安装是关键。对盾构机的姿态控制得当，防止盾构机基座和反力架失稳变形。

2. 正常掘进阶段

盾构机在正常掘进阶段需要注意的风险源相对较多。在隧道内要防止出现涌土与漏水的情况，要控制好隧道内的土体压力，降低地面的隆起与沉降风险，密切监测隧道内的地质环境变化。要实时观察与检测盾构机的一切作业数据，保证盾构机掘进的轴线不偏离设计轴线，防止出现超挖与欠挖的现象。为了防止盾构机发生停机故障，要经常检查刀盘和刀具的磨损情况。此外，还要保证螺旋输送机出土顺畅，盾构机要严格密封。

3. 同步注浆、管片拼装、碴土运输阶段

同步注浆、管片拼装、碴土运输三个阶段差不多同时进行，故而放在一起分析其风险，同步注浆要注意的是注浆设备要保持良好的运行，防止注浆管堵塞，隧道内注浆一定要及时，注浆的浆料、工艺都要达到要求，注浆的压力也要设定得合理。管片拼装的时候要保证管片拼装机正常工作，管片的选材和选型要达到要求，管片运输机要保持畅通，同时管片的注浆质量也要有所保证。碴土运输中，要防止碴土运输机发生故障，且要与地面的龙门式起重机配合好，地面的龙门式起重机要保证机器正常运转，碴土运输的过程中还要注意防止脱钩。

4. 进洞掘进阶段

盾构机进洞掘进阶段存在的风险源有洞口的土体加固问题、洞口的密封问题、洞口的凿除问题。进洞阶段要防止盾构机轴线发生偏离。此外，还需要防止接收托架、护筒发生偏离。另外，工作井支护也存在风险。

5. 开舱作业风险

当掘进异常的时候，需要开舱进行刀具等的检查。开舱检查分为常压开舱和带压开舱两种。常压开舱检查作业需要防止地下水过多导致水压增大，另外，要防止开挖面失稳塌方，需准确地判断出其稳定性。带压开舱检查作业要注意规范合理地进行压气作业和盾构设备的操作，防止空气压缩机出现故障。

6. 开挖面失稳存在的风险

在地铁隧道盾构施工中导致开挖面失稳的主要原因为开挖时前方发生管涌或者遭遇流砂，引起盾构机出现磕头或者突沉，另外若开挖时前方存在地层空洞，也会导致盾构机轴线发生偏移、沉陷、塌方等。此外在盾构机推进过程中，还会出现超浅覆土，进而引起冒顶。若盾构机在运行过程中突然遭遇涌水，便会引起盾构机的正面出现大范围的塌方。如果水泥浆的性能过低，则不仅无法保证开挖土层的稳定性，还会导致地表发生较大的变形。

7. 盾构机引起地表沉降带来的风险

地铁隧道盾构机掘进时容易引起地表沉降，归纳起来主要包含以下五个阶段：早期沉降、开挖面前沉降、盾构机通过时沉降、盾构空隙沉降、后期沉降。在盾构施工过程中，导致沉降的因素较多，并且各个因素彼此之间联系密切。

8. 盾构机掘进过程中坍塌事故风险

在盾构机掘进过程中，常常会出现塌方事故。如果不明确造成塌方的主要原因以及未采取有效控制对策，还会引起地表大范围的沉降，进而阻碍盾构机的顺利通过，最终拖延整个施工进度，影响地铁隧道的施工质量。

4.4.2 地铁盾构施工风险管理措施

1. 盾构施工的主要质量技术措施

（1）盾构轴线质量保证措施

在掘进的过程中，对于盾构机的方向和位置要严格地把控，保证盾构机盾构的实际轴线与设计轴线间的误差不超过±50mm。每一环拼装后都应该测量其误差，避免过长距离不测量而导致误差积累，发现误差后，对轴线的纠偏量不应超过5mm。对于盾构机姿态应定期安排人工测量，做到早发现早纠正。隧道内每次循环衬砌后都要测量盾尾间隙，盾尾有偏离要及时进行纠偏，以保证盾构轴线的准确。盾构机每推进100m左右，就要沿理论轴线铺设引测水准和直伸导线。在盾构机右上方管片处安装用钢板制作的吊篮，在其底部有强制对中螺栓孔，这些螺栓孔用来安放全站仪。强制对中点的三维坐标通过洞口的导线起始边传递而来，并且在盾构施工过程中，吊篮上的强制对中点坐标与隧道内地下控制导线点坐标相互检核，如校值过大，需再次复核，确认无误后以地下控制导线测得的三维坐标为准。这就意味着盾构机推进的过程中，测量人员要严格掌握盾构机推进的方位，让盾构机沿着设计轴线推进。

（2）盾构机进出洞段控制措施

应在盾构机进出洞的洞口处采取注浆（管棚注浆或垂直注浆）加固的方式，若洞口处土体强度较低，还可以使用打桩的方式进行土体加固，提升洞口处土体的强度，增加其地层承载力，防止出现涌土流砂的现象。

（3）壁后注浆质量控制措施

根据盾构机之前的试掘进结果确定注浆材料和配合比，并依据勘察的地质条件和隧道内环境选择单液或双液注浆方式；注浆材料的性能、强度、稳定性要经过严格的测试，必须要满足设计要求方可使用；注浆前要对相关设备、注浆孔进行检查，对于机械要进行试运转；

在注浆的过程中，对于注浆量和注浆压力要严格进行控制，注浆量和注浆压力要根据地质条件、设备型号、注浆方式等确定，根据现场实际情况控制注浆的速度，确保注浆过程顺利进行；注浆工序要提前进行制定，并需要根据现场情况及时调整注浆参数，注浆作业要连续进行，不得中断注浆，注浆结束后要及时清洗注浆管路，防止造成堵塞。若是管片注浆，还须封堵注浆口。

2. 盾构施工安全技术措施

（1）碴土及管片运输安全技术措施

在运输碴土的过程中，应尽量使运输车在隧道内保持水平运输，这样就可以避免运输车在运输过程中偏离轨道，防止由于下坡速度控制不当而发生运输车撞击事故，进洞前要对运输车采取必要的安全措施，最大速度限制在 8km/h 以内，在运输车转弯的过程中，更要控制好速度，保持稳定；对于隧道内的轨道，要经常维护和调整，保持轨道面的清洁和平整，防止出现轨道松动、偏离等现象；对于运输车的刹车系统以及警铃的灵敏度等要经常检查，出现问题要及时进行维修。

（2）盾构区间隧道施工安全措施

在盾构机进行掘进之前，应做好充分的准备工作，包括监测周围地质条件、水文情况，还有注意周边的建筑情况和地下埋设的管线位置，预先制定施工安全技术措施，经监理工程师审批后，严格按照审批后的方案组织实施。在盾构机掘进过程中，应随时注意观察器械仪表的变化，密切监控计算机上显示的掘进数据，定时查看机械是否正常运转，对于机械故障要及时处理，消除隐患，避免影响正常施工；运输管片和碴土的过程中，要限制运输车的运输速度，对于轨道及轨道上枕木的平整度要经常进行检查；管片拼装时，要对连接管片的螺栓按要求紧固，在拼装机作业范围内严禁人员进入；隧道内应专门预留人行通道便于施工人员穿行，人行通道以外，禁止人员行走或停留。

（3）土方及管片吊装安全措施

进行土方作业时，地面上要有专业人员负责指挥工作，提醒提放土斗，起吊时坑内作业人员要处在一个安全的位置，若土斗上沾有泥土，则需要铲除，必须将土斗放置地面上方可铲除，土斗悬空时严禁铲土；起吊作业前，要安排专业的起吊人员进行起吊，对门式起重机驾驶员需要进行安全技术培训和交底，起吊时，驾驶员要操作谨慎，精力集中；管片起吊前，需要对吊带宽度、位置和承载力进行检测，保证吊带满足起吊要求；夜间施工时必须有充足的照明设备，不得在昏暗的条件下进行起吊作业，也不得在暴雨、大风等不良天气条件下进行起吊作业；提升架等设备的安置必须先经过计算，得出最合适的安置位置和起吊方法方可进行施工，并且在使用中要经常注意检查、保养和维修，确保起吊工作安全进行；始发井内与隧道内应设置独立的通信信号系统，并严格保持其通信顺畅，确保土方和管片垂直或水平运输的安全。

（4）机械安全保证措施

各种机械指派专人负责维修、保养，以一定的运转周期和掘进长度为时间周期制定好维修、保养的计划。经常对机械的关键部位进行检查，适当做出调整、紧固与清洁，预防机械发生故障伤害工作人员的情况发生。机械安装时应注意基础稳固，安装也要固定到位，吊装机械臂下禁止有人逗留，操作时机械距架空线要符合安全规定；施工中严格执行工程机械基本安全操作规程的内容，对于施工人员要经常进行培训与指导。

（5）隧道防水安全保证措施

盾构的设备和材料在存放、运输和使用的过程中都应该注意防水、防潮。管片接缝位置以及一些特殊部位也需要注意防水；对于防水材料要检验其是否符合要求，防水密封条的粘贴要匹配管片的型号，尤其要注意变形缝和接头处的处理，密封条的粘贴应该牢固整齐；注浆孔注浆完毕后，必须对注浆孔进行防水处理，严格按要求密封，密封要准确贴合；隧道与工作井和一些通道的连接处，也要按要求进行防水处理。

（6）穿越密集建筑群防沉降安全措施

对于沉降，主要可以采取以下规避措施：一是制定监控方案，并加强对周围道路、附近建筑物以及管线等的监测，并将监测的结果及时进行反馈，以便施工人员根据所获取数据对施工技术的相关参数进行优化和调整，实现施工的信息化；二是针对经常发生沉降的位置和可能发生沉降的范围指定专人值守，并保证施工人员、交通以及建筑物的安全；三是采用同步注浆的方式及时填充盾尾建筑物的空隙，并注意把握好同步注浆的量、注浆的压力以及注浆的质量，以此降低施工时土体发生变形的概率，必要时可以考虑停止掘进，利用盾构机上的超前注浆设备、注浆孔等对地层进行注浆加固；四是情况必要时，针对沉降的区域可以利用钻机对地表注浆加固，以此来提高地基的强度。

3. 事故应急处理措施

前文所述都是一些安全风险预防控制措施，意在降低安全风险发生的概率，是主要的预防手段。虽然制定了较完善的预防措施，但是安全风险仍有可能会发生，这就需要在安全风险发生后果断地采取一些积极的应急措施，来减少安全风险发生后的损失。主要应急措施如下：

（1）洞门涌水、流砂及坍塌应急措施

发生洞门涌水、流砂及坍塌事故时，应立即停止盾构机推进，现场人员立即上报至应急救援小组，再由应急救援小组商量应急措施；若有人员伤亡，则立即先由内部救护人员进行查看或救援，并及时送往临近的医院进行治疗；可以利用在洞门预留的注浆孔，向内压注双液浆来进行洞门止水，如由水压较大导致的大量涌水，则需启动降水井来进行内部降压，还可利用洞门预留的注浆孔，向内压注聚氨酯进行快速止水，待涌水被止住后，再压注双液浆封堵洞门；在隧道内从管片壁后进行二次注浆，封住洞门加固区与加固区外的水力联系通道，同时填充洞门内存在的空隙，以起到封堵洞门的作用；对端头井地面及地下管线进行监测，如监测数据显示沉降速率过大，则在相应位置及时进行二次注浆，增加隧道内壁的强度，控制后期沉降，直至沉降达到稳定；涌水、流砂事故发生后，要分析事故发生原因，制定相应的整改措施，总结处理事故中的经验，吸取事故的教训，为后面的盾构施工提供参考。

（2）邻近建筑物开裂、倾斜过大应急措施

当盾构机掘进邻近建筑物时，若建筑物发生开裂、倾斜过大的情况，则首先立即通知应急救援小组，由应急救援小组组织补救和抢险工作，然后立即上报相关部门，并配合相关部门对旁边建筑物内的居民进行安全疏散，并妥善安置被疏散的居民；在隧道邻近建筑物的对应位置及时进行二次注浆，当建筑物稳定不再倾斜或开裂时方可停止二次注浆；利用已有的计算机监测技术对建筑物进行实时监测，并及时分析、反馈监测数据给相关的工作组，工作组凭借这些数据优化隧道内二次注浆的参数；待建筑物变化趋于稳定后，立即恢复正常掘进，尽早使建筑物脱离盾构施工的影响范围。盾构机在掘进的过程中，需要不断地对地质环境和掘进数据进行监测，根据数据的变化来调整施工方案和掘进参数，一些关键的施工参数，如土压力、同步注浆压力、同步注浆黏稠度、同步注浆量，都是需要严格控制的参数，只有将这些参数选用和控制得当，才会减少盾构施工过程中的地面沉降，才会对地面建筑物的开裂、倾斜起到很好的控制作用；事故处理完成后，还应该分析事故发生的原因，完善相应的整改措施，总结施工经验。

（3）地面及地下管线沉隆或开裂应急措施

当盾构机掘进至地面或地下管线附近，导致地面或地下管线发生沉隆或开裂的情况时，现场人员应立即上报至应急救援小组，由应急救援小组报备后，启动救援预案，立即对道路交通进行疏导，对路面、管线沉降或开裂处进行必要的围护，提醒行人及车辆绕行该处，确保行人及车辆的安全；若地面出现冒浆的情况，可以用棉纱或木楔进行封堵，并相应地调整盾构施工的参数，控制浆液的冒浆现象，尤其注意控制向土舱内注入泡沫的剂量，防止土舱内气压过大，盾构注浆量也需要进行控制，以免压力过大导致地面持续冒浆；还应检查一下盾构机姿态是否出现较大偏差，若出现较大偏差，要对盾构机姿态进行合理的纠偏，纠偏量不宜过大，应缓慢逐步地进行纠偏；对盾构的注浆压力、注浆速度和注浆量进行调整，以适应地面及地下管线的变化；控制掘土量及出土量，使土舱土压保持在一个稳定的范围内；及时报备道路交管部门、市政管线部门，详细说明施工对地面及管线的影响，协助有关部门对路面及地下管线沉隆或开裂情况妥善处理。

（4）管片吊装及拼装事故应急措施

发生管片吊装、拼装事故时，各施工人员应立刻停止管片的吊装、拼装施工，并及时上报应急救援小组，由应急救援小组根据现场情况，合理地启动应急预案；技术人员对管片输送机和拼装机性能进行测试检验，对吊装头的质量和行走轨道进行全面检查，发现故障或安全隐患应立即安排专业人员维修或处理。处理完毕后，要进行试运行以检查处理的效果，试运行合格后方可开始管片的吊装和拼装工作。

（5）溜车事故应急措施

全面检查隧道内部的运输轨道，检查其方向、安装、精度是否满足要求。安排专业维修人员对溜车的运输车进行全面检查，发现问题要及时处理，维修处理完后，利用千斤顶将运输车复位调整，使得运输车可以正常工作；检查运输车是否对隧道其他施工设备有撞损，如有损坏及时进行维修或更换；对防溜车的装置进行检查，保证防溜车装置正常工作，并核查防溜车措施是否落实到位，调整和完善防溜车的措施。

（6）隧道渗、漏水应急措施

发生隧道渗、漏水事故时，立即通知应急救援小组，若渗、漏水情况出现在盾构机密封系统，则立即停止盾构机的推进，并通知应急救援小组启动应急预案；当盾构机切削轮驱动装置的内部密封系统部位发生渗、漏水时，首先应派专业人员检查密封空间是否有污染物，有污染物及时清理干净，然后再用润滑油对内部密封系统进行手工润滑，利用润滑油进行密封止水；当盾构机切削轮驱动装置的外部密封系统部位发生渗、漏水时，应派专业人员调整驱动装置外部密封系统的润滑油供应管路；当盾尾钢壳的铰接密封部位发生渗、漏水时，应立即派专业人员将铰接密封圈重新拉紧，并对密封圈进行手工润滑；当盾尾外壳的密封部位发生渗、漏水时，应立即派专业维修人员对盾尾油脂压注系统进行全面检查，然后手动足量压注盾尾油脂，如盾尾钢刷有损坏的，及时更换盾尾钢刷，加大盾尾同步注浆量，保证管片壁后空隙填充密实；当管片接缝部位或隧道接口处发生渗、漏水时，可通过管片注浆孔进行二次注浆补强处理。必要时，可压注聚氨酯进行隧道止水。

（7）盾构机故障应急措施

当盾构机出现故障时，立即停机，现场工作人员立即上报应急救援小组，由应急救援小组启动应急预案进行抢修；查看主机控制面板或监视器上的故障显示，分析盾构机发生故障的原因，组织专业的维修人员，依照盾构机维修手册，按规定进行盾构机维修；在进行盾构机组件维修时，一定要先停止该组件的运转，防止伤害到维修人员；检查到故障的部位后，对相应故障处的过滤器元件进行更换，更换过滤器元件时还应清洁外壳。在维修盾构机压缩空气设备的故障时，要先疏散加压操作区域的人员，确保没人在加压操作区域后，再进行维修；在维修电气系统故障时，先确保维修不会影响到其他功能的正常使用，然后再进行电气维修；在维修液压系统故障时，要采取必要的防护措施，对液压系统减压处理，保障人员的安全；若盾构机故障导致停工的时间较长，则要密切检测地层的沉降情况，根据检测的情况合理地对衬砌环和地层之间进行二次注浆，故障被修复，盾构机恢复推进后，对故障范围内加大同步注浆量。

（8）触电应急措施

若在施工现场发生触电事故，发现的工作人员立即根据现场情况，先关闭电闸或先用木棍等非导体挑走触电人员身上的电线，及时通知应急救援小组，由现场医护人员进行查看；若发现触电人员呼吸或心跳停止，则将触电人员放置在平地上立即进行人工呼吸，同时进行体外心脏按压，然后将触电人员及时送往医院进行救治；派专业电工人员对现场用电线路及用电设备进行全面排查，发现用电隐患及时消除。

4.5 盾构施工技术的发展

4.5.1 盾构施工技术新技术的发展

我国盾构施工技术经过多年的发展，形成了一大批先进技术，不仅解决了传统的施工问题，还提高了施工精度和效率。如异型盾构技术、新型驱动技术、刀盘刀具快速修复技术等。

1. 异型盾构技术

（1）类矩形盾构技术

2015 年 11 月 30 日，由上海隧道工程股份有限公司自主研制的世界最大断面类矩形盾构机在宁波轨道交通 3 号线始发，如图 4-22 所示。这是我国制造并具有自主知识产权的首台超大断面类矩形盾构机，标志着我国在类矩形盾构技术方面取得重大突破并处于世界领先行列。该土压平衡类矩形盾构机主要由拼装系统、螺旋机出土系统、推进系统、铰接系统、驱动系统和刀盘系统等组成。刀盘采用 11.83m×7.27m 的类矩形全断面切削组合刀盘，通过采用同平面相交双刀盘协调驱动技术、GPS（全球定位系统）实时映像检测技术、多电动机驱动技术、传动系统性能预测及故障预警技术，可实现双刀盘互不干涉交错旋转，满足全断面长距离掘进需求。

图 4-22　最大断面类矩形盾构机

（2）马蹄形盾构技术

我国自主研制的首台最大断面马蹄形盾构机，也是世界首台最大断面马蹄形盾构机（图 4-23），于 2016 年 7 月 17 日在郑州下线，并于同年 11 月 11 日在蒙华铁路白城隧道工程成功始发，开启了软土铁路隧道开挖的新模式。

图 4-23　最大断面马蹄形盾构机

该马蹄形盾构机开挖断面尺寸为 11.90m×10.95m，盾体采用梭式结构，双螺旋输送机出土。由 9 个小刀盘共同组成一个马蹄形断面组合刀盘，可基本进行全断面切削（断面切削率92%）。刀盘控制采用"前后错开，左右对称"的原则，具有调试、掘进、维保三种模式可供选择。当盾构机发生滚转时，可通过多个刀盘同向转动使盾构获得反方向扭矩，以达到滚转纠偏的目的。马蹄形盾构机攻克了全断面多刀盘联合分步开挖技术、大断面马蹄形盾构管片分块与接头设计技术等关键技术难点。

2. 新型驱动技术

（1）盾构永磁同步电动机驱动技术

盾构永磁同步电动机继承了永磁高铁牵引电动机节能、高效、可靠等优异性能，且更适应盾构多电动机协同工作模式，与同等功率三相异步电动机相比，质量、体积更小，维护更便捷。永磁同步电动机驱动与三相异步电动机驱动相比，无须减速器，减少了传动能量损失，可提高驱动效率5%。相同体积下，永磁同步电动机的驱动能力可提高100%，且相同驱动能力下，更节省安装空间，电动机体积可减小50%，如图4-24所示。

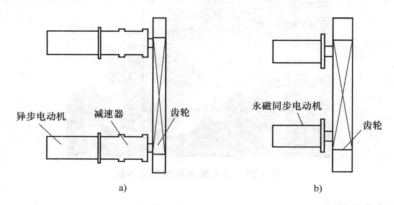

图4-24　异步电动机驱动与盾构永磁同步电动机驱动

a）异步电动机驱动　b）永磁同步电动机驱动

（2）盾构电液混合驱动技术

电动机驱动模式的优点在于传动效率高，大大降低了系统的冷却功率；液压驱动模式的优点在于优异的低速特性、稳定而均衡的扭矩输出。盾构电液混合驱动（图4-25）技术集成了两者的优势：小扭矩工况下，电动机单独驱动，发挥电动机传动效率高的优势；大扭矩工况下，电动机和液压电动机协同驱动，满足大扭矩需求。在液压电动机和减速器之间增加黏性离合器，变刚性连接为柔性连接，可减少冲击。

3. 刀盘刀具快速修复技术

（1）带压动火技术

盾构施工过程中刀盘刀具的修复方法包括常压修复和带压修复两种。常压修复是指通过竖井或地面加固后常压开舱修复刀盘，常压修复对停机位置有要求且限制条件多，修复成本和工期压力大；带压修复是指通过在停机位置刀盘前方建立高压空间，维修人员在该空间进行带压动火修复刀盘。带压动火修复（图4-26）适用于在受环境条件限制无法开凿竖井或实施地面加固的位置（如江河、海底、建筑物或密集管线下方）进行修复，有利于拓宽盾构应用范围，同时节约作业成本。

图 4-25　盾构电液混合驱动

带压动火技术主要由高压作业空间构建与安全保持技术、高压环境作业人员安全及健康保障技术、高压环境盾构刀盘刀具切割焊接技术三部分组成。高压作业空间构建与安全保持技术通过掌子面采用高黏度泥浆建立泥膜、采用气囊进行密封保压来实现；高压环境作业人员安全及健康保障技术通过作业人员佩戴专用呼吸面罩、改进自动保压进排气系统来实现；高压环境盾构刀盘刀具切割焊接技术通过开展 0.7MPa 以下不同体积比的甲烷气体密闭空间点火爆炸试验和焊接试验，确保焊接过程的安全性。

图 4-26　带压动火修复

（2）常压换刀技术

大直径泥水盾构常压换刀技术是在不采取地面或掌子面加固措施、开挖舱充满泥浆的情况下，作业人员在常压下进入特殊设计的盾构刀盘主臂空腔内进行刀具检查、更换的技术，可在高水压条件下常压更换滚刀和切刀。中铁工程装备集团与中铁隧道集团联合研制的用于苏埃通道的超大直径泥水盾构（国家"863"计划）应用了该技术。

（3）机器人辅助作业技术

在高压环境下更换刀具和修复刀盘，作业人员的安全和健康风险较大。为了降低人员作业风险，开展了机器人作业代替人工作业技术研究，如高清视频辅助检查作业、机械手辅助清洗刀盘作业以及机械手辅助更换刀具作业等，如图4-27所示。

图4-27　机器人辅助作业

4.5.2　盾构技术发展趋势

随着盾构技术日趋完善，通过对我国盾构技术最新进展的分析，可以预见我国盾构技术将朝着以下几个方向发展：

1. 挑战极限

盾构断面将挑战更大的尺寸极限。我国幅员辽阔，大江大河纵横，随着经济的飞速发展，城市交通、轨道交通、铁路、综合管廊跨江越海的需求急剧增多。铁路方面，随着行车速度越来越快，为减少占地，单洞双线大断面隧道成为发展方向。公路方面，随着公路等级越来越高，车流量越来越大，必然导致公路车道增多，隧道断面越来越大。在此形势下，跨江越海的大直径盾构隧道工程越来越多。隧道埋深方面，要求盾构能适应越来越大的埋深。由于上软下硬地层施工难度大，隧道线路最忌选在交界面处，应尽可能使盾构掘进断面位于全土层或全岩层中。覆土太浅，往往影响地面交通，因此隧道选线具有埋深越来越大的发展趋势。穿江越海隧道越来越多，要求盾构密封性能挑战更高的水压极限。长距离隧道越来越多，要求盾构连续掘进长度越来越长。施工工期要求越来越紧，要求盾构掘进速度越来越快。

2. 性能优越化

盾构适应性方面，要求盾构机具有更高的地层适应性，在复杂地层中，盾构机穿越地层既有岩石，又有软土和砂砾层，地层变化频繁，要求盾构机设计特别是刀盘刀具必须能够适应各种不同地层。技术先进、质量可靠的长寿命盾构机是保证工期的关键因素之一，也是盾构工程成功的关键因素，因此，要求盾构机有更长的使用寿命。随着盾构施工水平的提高，劳动强度越来越低，操作人员的素质越来越高，要求盾构机具有更复杂的功能、更简单的操作和更人性化的设计。随着隧道施工越来越注重安全和环保，要求盾构机具有更安全、更绿色环保的性能。

3. 设计数字化、制造模块化、控制智能化和管理网络化

我国盾构技术的愿景是实现数字化设计、模块化制造、智能化控制、网络化管理，即输入地质参数和隧道结构参数，就能设计出适应工程地质和水文地质的盾构机；盾构施工则实现无人化智能掘进，实现在办公室远程控制盾构机操作，在办公室直接从计算机屏幕上获取远程施工的盾构机施工图像和参数，并发出指令进行盾构的控制和操作；技术人员只需在办公室就能管理分布在各处的在用盾构机。

第 5 章
顶管施工技术

5.1 顶管施工技术的基本原理及组成

5.1.1 顶管施工技术基本原理

顶管施工是继盾构施工之后发展起来的一种地下管道施工方法，它不需要开挖面层便能够穿越公路、铁道、河川、地面建筑物、地下构筑物以及各种地下管线等。顶管施工技术的基本原理是借助主顶液压缸及中继站的顶力，把工具管或顶管机从工作井内穿过土层一直推到接收井内吊起。与此同时，把紧随工具管或顶管机后的管道埋设在工作井与接收井之间，实现非开挖敷设地下管道，如图 5-1 所示。

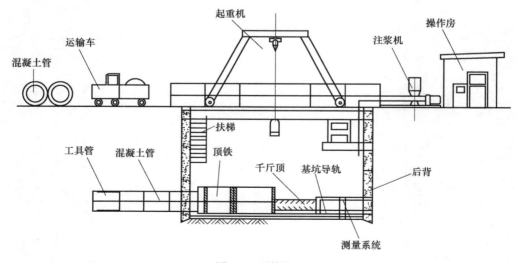

图 5-1 顶管施工

由于顶管施工无须进行地面开挖，因此不会阻碍交通，也不会产生过大的噪声和振动，对周围环境影响很小。顶管施工在对土层的适应、周边环境的保护、周围设施的无干扰破坏、施工安全、施工质量以及施工经济效益等方面具有很大的优势。顶管施工技术最初主要用于下水道施工，随着城市建设的发展、新技术和设备的不断开发，其应用领域也越来越广泛，目前已应用于城市给水排水、电力隧道、综合管廊等地下管线及公路、铁路、过街通道、地铁等交通隧道施工中。

顶管施工大致可分为以下几个阶段：工作井和接收井的构筑、顶管设备的安装及顶管机就位、顶管始发、管节拼接、后续管节顶进、工作井接收顶管和管节全线贯通。在含水量丰富的地区，顶管施工前须先对洞口周围土层进行排水、降水处理，或对洞口附近土层进行加固处理，防止顶管出洞时因扰动土体而产生大量的水土流失。接着在将工作井壁面顶管机出洞口预留位置上的混凝土凿除后，顶管机顶入凿开的洞口，与此同时，通过顶管机头刀盘的切削作用去除出洞口井壁上残留的混凝土和土体等，此后顶管的顶进过程正式开始。

顶管机头顶进后，即完成第三阶段。随后管节下放，下放前需对管节进行检验，以保证其完整性，避免后期因管节破损等产生不必要的土体损失。在各管节的顶进过程中需进行轴线测量，根据测量结果及时进行管节纠偏，控制顶进方向。在顶管机到达接收井前，应根据具体施工情况及周边环境，对管周土层进行相应的处理，确保其稳定性，尽量减小顶管施工对周边环境的影响。之后凿开接收井顶管机出洞口封门处的混凝土，将工具管顶进接收井，顶管顶进过程结束。在顶管机到达接收井之后，将其吊起，并封闭进洞口处管道与井壁间的缝隙，再依次拆除中继站，随后封闭出洞口处管道与井壁间的缝隙。顶管施工流程如图 5-2 所示。

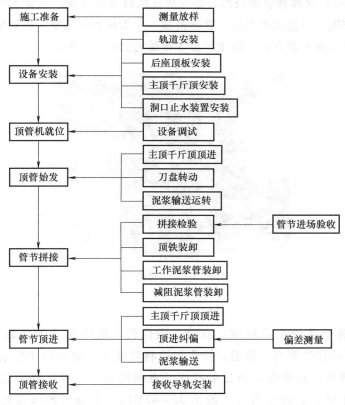

图 5-2　顶管施工流程

5.1.2 顶管施工技术组成

1. 工作井和接收井

工作井是安置并操作顶进设备的场地，同时也是顶管机出发并开始顶进的场地。千斤顶、后靠背、铁环等物就放置在工作井中。接收井是一段顶进的终端，最后接收顶管机。某些时候在很多段连续顶管的特殊情况下，工作井可以当接收井用，但接收井不能当工作井用，这是因为一般工作井比接收井大许多，顶管设备无法在接收井中安放。管子从工作井出发一节一节连接到接收井，直到顶管机在接收井中被吊起，整个过程才结束。

2. 洞口止水圈

安放在井口处的洞口止水圈能有效控制地下水和流砂进入井中，故常被用到施工安全措施中。开闷板前，在工具头前端焊上卡马，其前端套上止水板及压止水板的法兰，闷板吊出后，工具头开始顶进。当工具头外的止水环与墙孔法兰靠近时，用螺栓连接固定后再割去卡马。当顶至能拼接设备段时，再向前顶进一段距离。当泥浆环到达临时止水处时，将 F40 油浸棉纱盘根 6 环压入临时止水外套管内，随着管道顶进，用轧兰将其压紧后与穿墙孔法兰固定，直至完成穿墙后安装止水。

3. 顶管机

顶管机（图 5-3）又称顶管掘进机，是安放在最前端的机械，顶管工程是否成功它起到了很大的决定性作用。手掘式施工时，顶管机被一个工具管所代替。顶管机的形式多样，无论何种形式，顶管工程中的方向、取土质量等都受它的功能影响。

图 5-3　顶管机

4. 顶进装置

顶进装置由四个系统工具组成：油管、操作台、液压泵及液压缸。液压缸安装如图 5-4 所示。油管是传送压力的管道。操作台控制着液压缸的回缩和推进，按操作方式可分为手动和电动两种，其中电动通过电液阀或电磁阀实现。液压缸是顶力的发生地，一般围着管壁对称布置，它的压力（一般为 32~42MPa）是通过液压泵传来的，液压泵与液压缸之间用油管连接。

图 5-4　顶进液压缸安装

5. 顶铁

顶铁属于钢构件的一种类型，其对厚度以及形状有一定的要求，如图 5-5 所示。顶铁的主要作用是实现顶力在管道截面上的均匀分布，并达到对管道截面进行保护的目的。顶铁通常有环形、弧形和马蹄形三种类型。

图 5-5　顶铁

顶铁的安装和使用应符合下列规定：安装后的顶铁轴线应与管道轴线平行，顶铁与导轨之间的接触面不得有油污；更换顶铁时，先使用较长的顶铁；顶铁拼装后锁定；顶铁与管口之间加设缓冲衬垫，当顶力强度接近管节材料的允许抗压强度时，管端增加 U 形或环形顶铁。

6. 始发轨道

轨道坡度以设计为准，利用轨道底预留空间进行调节。在安装时，将轨道运至预定安装位置，并与底板预埋件焊接，将连接部分焊缝磨平，以减小摩擦，便于顶管机在导轨上滑行。

当基座和基础进行连接时，必须进行精确的测量，以保证顶管机在基座上组装后，顶管机中心轴线能和顶管设计轴线重合。如果出现偏差，将会损坏止水密封圈，削弱防水效果，甚至导致地下水大量涌入，造成重大事故。在安装时，通过基座的左右移动可使轨道左右微调，通过在基座底部加减薄钢片可使轨道上下微调。

调整完成后，将底板中的焊渣等打扫干净，然后再一次检查焊接部位是否达到技术要求，基座与地面之间是否紧密，导轨是否平直，基座轴线与顶管机轴线是否重合。当一切达到技术要求后，基座的安装工作完成。

导轨是在基坑基础上安装的轨道，采用装配式。管节在顶进前先安放在导轨上。在顶进管道入土前，导轨承担导向功能，以保证管节按设计高程和方向前进。导轨选用钢质材料制作，采用复合型。在每一根导轨上都有两个工作面：水平工作面供顶铁在其上滑动；倾斜工作面与管子接触。这样一来，复合型导轨的寿命要比普通型导轨大大提高。为了测量及导轨安放方便，导轨的水平工作面仍然与钢筋混凝土管内的管底标高同处一个水平面上。导轨安装现场如图 5-6 所示。

图 5-6　导轨安装现场

7. 后座墙

后座墙相当于挡墙的作用，是将顶力的反作用力传给后面土体而保证土体不发生破坏的墙体。它的结构形式因顶管工作坑的不同而不同，一般在沉井工作坑或地下连续墙工作坑中直接利用工作坑的一个面作为墙体。在钢板桩工作坑中，需要在钢板与工作坑中的土体间浇筑一堵混凝土墙，厚度可根据工作顶力、墙体宽高等来确定，一般为 0.5~1.0m。这样做的目的就是将反作用力均匀地传到土体中，一般顶管施工中千斤顶的作用面积较小，如直接将作用力作用到后座墙体上，可能造成墙体局部损坏，因而在后座墙体和千斤顶之间还要置入一层 200~300mm 的钢板，通过它扩大作用面积，从而将作用力均匀传到后座墙上，这块钢板简称后靠背。

8. 输土装置

输土是顶管工程中的一个重要环节。对于不同形式的顶管机，输土方式区别较大。

手掘式顶管施工中,一般采用人力掏土配合卷扬机等来输土;泥水式顶管施工中,一般由泥浆泵配合管道等输土;土压式顶管施工中,由土砂泵配合螺旋杆、电瓶车等来输土。

9. 起管下吊

在顶管施工中,起吊下管设备是必备的。一般门式起重机是使用最广泛的,它的优点是工作稳定、操作容易、不同吨位可以起吊不同级别的管子等,缺点是移动不便、拆转费用高。另外还有可自由行走的履带式起重机和汽车式起重机,这两种起重机占地范围小,转移起来灵活方便,但应注意放置位置不要太靠近工作坑以免引起其他危害。

10. 测量设备

顶管施工中,管道前进会产生与设计不统一的偏差问题,这种偏差有左右、高低之分。一般情况,当顶进距离较短时,可以使用水准仪和经纬仪进行测量,它们一般放置在工作坑的后部,分别可以测出左右和高低偏差。当长距离顶管施工和机械顶管施工时,肉眼分辨难,可以通过激光经纬仪来一次性判断左右和高低偏差,其原理是通过直射在顶管机上的光点来判断。

11. 注浆系统

当顶管施工顶进距离长时,注浆减阻便是其中的一项重要工艺,也是工程能否成功的关键性因素。它主要有拌浆、注浆两个工作环节。拌浆就是将注浆材料与水兑和形成浆体材料。注浆是其中的主要工作,先将浆体材料放入注浆泵,再将注浆泵输送到各个管道,由管道再通到各个注浆孔,浆体材料最后进入土体与管道之间的空隙。这其中主要由注浆泵控制压力和浆体含量。注浆孔一般应靠近管道边缘布置,这样布置能使浆体材料先进入管道外壁与下一节管道的套环间再流入管道与土之间,之后浆体材料才不易流失,泥浆套形成容易,效果显著。注浆现场如图5-7所示。

图 5-7 注浆现场

12. 中继站

中继站（图5-8）的出现让顶管施工的顶进距离有了大的发展，现在也成了长距离顶进施工中的必要设备，可以说没有这项技术，超长距离顶管就成了空谈。中继站由密封件、均压环、外壳、顶推液压缸等组成。

长距离顶管施工中，中继站的布置是一项重要的工作。一般在整个管道前面放置一个站，这是因为对前面位置的土质条件和环境情况缺乏了解，需要预留一定的顶力来保证施工顺利进行，然后在顶力值达到80%设计值的位置布置一个站，依次布置，过程中一般顶力值在达到90%设计值时就一定要启用中继站。

图5-8 中继站

5.2 顶管施工的分类及特点

顶管施工的分类标准较多，现在对顶管施工的分类一般都是根据其某一特性来进行的，最常见的分类是以其顶进使用的机械设备来区分。顶管顶进施工中，在最前端的是工具管头，此工具管头为带刃口的钢制品，它在顶进过程中可以用来纠偏和保护土体。人工在工具管里挖掘土体的形式称为手掘式顶管；土体被工具管挤压出来再运送的形式称为挤压式顶管。在钢制的工具管内加入具有挖掘功能的机械，则被称为机械式或半机械式顶管。使用机械式顶管机，需要稳定挖掘面，根据稳定方法的不同分为岩石式、土压式、泥浆式、泥水式。

一般来说，顶管顶进的管道都为圆形，按顶进管道的直径大小来分有小口径、中口径、大口径三种。小口径管道的直径小于900mm，在管内施工比较困难，施工人员只能在里面爬行；中口径管道的直径范围为900~2000mm，施工人员可以在管内弯腰或直行，在顶管中使用最多；大口径管道的直径大于2000mm，施工人员可以在管内自由行走，目前最大直径达到5000mm。

按管材制成工艺的不同可分为钢筋混凝土管、钢管、铸铁管和其他塑料管、复合管等。在顶管发展历史中，铸铁管是最先被使用的，也是最早被记录的，但其强度低，一次顶进距离短，在顶管工程中一般不使用，只有当情况特殊时，才在其外面包裹一层混凝土作为顶管使用。钢筋混凝土管由于具有强度高、经济、耐腐蚀等特点，现成为一般顶管工程运用最多的管材。按其类型又可以分为一般混凝土管、玻璃纤维加强管、预应力钢筒混凝土管（PCCP管）。一般混凝土管中按工艺又分为离心、立式振捣两种。从质量和强度上比较，离心管的性质比其他管要好。立式振捣法工艺比较简单，制成的管道周围较粗糙，阻力较大，但其设备工艺要求简单，可以在现场完成，节省了运费。对于长距离和曲线顶管，需要强度极高的管道，玻璃纤维加强管应运而生，这种管道内外表面都缠绕了一层碱性玻璃纤维，大大提高了管道强度。PCCP 管是一种高强复合管材，抗渗、抗压强度高，比较适合埋深大、水位高的地质环境。顶进管道若是钢管，由于管子壁厚受到限制，一般不适合曲线和长距离顶进，且管道由金属制成，容易腐蚀，昂贵的价格限制了它被大量应用。

顶管按路径的轨迹划分，可分为曲线和直线顶管，一般直线顶管较常用，折线顶管也是依照直线顶管原理来操作的，目前曲线顶管技术依然属于难点问题。

不同的顶管施工方法适用于不同地质环境。一般选对了顶管施工方法是顶管工程成功的开始；反之，顶管工程可能就会出现问题，甚至失败，将损失惨重。在以上分类中，设计时一般以顶管设备为主，再结合管材等特征综合来确定顶进方式。不使用掘进设备的顶管一般适用于土质情况较好、土体能自立或为软黏土且覆土较深的地层，如土质较差，则需通过注浆来提高土体稳定性或采取在工具管前方加设网格等措施。这种施工方法的最大好处就是遇到地下障碍物多的情况，能有效地排除障碍物。使用掘进设备的顶管适用范围较广，针对各种土质情况一般都有与之相对应的顶管机，而且在大多数情况下都不需要辅助措施来配合，施工更加机械化，精度也比较高，国内外都将其作为主流工艺。

对于顶管设备，常用顶管顶进所使用的顶管机的形式对其进行分类：手掘式顶管机、泥水式平衡顶管机、土压式平衡顶管机及气压式平衡顶管机。

5.2.1　手掘式顶管机

手掘式顶管机即非机械的开放式（或敞口式）顶管机。在施工时，采用人工方法来破碎工作面的土层，破碎辅助工具主要有镐、锹及冲击锤等。破碎下来的泥土或岩石可以通过传送带、手推车或轨道式的运输矿车来输送。最简单的手掘式顶管机只有顶进工具管，即只有一个钢质的圆柱形外壳加上楔形的切削刃口、纠偏液压缸、一个传压环及一个用来导正和密封第一节顶进管道的盾尾。顶进作业应在地下水位降至基底以下 0.5~1.0m 时进行，并应避开雨期施工，必须在雨期施工时，应做好防洪及防雨排水工作。

手掘式顶管机与其他顶管机设备的最大不同之处是它需要人工取土，在敞开的环境下运行，有毒气体和涌水带来的危害性较大，因此，在施工时要做好通风、逃离措施。下面是手掘式顶管作业施工注意事项。

1）开始人工挖土前，应先将顶管机的刃口部分切入周边土体中。挖土顺序按自上而下分层开挖，严防正面坍塌。必要时可辅以降水或注浆加固等施工措施，以保证土体的稳定。顶进过程中，人工在前掏土，顶管在后顶进。

2）在允许超挖的稳定土层中正常顶进时，管下部 1350mm 范围内不得超挖，土拱要与管外壁吻合，保持原状土地基，管顶以上超挖量不得大于 15mm，管前超挖应根据具体情况确定，并制定安全保护措施。土质差不能形成土拱时，管前超挖量应小，并随挖随顶；土质良好时，允许在管前超挖 10~30cm 后再顶管。

3）当顶进作业停顿时间较长时，为防止开挖面的松动或坍塌，应对开挖面及时采取正面支撑或全部封闭措施。

4）顶进速度应适中。过快，产生偏差后不易纠正；过慢，易出现坍塌。

5）顶进一旦开始，应连续进行。当遇下列情况时，应暂停顶进，并应及时处理：顶管机前方遇到障碍，后背墙变形严重，顶铁发生扭曲现象，管位偏差过大且校正无效，顶力超过管端的允许顶力，液压泵、油路发生异常现象，接缝中漏泥浆。

6）顶入桥涵节间的防水处理，原则上应按设计要求进行，一般采用沥青麻筋和水泥砂浆填塞，装橡胶止水带，再做防水混凝土层。也可以在接缝周围填入普通胶管，利用桥涵最后一次顶力将缝挤紧，然后在缝内塞沥青麻筋，用水泥砂浆将缝填平，再做防水层。

手掘式顶管机可以说是顶管技术的开端，一开始顶管工程只能在土质条件较好的情况下实行，并要结合一定的辅助措施，这种情况下的缺点是一次顶进距离相对较短，优点是不需要很多设备、成本费用不高、操作简易。至今手掘式顶管机还被应用，但相比以前其工艺原理和设备方面都有了很大改进，各方面都得到了很大优化，如图 5-9 所示。

图 5-9 手掘式顶管机施工

5.2.2 泥水式平衡顶管机

泥水式顶管机主要以平衡介质划分。平衡介质在顶管机前端的工作舱中获得一定压力，用以平衡地下水土压力，工作舱中储存泥水并通过泥浆泵来控制其压力值，这种顶管形式被称为泥水式平衡顶管机，如图 5-10 所示。

这种泥水式平衡顶管施工的工作原理是通过流入的泥水压力来平衡掘进过程中岩体和地下水的外部压力，这样既阻止了地下水往顶管机中流，又使泥水具有压力来平衡土压力。泥水主要通过泥浆泵来控制泥浆的输出量。在顶管机机头后方预制密闭隔段，顶管机的刀盘与密闭隔段之间的空间形成泥水舱。泥水通过相应管道高速输送到泥水舱中，泥水在掘进面上形成一道不透水的泥膜，泥膜压力会阻止泥水

图 5-10 泥水式平衡顶管机

向掘进面渗透。高压泥水所产生的压力会平衡掘进过程中的岩体和地下水的外部压力。顶管机在施工过程中，刀头切削的岩土会被直接送入泥水舱，泥水舱内的搅拌机将岩土与水搅拌均匀，搅拌后的高浓度泥浆通过输出管流入泥水分离系统，刀头切削的岩土通过分离系统排出泥水舱，经过分离处理后的泥水再次被压入泥水舱使用。

泥水式平衡顶管机施工时，最重要的就是控制泥水浓度和压力，它们是稳定挖掘面的基

础。当渗透系数比较小时，可以将泥水浓度相对调高，这样能在短时间内使其在挖掘面形成一层泥膜，并很好地稳定挖掘面；当渗透系数较大时，泥水浓度的控制和把握至关重要，稍有不慎，将导致土体坍塌失稳。在泥水的反复循环利用中要不断向其中加入黏土成分，以此保持高浓度、高密度。泥水式平衡顶管机分类见表 5-1。

表 5-1 泥水式平衡顶管机分类

分类标准	分类原理	特征描述
基本形式	单一的泥水平衡	以泥水压力来平衡地下水压力及顶管机所处土层的土压力
	泥水仅起到平衡地下水的作用	泥水仅起到平衡地下水压力的作用，而土压力则通过机械方式来平衡
有无泥水平衡的功能	有泥水平衡功能	用泥水压力平衡地下水土压力
	无泥水平衡功能	常用网格式水力切割土体
输出泥浆的浓度	普通泥水顶管	输出泥水的相对密度在 1.03~1.30，而且完全呈液体状态
	浓泥水顶管	输出泥水的相对密度在 1.30~1.80，多呈泥浆状态，流动性好
	泥浆式顶管	介于泥水式和土压式顶管施工之间，是由泥水式向土压式过渡的一种顶管施工

5.2.3 土压式平衡顶管机

在非开挖施工的过程中，通过对顶管机的土舱施加一定的压力，从而使非开挖顶管机下方的水土压力达到平衡。顶管时要做到土压平衡使掘进面保持稳定，避免顶进时地面产生沉降和隆起，必须同时保持两种相对的平衡状态：顶管机中土舱的土压力与顶管机四周土层的水土压力保持平衡，顶管机顶进过程中的排土量与机头顶进切削土量保持平衡。土压式平衡顶管施工如图 5-11 所示。

图 5-11 土压式平衡顶管施工

根据以上两种平衡的基本条件可知，土压式平衡顶管的基本原理就是顶进时顶管机机头切削顶进方向掘进面的土体，切削下来的土体通过螺旋输送机进入机头土舱，经过一定的加压处理后，使土舱中的土具有与四周土层水土压力相等的土压力。机头向前顶进切削掘进面新土体进入土舱的同时排出土舱内等压力的泥土量，通过调节机头切削掘进面的速度和土舱的排出土量，达到同时满足土压平衡顶管的两个状态。

土压式平衡顶管机用土砂泵排土解决了长距离输土及连续顶进的问题，且排出的土体可以为干土，也可以为含水多的泥浆，对排出的土体不需要进行分离沉淀等二次处理。土压式平衡顶管机适用的土质范围很广，不需要采用太多其他的辅助措施，具有施工设备简便、快速等优点。土压式平衡顶管机分类见表5-2。

表5-2　土压式平衡顶管机分类

分类标准	分类原理	特征描述
种类划分	压力保持式	使土舱内保持一定的压力以阻止挖掘面产生塌方或受到压力过高的破坏
	泥土加压式	使土舱内的压力大于顶管机所处上层的主动土压力，以防止挖掘面塌方
土压力的控制	顶进速度改变	在排土量不变的情况下，土压力与顶进的速度成反比
	排土量改变	在顶进速度不变的情况下，土压力与排土量成反比，因此在施工时要使土压力值变小，就要增大排土量
	顶进速度和排土量同时改变	在两者都改变的情况下，要使土压力值保持不变，则顶进速度增大，排土量也要增大，顶进速度减小，排土量也要减小

5.2.4　气压式平衡顶管机

气压式平衡顶管法的工作原理为：在顶管机机头内充入具有一定压力的压缩空气，利用空气压力疏干机头前面一定范围内土壤空隙中的自由水，使土壤趋于固结。同时利用压缩空气的压力支撑开挖面土体，使之稳定。气压式平衡顶管法工作原理如图5-12所示。

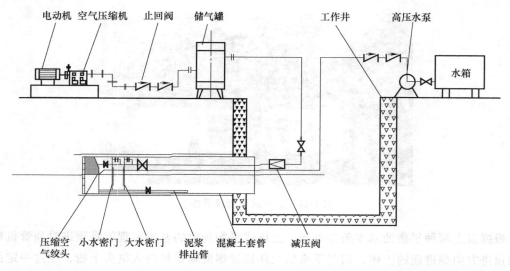

图5-12　气压式平衡顶管法工作原理

该法的主要特点是：结构简单，有较强的排除地下障碍的能力；一旦开始施工，压缩空气的供应就不可中断；压缩空气对土体扰动的范围较大，故地面沉降也会稍大。气压式平衡顶管机与其他顶管机使用的平衡介质差别大，空气是非常轻的介质，且空气本身的渗透性较好，在土中容易渗漏。

一般情况下，气压式平衡顶管施工主要包括局部气压平衡顶管施工以及全气压平衡顶管施工。

局部气压平衡顶管中的压缩空气只可以在挖掘面上发挥作用。顶管中部设置有一块隔板，这块隔板将顶管机分成了前舱和后舱两部分。通过管道将压缩空气送入气压舱中，挖掘的土从气压舱中通过螺旋输送机送出，螺旋输送机里面的土可以起到土塞的作用，把气压舱里面的压缩空气给堵住，与此同时压缩空气可以把土压送出去。局部气压平衡顶管施工属于比较特殊的半机械式顶管施工，施工人员基本上都是在常压下进行作业的。

全气压平衡顶管在顶管机头立面设置了两道气压密封门。把第一道舱门关闭，把压缩空气充进前舱，压缩空气渗透到正前方土层的缝隙当中，把工具管前边土层里的地下水从土壤空隙中排挤出来，这样便可以为工具管施工创造一个较为稳定的无水环境。与此同时，气体的压力对于机头前的土体开挖面也起着支撑的作用，使其能够保持稳定而不出现坍塌。之后把第二道舱门关闭并把压缩空气充入舱内，等到前边和后边两个舱的压力相等的时候，再把第一道舱门打开，使管道往前顶进。把挖出的土运往两道舱门之间的转运舱里边，把第一道舱门关闭，再把第二道舱门打开，保持管道和后舱相通，把土转运至工作井之外。管道是一边挖一边顶的，开挖的量和顶进的长度要互相匹配。全气压平衡顶管施工是一种人工施工法，施工人员必须要带压进行施工。气压式平衡顶管机分类见表 5-3。

表 5-3　气压式平衡顶管机分类

分类标准	分类原理	特征描述
种类划分	全气压平衡顶管	整个顶管的管道内充满一定压力的压缩空气，管道内所有工作人员都要带压进行作业
	局部气压平衡顶管	仅仅在挖掘面上充满一定压力的压缩空气，并用机械替代人工挖土
工作要求	土质	适用于埋入地下一定深度，且渗透系数很小的粉砂层。一般情况下，渗透系数大的土质不适用，但软黏土例外
	环境	设备多、占地大是气压施工的特点。同时在施工时气压设备会发出很大的噪声，影响附近居民，一般不宜在居住区采用。另外，气压施工会造成很大的地面沉降，如周围环境有要求得事先估计带来的损失
	设备	气压施工对设备的要求较高，过程中压缩空气是不能中断或停止的，否则施工危险性较大。必须配备两台空气压缩机，且两台空气压缩机要有独立的电源来供应，或者配备一台机动形式的空气压缩机，用以保证连续施工

5.3 顶管工程关键技术分析

5.3.1 管道顶进技术

顶管顶进方式选择正确与否会直接影响工程的成败。顶管顶进方式应视具体情况从技术可行、经济、安全的角度进行分析比较，因地制宜才能充分显示其独特的优越性，选择原则如下：

首先，详细了解工程概况，地质条件，地下水位，顶管的管径、埋深，附近地上或地下建筑物、构筑物和各种设施，附近管线的埋设，地下阻碍物情况等。

其次，从技术的角度考虑：对于口径小的顶管，因人员无法进入管内施工，通常采用泥水顶进。在顶进长度较短、管径小的金属管时，宜采用一次顶进的挤密土层顶管法。对于埋深较大的管段，可以从有无地下水及所处土层的特性来考虑：若地下水位较低，土层较稳定，可选用手掘式顶管，对于地下水位高、水位变化大及土质较松软的地段，宜采用掘进法施工。对于地下杂物、石子等障碍物较多的情况，应选用具有除障功能的机械式或手掘式顶管。在黏性或砂性土层，且无地下水影响时，宜采用手掘式或机械式顶管。当在黏性土层中必须控制地面隆陷时，宜采用土压式平衡顶管。当土质为砂砾土时，可采用具有支撑功能的工具管或注浆加固土层的措施。在粉砂土层中且需控制地面隆陷时，宜采用加泥式土压平衡顶管或泥水式平衡顶管。

最后，还应考虑安全因素，所选用的顶管顶进方式要能处理未预见的情况（如石块等），避免出现顶不进退不出的局面。施工工艺的选择在整个顶管阶段是尤为重要的，在顶管施工前宜按以上方法确定施工工艺的合理组合。

1. 顶管隧道开挖面稳定性研究

顶管隧道开挖面稳定性理论研究较少，主要参考盾构隧道开挖面稳定性来进行。开挖面稳定性研究的过程主要为：先构造典型的开挖面失稳破坏模式，然后通过极限分析法或极限平衡法等方法建立能量或者力学平衡方程，求解得到开挖面极限支护力。极限分析法的模型和求解过程较为复杂，难以推广应用，而极限平衡法具有模型简单、计算简便和推导过程简单等优势，因此被广泛应用于盾构隧道极限支护力计算中。楔形体模型是目前开挖面稳定性研究的主流方向，不同类型的研究成果提高了楔形体模型在不同地层条件中的适用性。根据实际施工地质情况选择适当的楔形体模型，是开挖面稳定的重要保证条件。

2. 顶管顶力计算研究

顶管顶力是工作井结构设计、管道结构设计和顶管机选型的决定性参数之一，其准确性直接关系到顶管工程的成本和安全。若顶力较大，则使得管道和工作井设计过于保守，增加了不必要的工程造价。若顶力偏小，则可能出现由于顶力不足造成无法顶进的现象。因此预测合理顶力是顶管设计中最重要的工作之一。顶管施工中顶力的影响因素较多，不同围岩和工程条件下顶力的差异较大。

顶管顶力由刀盘迎面土体的阻力和管土侧摩阻力两部分组成，当顶管机的相关参数（类型、顶管的直径、地层以及埋深）一定时，迎面土体的阻力可认为是一个定值，而管土侧摩阻力随着顶进距离的增加而增大，管土侧摩阻力主要取决于管土接触压力和摩擦系数。因此，国内外学者集中于从管土接触压力和管土摩擦系数等角度开展顶力理论研究。目前在我国《给水排水管道工程施工及验收规范》（GB 50268—2008）中，顶力的计算公式如下：

$$F_{p} = \pi D_0 L f_k + N_F$$

式中　F_p——顶力（kN）；

D_0——管道外径（m）；

L——管道设计顶进长度（m）；

f_k——管道外壁与土的单位面积平均摩阻力（kN/m²），通过试验确定；

N_F——顶管机的迎面阻力（kN），不同类型顶管机的迎面阻力计算公式不同。

5.3.2　顶管出洞技术

顶管出洞是指在工作井安放就位的顶管机和第一节管从井中破封门进入土中的阶段。完成好这一阶段的关键是做好管线放线、导轨铺设、洞口加固和洞口止水等方面的工作。

1. 管线放线

顶管管线放线是保证顶管轴线准确的关键。放线准确就能保证工具管按设计要求顺利进洞，满足施工质量要求；反之，就可能造成顶管轴线偏差，影响工程进度和工程质量，同时也会造成顶进时设备损坏，使顶管停顿。

2. 导轨铺设

基坑导轨是安装在工作坑内为管子出洞提供一个基准的设备。导轨要求具备坚固、挺直，管子压上去不变形等特征。为此，安装导轨时，其前端应尽量靠近洞口，导轨铺设应注意轴线重合、导轨标高和导轨支撑稳定性几个方面问题。

（1）轴线重合

要依据管线轴线测量结果，铺设时将管线轴线与导轨中线重合。

（2）导轨标高

导轨的铺设高程要根据设计要求，先算出管道底的标高，再算出导轨铺设标高，最好将导轨铺设成管道要求的坡度，从而减少后续校正的工作。

（3）导轨支撑稳定性

顶管顶进时，会产生很大的摩擦力，如对导轨支撑不稳将造成管道偏差，一般在导轨和工作坑中采用型钢支撑，同时用电焊将其焊牢。

3. 洞口加固

顶管工程中，进出洞口是一项很重要的工作。施工中应充分考虑洞口的安全性、可靠性。尤其是从工作坑中的出洞开始顶管，出洞安全可靠又顺利，可以说顶管施工已成功了一半。为使进出洞工作顺利开展，可采取对洞口土体进行加固的措施。如果土质比较软，则可采用门式加固法，即对所顶管道的两侧和顶部一定宽度和长度范围内的土体进行加固。加固技术有高压旋喷桩技术、搅拌桩技术、注浆技术和冻结技术。

另外，洞口的封门也可根据土质条件及顶管机或工具管的形式来选定。使用手掘式工具管顶管机时，洞口可用低强度等级混凝土砌筑一堵砖封门。在出洞时可用工具管直接将砖封门挤倒，以保证进出洞口顺利。还有一种方法是做一扇特制钢封门以保证工具管或顶管机安全地出洞。

4. 洞口止水

顶管工程中，无论是管子从工作井出洞还是在接收井进洞，管子和洞口间都必须留有一定的间隙，此间隙如果不被封住，地下水和泥砂将会通过此间隙流到坑中，轻者会影响工作坑的作业，重者会造成洞口上部地表的坍塌，殃及不同建筑物或地下管线的安全。因此，顶管工程中洞口止水是一个不容忽视的环节，必须认真、仔细地做好此项工作。洞口止水如图 5-13 所示。

图 5-13 洞口止水

5.3.3 顶管施工线形控制技术

1. 测量方法

测量偏差采用坐标法，根据设计给出的工作井坐标，以及接收井中心的坐标，直线顶管部分采用导线法，将控制点定在工作井上。顶管顶进时，在机头中心设置一个光靶，根据光靶反映的读数，即可知道目前机头的方位；对于曲线顶管部分，根据工作井、接收井、圆心坐标以及曲线半径，使用全站仪测出机头光靶坐标，即可知道机头偏差情况。

2. 测量设备

主要采用全站仪辅以激光经纬仪和水准仪测量顶进距离及方向。若顶进距离长，观察困难时，可以采用自动跟踪仪测量。通过液压缸进行纠偏，应遵循先纠上下后纠左右的原则。

3. 测量与方向控制注意事项

1）制定严格的放样复核制度，并做好原始记录。顶进前必须严格遵守放样复测制度，确保测量万无一失。

2）必须避免布设在工作井后方的仪座在顶进时发生移位和变形，必须定时复测并及时调整。

3）顶进纠偏必须勤测量、多微调，纠偏角度应保持在 $10' \sim 20'$，不得大于 $1°$，并设置偏差警戒线。

4）在初始推进阶段，方向主要由主顶液压缸控制，因此，一方面要减慢主顶推进速度，另一方面要不断调整液压缸编组和机头纠偏。

5）开始顶进前必须制定坡度计划，对每米、每节管的位置和标高需事先计算，确保顶进时正确，以最终符合设计坡度要求和质量标准为原则。

4. 曲线顶管的测量

顶管工程的测量工作是整个顶管工程质量的关键，它的实施好坏将直接影响到管线线形的平顺，甚至影响到顶管的顺利贯通，因此需精心实施，确保无误。顶管施工测量包括高程测量和左右偏差测量两部分。高程测量较简单，在地面上把永久性水准引测至井边，通过垂直吊钢尺引测至井下，设临时水准点，再在管道内架设水准仪测至机头内光靶，即可知道机头高程偏差。此水准还可从机头测出来，闭合差按二级水准控制。左右偏差测量较复杂，在直线顶管中，可以在后座设一个激光经纬仪，在满足通视的条件下，直接看机头内光靶就可知道左右偏差，而曲线顶管却做不到，因为管线线形是弧形的，后座内激光经纬仪不能一下看到底。因此需在管道内布置移动测站，再通过管道内的移动测站测量出机头内光靶的实际坐标，然后计算出光靶中心与该段弧形曲线的圆心距离（实际半径），与设计曲线半径相比较，若大于设计曲线半径，则说明机头向外侧偏，若小于设计曲线半径，则说明机头向内侧偏。在曲线段变为直线段后，根据实际测量出的光靶坐标，使用点到直线的距离计算公式，算出实际偏差距离。

5. 曲线顶管管缝控制

曲线顶管的管缝控制尤其重要，因为如果管缝张不开，就形不成曲线，如果张开过大，就将造成顶管偏差过大，特别是在软土中顶管，在管缝形成后，如果纠偏控制得不好，管缝会越来越大。虽然可以通过纠偏千斤顶纠偏，但这种偏差并不能一次性纠正过来，这样顶管的线形往往会形成蛇形，而且最大偏差会超出规范允许范围，管缝张开过大，在地下水丰富的地方，会给工程带来危险。应当把管外最大开口间隙控制在 20mm 以内，避免管接口张缝过大造成渗漏。在顶管时，要由专人负责量机头与第一节混凝土管左右两边的管缝，并做好记录，每次纠偏前后均需实测，发现超出规定时停止顶管，及时研究对策，解决后才能继续顶进。

5.3.4 顶管施工障碍物处理技术

由于地下环境复杂、不确定因素较多、物探技术能力有限等原因，顶管施工不可避免会遇到各种地下障碍物。地下障碍物主要分为两种：可清除类，包括抛石、钢筋混凝土块、建筑垃圾等；不可清除类，包括重要建筑等的桩基、各种地下管线等。它们会影响施工进程，甚至具有一定安全隐患。因此，如何经济有效地处理这些障碍物具有重大意义。

目前常用障碍物处理技术分为两大类：避让技术和清除技术。避让技术是通过改变顶管轨迹（包括采用曲线顶管技术）从而达到避让障碍物的目的，主要适用于遇到不可清除类障碍物。清除技术分为地面处理技术及地下处理技术两种，可处理所有障碍物。常见的地面处理技术包括竖井开挖技术以及钻孔清除技术。地下处理技术主要包括慢速磨顶技术、开舱清除技术、套管技术、顶管回退技术、顶进对接清除技术以及钻爆清除技术。实际工程中，障碍物的清除比避让复杂，技术要求更高，出现频率也更高。本节通过归纳整理和对比分析，主要介绍以下八种清除技术。

1. 竖井开挖技术

竖井开挖是指直接通过开挖的方式取出障碍物。覆土埋深、地下水位是影响竖井开挖施工工艺的关键因素。当覆土较浅时，一般通过人工或挖掘机直接开挖；当埋藏较深时，采用先开挖导井后扩挖的方法。根据覆土埋深，竖井开挖主要分为以下三种工艺：①覆土浅（5m以内），周边无建筑物且地质条件好的可采用大开挖；②覆土较浅（5~10m），周边有建筑物但地质条件好、地下水位较低且具备打桩相关设备进场条件的可采用密打钢板桩后开挖；③覆土较深（10~15m），周边有建筑物、施工场地小、土质为原状土、地下水位高的可采用树根桩围护加注浆隔水帷幕方式。

竖井开挖技术应用最早、技术成熟、难度较低，可处理各种类型、尺寸的障碍物，尤其是处理不可清除类障碍物（如地下重要管线）。由于是直接开挖，因此要求障碍物埋深有限，且只适用于地质条件良好、方便开挖的地层。对于埋深较深的障碍物，开挖技术处理周期较长。

2. 钻孔清除技术

钻孔清除技术是指依靠钻探技术，从地面钻至障碍物所在位置，再对其进行相关处理。根据处理障碍物方式的不同，钻孔清除法可分为回转钻进清障法、冲击清障法。

回转钻进清障法是在障碍物上方使用回转钻进装置清除障碍物。钻具一般采用硬质合金钻头，具备很强的切削能力。对于体积较小且易破除的障碍物，可直接回转破碎；对于体积较大的障碍物，需钻入口径较障碍物更大的套管，再利用抓斗等取出障碍物。对于障碍物上方场地较小的情况，可使用潜孔钻机取出障碍物，最后需进行孔内回填、封闭孔洞工作。

冲击清障法利用钻孔桩冲击成孔原理，以末端冲击锤的冲击能量击碎目标障碍物或者将其击出顶进区域。钻杆拔除后必须将孔洞回填，避免同步注浆时浆液从未填实的孔洞内冒出，造成地表沉降影响交通等。

需要注意的是，实际钻孔清除时，清除区域一般比顶管所遇障碍物稍大，而各个钻孔之间必须保证一定的安全距离，破碎深度至顶管机底部。

回转钻进清障法安全、可靠、高效，能够切削硬度较大的块石或钢筋混凝土结构等障碍物，地质适应性强、施工周期较短。该方法可分布施工，对周边的影响达到最小，但机械投资大，且钻机自重大，要求清障处无其他管线及地下设施，对场地要求较高。

冲击清障法对场地和设备要求较低，操作技术容易掌握，施工周期较长，可清除的障碍物种类包括混凝土桩基、块石、管道、钢桩、木桩等，其地质适应性强，能适应流砂层等各类复杂地质情况。对于开口型顶管工程，当无法保证泥浆进入管道内或顶管机与障碍物有粘连时，冲击能量可能会损坏顶管机，类似情况均不推荐使用该方法。

钻孔清除技术的缺点是对环境影响较大，有噪声。此外，与竖井开挖技术不同，钻孔清除法只能对障碍物进行直接清除或切割后取出，完整取出障碍物较难，不宜用于对不可清除类障碍物的处理。当埋深较大、地层条件较好时，优先使用冲击清障法；如遇坚硬地层则宜采用回转钻井清障技术。

3. 慢速磨顶技术

慢速磨顶法的基本原理就是降低顶进速度，借助自身刀盘或其他辅助设备不断对障碍物进行磨损破碎以达到去除的目的。在慢速磨顶时，为增强清障效果，通常采取以下措施：增加后背顶力，提高刀盘切削压力；加大泥浆密度，提高携碴能力，及时清理堵塞的管道；采用高分子聚合物膨润土触变泥浆，提升泥浆性能，减小顶管周边摩阻力；注入高压水，辅助破碎障碍物；增加碎石设备或对刀盘进行相关改造，使其满足破除特定障碍物的要求，采取此措施会额外增加一定成本。

4. 开舱清除技术

开舱清除技术的主要原理是在开挖面稳定的条件下开舱进行人工、机械或爆破处理。当地质条件良好、开挖面稳定时，经过专业人员检查确定后，可直接打开清障孔进行障碍物清除。当开挖面不稳定时，最常用的方法是气压平衡法：气压平衡顶进中，利用气压舱所加压力和水土压力值相等，起到平衡作用；泥水平衡或土压平衡顶进中，则需在顶管机内增加气压舱。

开舱清除技术对环境影响较小，成本较低，可处理各种可清除类障碍物。另外，采用此方法需满足人可进舱的条件。直接开舱处理清除障碍物时，所需工期短；地层加固开舱处理技术对地面场地有一定要求，相对直接开舱而言，施工周期较长，成本较高，但安全系数更高，施工时对地层扰动很小。此外，开舱清除技术是带压作业，存在较大风险，需专业人员操作，并做好保护措施。

5. 套管技术

套管技术的原理是将管径不同的钢套管或顶管机顶入遇障顶管机外围或内部，然后进行障碍物处理。在遇障顶管机外顶入套管为外套管技术；在遇障顶管机内顶入较小直径顶管为内套管技术。外套管技术根据顶管机遇障时距工作井的距离分为正向套管法和反向套管法。

套管技术较为成熟、施工风险低、成本适中。对于地下水位较高及粉砂等松散地层，建议先降低水位并对地层进行加固处理后再采用套管技术清除障碍物。外套管技术由于对障碍物位置要求严格，当所遇障碍物距工作井及接收井都较远时，采用此方法成本过高，故不推荐使用。此外，当障碍物较顶管直径过大时，所需套管管径也较大，导致套管与顶管间隙封堵工作难度增加明显，也不推荐此工法。内套管技术工艺流程复杂、成本较高、对地面沉降有一定影响，该方法主要针对原顶管四周遇障抱死的特殊状况，且要保障内套顶管的尺寸仍然满足原管道实际使用要求，否则不宜采用内套管技术。

6. 顶管回退技术

顶管回退技术是指通过顶进液压缸反向拉拔与顶管机头连接为一体的管节，逐渐拉出顶管。顶管回退技术能处理可清除类及不可清除类障碍物，但施工操作复杂，且对地表沉降影响较大，故如今已很少使用。

7. 顶进对接清除技术

顶进对接清除技术就是根据顶管对接技术原理，从接收井顶入一个特制顶管，割除原顶管机内动力元件与舱板，破除障碍物并清运后与第二次顶进的顶管焊接，将顶管头作为特殊管，从而达到全线贯通的目的。

顶进对接清除技术施工精度要求极高、难度大、成本高。相比套管技术，顶进对接技术处理障碍物更为灵活，不拘泥于障碍物所处位置；相比开舱清除技术，该方法更为安全可靠。顶管对接清除技术主要处理直径不超过顶管直径的可清除类障碍物。该技术对精度要求控制相当严格：一方面需要加强监测频率，及时调整顶管轴线及设备姿态，保证精准对接；另一方面，需通过冰冻技术加固地层或在顶管外进行压力注浆，以解决对接止水问题。此外，采用对接清除技术，两个顶管机头最终会作为特殊管焊接后埋存于地层中，故在满足破除障碍物的前提下，尽量降低从接收井顶入机头的成本。

8. 钻爆清除技术

钻爆清除技术始于美国，核心思想是爆破成孔。采用该方法时，先进行测量定位，然后钻孔、装药、爆破、排出烟及碎渣，铺设导向管基，最后进行顶管注浆工作。爆破、顶进反复进行，直至清除障碍物。

5.4 超大断面矩形顶管施工技术

顶管施工技术由于断面利用率大、覆土浅、施工成本低等优点，近年来被广泛地应用于城市交通人行地道、地下共同沟、轨道交通区间隧道施工。目前，小断面（3m×5m 左右）矩形顶管隧道主要应用于共同沟、电力隧道、水利隧道以及小型地下通道、地铁车站出入口等建设，技术水平已经相当成熟；但大断面（约为 5m×9m）矩形顶管隧道在国内应用较少，尤其是超大断面（7.5m×10.4m）矩形顶管隧道，因存在顶管顶进施工技术不成熟、地面沉降不易控制、管节制作运输困难等诸多问题，实际应用更是寥寥无几。

本节结合实际工程，详细介绍超大断面矩形顶管施工的关键技术及施工重难点。

5.4.1 工程概况

新建裕民南路下穿 G1501 地道工程，目的是打通该南北断头路，使其承接起连接新城区和旧城区的功能。穿越 G1501 高速公路采用矩形顶管，其中车行通道断面尺寸为 10.4m×7.50m，壁厚 700mm，管节长 1.5m。顶管覆土层厚度 5.19~6.85m，顶管距离 60m。顶管穿越砂质粉土、淤泥质黏土和粉质黏土土层。

工作井出洞加固范围纵向为 8m，深度为 17m，宽度为 34.5m，端头采用 φ850@600 三轴搅拌桩和 φ800@600 双重管高压旋喷桩加固。接收井进洞加固范围纵向为 5m，深度为 17m，宽度为 33.2m，由于接收井位置离 G1501 高速公路较近，加固空间有限，因此接收井进洞口加固采用 MJS 工法满堂加固。

顶管机外形尺寸为 10420mm×7520mm×5700mm；采用 6 只大小刀盘组合，3 只前置（$D4160$），3 只后置（$D3350$）；纠偏液压缸 30 台，单只液压缸最大推力 200t、公称压力 31.5MPa；脱管液压缸 4 只，单只液压缸最大推力 200t、公称压力 31.5MPa；配备 2 台螺旋输送机，直径 $D670$、功率 2×37kW、最大排土量 120m³/h，如图 5-14 所示。

图 5-14　10420mm×7520mm×5700mm 顶管机

5.4.2　本工程关键技术

1. 全自动测量技术

本工程采用五位一体矩形顶管自动导向系统和人工复核两种方法进行姿态测量，导向系统在顶进过程中实时更新顶管姿态精确指导顶进，而人工复核是用传统的前后标的方式测量顶管姿态对自动导向系统进行检核。定期对顶管姿态进行人工复核，能确保自动导向系统测量的准确性，自动导向系统中的全自动测量仪如图 5-15 所示。

五位一体矩形顶管自动导向系统以棱镜法导向系统原理为基础，针对矩形大顶管的特点进行优化。五位一体测量系统是用于矩形顶管自动导向测量的系统，该系统利用电控棱镜解决全站仪的小视场问题，利用 5 个棱镜不同位置的摆放，通过观察5 个目标棱镜及安装在顶管内的传感器采集的坡度转角来换算顶管姿态，可以计算出前壳体的俯仰角、旋转角、滚角、机头的位置偏差以及后壳体的俯仰角和偏转角。

图 5-15　全自动测量仪

2. 全自动注浆技术

在小型的顶管项目中，一般是人工监测数据反馈，人工启闭注浆阀门进行外部的注浆控制，这样的做法在施工时效和控制精度上都不高。在本工程的施工过程中，超大截面给人工注浆操作带来一定的难度，传统的施工工艺流程已经不能满足现场工况需要。本工程采用全自动注浆系统，由 PLC（可编程逻辑控制器）控制柜发出指令，使注浆电动阀门启闭，切换到下一孔注浆，如此循环实现自动压浆。通过监测数据测算出的管节注浆量来控制压浆时间，由管节上的压力表控制压浆的压力，以实现压浆的保压。

3. 全自动沉降监测技术

本工程顶管施工穿越 G1501 高速公路，共布置 121 个沉降监测点，考虑到数据采集的频率及安全性，数据采集使用全自动沉降监测系统，每 4h 测量一次。监测点布置在试验段和正常段，试验段监测点在高速公路范围外，正常段监测点在高速公路范围内。全自动沉降监测平台如图 5-16 所示。

顶管施工沉降监测若采用人工进行数据采集，则监测频率过高，数据反馈速度较慢，G1501 高速公路交通车流量大，并且交通不能中断，人工数据采集根本无法完成。而采用全自动监测测量系统，只需在地面架设一台全自动全站仪，除高速路面布设有棱镜外，其余监

图 5-16　全自动沉降监测平台

测点采用无棱镜反射。全自动监控测量一次只需 1h，监测数据可在后台实时反馈。

5.4.3　其他施工关键技术研究

1. 超大矩形开挖面碴土改良技术研究

超大断面矩形顶管的大小刀盘有着不同的切削方式，同时由于断面大且土舱底部螺旋输送机进土口处呈平底状，因此对于碴土的流动性要求极高，必须对土体改良进行针对性研究。主要研究内容包括改良添加剂比选与配合比研究、砂性土地层土体改良参数、改良施工工艺研究及效果分析。

2. 减摩护壁泥浆技术研究

减摩护壁泥浆是影响顶管顶力、提高长距离顶进效率，以及控制背土和地面沉降的重要技术。基于超大断面矩形顶管的特性，在顶管的顶部和底部会存在大面积的减摩护壁泥浆。减摩护壁泥浆质量的优劣更是关系到顶管顶进成功与否的关键，因此必须对减摩护壁泥浆技术进行针对性研究。主要研究内容包括减摩护壁泥浆材料的比选研究，减摩护壁泥浆配合比及性能指标研究，减摩护壁泥浆形成、影响和模拟试验研究，减摩护壁泥浆全断面自动注浆及控制工艺研究。

3. 超大断面矩形顶管进出洞风险控制装置研究

超大断面矩形顶管进出洞风险不亚于超大直径盾构进出洞。另外，由于矩形的特殊形式，角部位置在进出洞期间更是渗漏高风险部位。因此，必须研究新型的进出洞密封装置用以控制大断面矩形顶管始发、推进直至接收过程中地下水渗漏的风险。主要研究内容包括风险控制装置结构形式设计研究、风险控制装置安装及施工工艺研究。

4. 砂性土地层顶进控制技术

超大断面矩形顶管在砂性土地层中会面临中继站设置、姿态纠偏问题。中继站的设置位置和数量会影响长距离顶管顶进的效率和经济性，设置不当会产生顶力不足无法顶进的后

果。超大断面矩形顶管的纠偏难度大，如形成不利导向则会影响成型隧道的质量。因此必须要对砂性土地层顶进控制技术进行研究，主要研究内容包括砂性土地层中继站的设置优化、超大断面矩形顶管纠偏控制技术。

5. 超大断面矩形顶管辅助技术

在顶管施工整体流程中，除了前期的管节制作技术和过程中关键的顶管施工控制技术，还需要后期辅助技术来保证顶管施工后隧道的整体稳定和地面沉降可控，其中重要的辅助技术是适应砂性土地层的大断面矩形顶管置换泥浆技术。

顶管施工过程中使用的减摩护壁泥浆为非固化浆液，待顶管完成后需进行置换处理，但超大断面矩形顶管的断面大、减摩护壁泥浆体量大，能否有效置换是决定隧道后期是否稳定以及地面后期沉降大小的关键。主要研究内容包括新型防渗微膨胀置换泥浆配合比研究、大断面矩形顶管置换泥浆施工工艺研究。

5.4.4 超大断面矩形顶管施工重难点及应对措施

1. 管节预制精度控制

确保管节预制精度是超大断面矩形顶管施工的重点之一。对此应采取的措施有：管节混凝土平直浇筑；组合钢模板经高精度大型机床加工而成；内外模边线平面误差控制在 2mm 以内，且每米误差控制在 0.5mm 内；模具组装完成后，矩形框对角线误差控制在 2.5mm 内，以确保管节预制精度。

2. 顶管施工防渗漏风险控制

确保顶管机在富水软弱地层中安全顺利掘进，降低漏水风险是超大断面矩形顶管施工的重点之一。

工作井、接收井施工完成后，端口采用多重复合水泥系加固止水工艺，确保加固效果，同时设置四口降水井降水减压，从而降低工作井、接收井漏水风险。

顶管掘进过程中，注入大量触变泥浆，工作井洞门采用多重止水密封，增设洞门防突涌装置，确保洞门密封效果。

矩形管节之间，纵向连接预埋钢套环，设外、中、内三道防水，同时，在顶管推进过程中采用大螺杆将相邻管节拉紧，保证管节接缝防水效果。

3. 顶管机轴线纠偏控制

大断面矩形顶管隧道推进距离长，结构断面大，顶管机推进过程中超宽矩形断面内碴土流动性差，土舱压力不均匀，易造成顶管机发生轴线偏转，如何控制是工程施工的难点。

注入活性剂保证碴土改良效果，将土舱压力的不均匀性降到最低。

严格控制螺旋输送机出土量，通过采取调整千斤顶顶力、铰接液压缸伸长量等措施进行姿态纠偏。

双螺旋输送机转速可无级调速，控制土舱左右压力，实现水平辅助调向。

采用盾圈及管节压浆技术进行轴线纠偏。

4. 城道地面沉降及管线变形控制

长距离、超大断面顶管机掘进时，如何减少对原状地层扰动、减小地面和管线变形、确保城道行车安全是工程的难点之一。

顶管推进过程中触变泥浆的注入起到润滑减阻、支撑地层等作用。

拼接管节时，在主推千斤顶缩回前，加装止退装置，防止因开挖面土体失稳引起地面沉陷。

顶管推进过程中，设置自动化监测系统，监测地表沉降变形情况。

顶管顺利接收后，采用水泥浆填充固结地层，确保地上行车和地下管线安全。

6 第6章
沉管施工技术

6.1 概述

    水下隧道是跨越江河湖海的一种有效交通方式，修建水下隧道所采用的主要施工方法有围堤明挖法、气压沉箱法、盾构法及沉管法。围堤明挖法比较经济，条件允许时一般应优先考虑采用。气压沉箱法只适用于航运不多的较小河道中。由于需要修建水下隧道处的航运通常比较频繁，采用围堤明挖法及气压沉箱法对水上交通干扰较大，所以在水下隧道建设中大多采用盾构法及沉管法。20世纪50年代后，沉管法的水下接头及基础处理等重大关键技术相继突破，使施工工艺大为简化，隧道防水性能大幅度提高，且能采用容纳四车道以上的矩形断面。另外在一定条件下，沉管法隧道覆土浅、线路短、照明和通风代价较小、工程和运营费用低，使用效果好，故自1965年以来，世界各国建成的水下隧道，大多采用沉管法。

    沉管法也称预制管段沉放法，即按照隧道的设计形状和尺寸，先在隧址以外的干坞中或船台上预制隧道管段，并在两端用临时隔墙封闭，然后舾装好，利用拖运、定位、沉放等设备将其拖运至隧址位置，沉放到水下预先浚挖好的沟槽中，并连接起来，最后充填基础并回填砂石将管段埋入原河床中。采用这种方法修建的隧道又称水下隧道或沉管隧道。

6.2 沉管施工技术的发展

    1810年英国首次对沉管法修建水下隧道进行施工试验，但试验未能解决防水问题。1894年美国首次应用沉管法修建了穿越波士顿港的城市排水管道——雪莉排水管隧洞。1910年美国底特律水底铁路隧道建成，宣告了沉管法施工技术应用的成功。荷兰于1942年建成位于鹿特丹的Mass隧道，这是世界上首个采用矩形钢筋混凝土管段建成的沉管隧道。1959年加拿大迪斯隧道成功建成，解决了水力压接法和基础处理两项关键技术难题，沉管法由此成为水底隧道最主要的施工方法，并得以快速发展。

    我国对沉管法隧道施工技术的研究起步较晚，但是发展速度很快。1972年香港建成了我国第一条跨港沉管隧道。1993 年建成的广州珠江隧道是我国内地第一座沉管隧道，共六车道，是公路和铁路合一的大型水下隧道。1995 年宁波甬江隧道成功建成，这是我国第一座修建在软土地基上的沉管隧道。21 世纪，宁波常洪、上海外环、南昌红谷、天津海河等沉管隧道相继建成。

6.3 沉管施工技术的工艺

6.3.1 沉管隧道断面形式及组成

1. 沉管隧道断面形式

沉管隧道按其断面形式可分为圆形和矩形两类，其设计、施工及所用材料有所不同。

（1）圆形沉管隧道

圆形沉管隧道（船台型）的沉管内轮廓均为圆形，外轮廓则有圆形、八角形或花篮形，如图 6-1 所示。圆形沉管多数利用船厂的船坞制作钢壳，制成后滑行下水，并系泊于码头边上进行水上钢筋混凝土作业。圆形沉管有以下优点：

1）圆形断面，受力合理，衬砌弯矩较小，在水深较大时施工比较经济。

2）沉管的底宽较小，基础处理比较容易。

3）钢壳既是浇筑混凝土的外模，也是浇筑隧道的外防水层，这种防水层不会在浮运过程中被碰损。

4）当船厂设备条件允许时，工期较短，在管段需求量较大时，优势更为明显。

圆形沉管的缺点是断面空间为圆形，经常不能被充分利用，且耗钢量大、钢壳本身需要做防锈处理，因此造价较高。

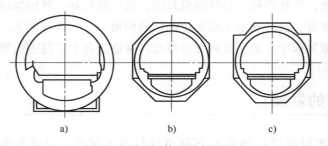

图 6-1　圆形沉管隧道断面形式
a）圆形　b）八角形　c）花篮形

（2）矩形沉管隧道

矩形沉管隧道断面形式如图 6-2 所示。目前世界各国大都采用矩形沉管。矩形沉管一般在干坞中由钢筋混凝土灌注而成，其优点如下：

1）空间利用率高，每个断面内可以同时容纳 2~8 个车道，可实现铁路、公路共用。

2）隧道全长较短，挖槽土方量少。

3）一般不需要钢壳，可节省钢材。

矩形沉管的缺点是建造临时干坞的费用较高，另外由于矩形沉管干舷较小，要求在灌注混凝土及浮运过程中采取一系列严格控制的措施。

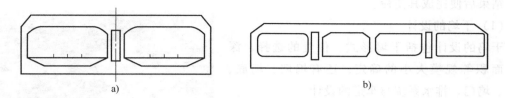

图 6-2　矩形沉管隧道断面形式

a）六车道断面　b）八车道断面

2. 沉管隧道的组成

沉管隧道一般由敞开段、暗埋段、岸边竖井及沉埋段等组成（图 6-3）。沉埋段两端通常设置竖井作为起讫点，竖井起到通风、供电、排水和监控等作用。根据两岸地形与地质条件，也可将沉埋段与暗埋段直接相接而不设竖井。

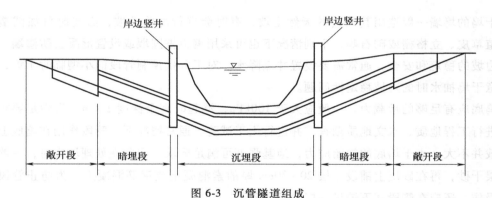

图 6-3　沉管隧道组成

6.3.2　沉管施工工艺流程

沉管施工的一般工艺流程如图 6-4 所示，其中，管段制作、基槽浚挖、管段的沉放与水下连接、管段基础处理、回填覆盖是施工的主体。

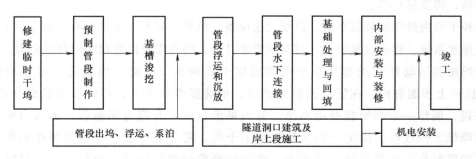

图 6-4　沉管施工工艺流程

1. 修建临时干坞

干坞是坞底低于水面的水池式建筑物，是修建矩形沉管隧道的必需场所，如图6-5所示。通常是在隧址附近开挖一块低洼场地用于预制隧道管段。干坞是一项临时性工程，隧道施工结束后便完成其使命。

（1）干坞的设计

干坞的设计包括干坞形式、位置的选择，深度、面积等规模大小的确定，还有坞墙、坞底、坞首、坞门、排水系统与车道的设计。

干坞的平面形状多呈长方形，横向尺寸取决于管节的宽度、管节的列数、管节横向之间的距离、管节侧面与干坞底边的距离。纵向尺寸取决于每列预制管节的数量、管节的长度、管节端部之间的距离、管节端部至干坞两端边坡脚的距离。另外还需要考虑坞底车辆的运输线路及预制设备等。

图6-5　干坞示意图

干坞的坞墙一般选用其周边的天然土坡，有时会进行简单护坡，必要时可加铺塑料薄膜、植草皮、立格栅或砌石等，个别情况下也可采用钢板桩围堰或设置混凝土防渗墙。为了保证边坡的稳定和安全，通常需要设置井点降水。对于分批预制管段的小型临时干坞，要特别注意干坞抽水时的边坡稳定性问题。

坞底应有足够的承载力，一般应大于100kPa，浮起时富余深度1.0m。为满足要求，应提前进行工程地质、水文地质勘查，并进行土工试验。通常情况下，管段作用在坞底上的附加荷载并不大，小于坞底的初始应力，地基强度可满足要求。因此在处理坞底时，一般是先铺一层干砂，再在砂层上铺设一层20~30cm厚的素混凝土或钢筋混凝土。为防止管段起浮时被吸住，还应在管段底下铺设一层砂砾或碎石。

干坞的坞壁三面封闭，临水一面为坞首。在大型干坞中，可用土围堰或钢板桩围堰做坞首，不设坞门，管段出坞时，局部拆除坞首围堰就可将管段逐一拖运出坞。在分次预制管段的干坞中，既要设置坞首也要设置坞门。坞首通常为双排钢板桩围堰（临河、海侧和临坞侧各一排），坞门可用单排钢板桩。当拖运管段出坞时，将此段单排钢板桩临时拔除，将管段拉出后，再恢复坞门。

此外干坞内外需要修筑车道，以便运送设备、机具及材料。为防止坞内积水，干坞内还需设置排水系统，坞底设置明沟、盲沟与集水井等，坞外需要设置截水沟和排水沟。

干坞按其活动性分类有移动干坞和固定干坞两种。移动干坞就是在可移动的船舶（半潜驳）上预制管段，在管段预制完成后，半潜驳潜到水下，将管段与船舶分离开来。一般来说，制作一个半潜驳费用高昂，但如果承包商本身拥有半潜驳，那采用移动干坞则可以降低工程成本。固定干坞又称为岸上干坞，需要先修建一个基坑用作制作管段的场地，管段制作完毕后进行干坞放水，然后打开坞门将管段浮运出坞。根据与隧址的关系又分为轴线干坞和异地干坞。目前我国已建成的沉管隧道大多采用固定干坞方案，少量采用移动干坞方案。也有利用造船厂作为干坞进行工厂化制作沉管管段的，这种方式适用于在一定区域存在大量的沉管隧道需要修建的情况。干坞是修建沉管隧道的关键工序之一，通过对各种干坞方案（移动干坞、轴线干坞和异地干坞）综合比选，研究不同干坞方案在不同环境中的适用性及其优缺点，进一步确定经济、合理的干坞方案，对于沉管隧道的修建具有重要的意义。

干坞位置选择原则如下：

1）干坞至隧址的航道应具备足够的水深和宽度，确保管段具有良好起浮与拖运条件，便于管段浮运和缩短运距。

2）干坞附近应具备浮、存、系泊若干节预制管段的水域。

3）干坞所在场地的地质条件要好，即场地土应具有一定的承载力，不会产生过大或不均匀沉降，能满足巨型混凝土管段的制作要求，同时周边具有支护结构或边坡防渗体系，技术措施简单、工程量小，工程造价低。

4）交通运输及材料来源要方便，具有良好的外部施工条件。

5）征地拆迁费用较低，具有可重复利用的开发价值。

6）能尽量缩短工期和降低造价，确保其造价合理。

7）干坞周边应该有足够的场地，并可满足以下要求：具备堆放与储藏骨料、水泥、钢材等各种原材料的场地，具备停放各种机械设备和机械与材料加工的场地，干坞周边可设混凝土搅拌站（若能就近获取商品混凝土，可不考虑设混凝土搅拌站）。

8）干坞所在地的地理环境要好，可适用于大范围开挖的需求，场地面积的大小应能满足预制所有管段的需要。

9）如在某地区内已有适当规模的码头或船厂，则需对其规模和使用条件进行调查，经过方案比选与论证后，可考虑采用移动干坞方案。

（2）干坞内的设备设施

临时干坞的设备设施一般都是普通土建工程的通用设备设施，包括混凝土搅拌站设备、水平运输设备、起重设备、钢筋成型设备、管段拖运设备、各种材料的堆放和储存仓库及各种加工车间，此外还有交通、供电、防洪等设施。干坞中用于起吊模板、钢筋、混凝土等的起重设备，通常为轨行门式起重机或塔式起重机。一次预制所有管段的干坞常用轨行门式起重机，分批预制管段时用塔式起重机较为方便，可避免因干坞反复进水排水而多次拆装轨行门式起重机。运输设备包括卡车、翻斗车、轨道车、混凝土输送车、混凝土输送泵及管道等。管段拖运设备包括电动卷扬机与绞车。其他设备还有钢筋加工机、抽水机、电焊机、空气压缩机、钢模板、拼装式脚手架、千斤顶、混凝土振捣与养护设备等。

（3）干坞的施工

一次预制管段干坞仅放水一次，不需闸门，坞首为土或钢板桩围堰，规模较大、占地较多，适用于工程量小、土地价格较低、坞址地质较差的工程。分批预制管段干坞规模小、占地少、造价低、重复使用率高，但缺点是闸门式坞门造价高，等待时间长不利于先沉管段稳定，基槽回淤很难处理，重复灌排致边坡稳定性与坞底透水性差，临时工程费用增加。

干坞施工一般采用干法进行干坞内的土方开挖，具体步骤为：先沿干坞的四周做混凝土防渗墙，隔断地下水，然后用推土机、铲运机从里面向坞口开挖，挖出的一部分土用来回填作坞堤，大部分土运至弃土场。坞底和坞外设排水沟、截水沟和集水井。坡面用塑料薄膜满铺并压砂袋，以防雨水冲刷。坞底铺砂、碎石，再用压路机压实并平整，坞内修筑车道。

2. 预制管段制作

沉管管段是在地面预制的，所以其基本工艺与地上制作其他大型钢筋混凝土构件类似，如图 6-6 所示。由于沉管预制管段采用浮运沉放的施工方式，而且最终是埋设在水中的，因此对预制管段的对称均匀性和水密性要求很高。为保证浮运和下沉，管段上还要设置端封墙和压载设施。

管段制作对混凝土要求很严格，要满足干舷（10～15cm）、抗浮安全系数以及防水要求。混凝土的防水性及抗渗性要求较高，要慎重处理施工缝及变形缝。

图 6-6 沉管管段制作

（1）管段水密性和均质性控制

水密性控制的目的是为了确保管段的防水性能，使隧道投入使用后无渗漏，管段的防水按材料分为刚性防水和柔性防水，按防水部位分为外防水、结构自防水和接缝防水。保证水密性可利用结构自身防水，即采用防水混凝土防止管段裂缝，结构物外侧防水可用钢壳、钢板防水、卷材、保护层防水以及涂料防水，施工接缝防水可将横向施工变形缝设置 1～2 道止水带。

保证管段均质性的意义在于若管段混凝土密度变化幅度超过 1%，则经常会导致管段浮不起来。若管段各部分板厚局部偏差较大或管段各部分混凝土密度不均匀会导致侧倾。保证管段均质性可采用刚度大、精度高、可微动调位的大型滑动内、外模板台车，制定严格的密实度管理制度。

（2）封墙

在管段浇筑完成、模板拆除后，为了便于水中浮运，需在管段的两端离端面 50～100cm 处设置封墙，通常称为端封墙，封墙前后的状况分别如图 6-7 和图 6-8 所示。封墙可用木材（已很少采用）、钢材或钢筋混凝土制成，有的也采用钢梁与钢筋混凝土复合结构。采用钢筋混凝土封墙的好处是变形小、易于防渗漏，但拆除时比较麻烦，而钢封墙可采用防水涂料解决密封性问题，其装、拆均比钢筋混凝土封墙方便得多。端封墙上设有鼻式托座（简称鼻托)、排水阀、进气阀、出入孔以及拉合结构。排水阀设在下面,进气阀设在上面,人员出入孔应设置防水密闭门并应向外开启。

图 6-7 封墙前   图 6-8 封墙后

(3)压载设施

管段下沉由压载设施加压实现,容纳压载水的容器称为压载设施,一般采用水箱形式,必须在管段封墙安设前就位,每一管段至少设置 4 只水箱,对称布置于四角位置。水箱的容量取决于管段、干舷的大小,下沉力的大小以及管段基础处理时抗浮所需的压重。水箱示意图如图 6-9 所示。

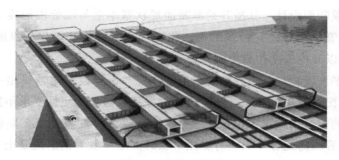

图 6-9 水箱示意图

(4)检漏与干舷调整

管段制作完成后,必须做一次检漏。如有渗漏,可在浮运出坞前做好处理。一般在干坞灌水之前,先往压载水箱里灌压载水,然后向干坞灌水,24~48h 内进入管段内对管壁进行检漏,如有渗漏及时修补。经检漏合格浮起管段,并在干坞中检查干舷是否合乎规定、有无侧倾现象。通过调整压载水的重量,使干舷达到设计要求。

在一次预制多节管段的大型干坞中,经检漏和调整好干舷的管段,应再加压载水,使之沉置坞底,待使用时再逐一浮升,拖运出坞。图 6-10 所示为干舷示意图。

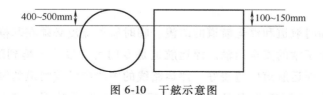

图 6-10 干舷示意图

3. 基槽浚挖

沉管隧道的浚挖工作一般包括沉管的基槽浚挖、航道临时改线浚挖、出坞航道浚挖、浮运管段线路浚挖、舾装泊位浚挖。

（1）基槽设计

1）沉管基槽横断面设计。沉管基槽的横断面主要由底宽、深度和边坡坡度三个基本要素确定，如图6-11所示。

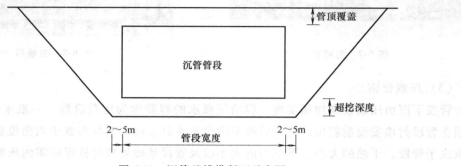

图6-11　沉管基槽横断面示意图

2）沉管基槽纵断面设计。基槽开挖纵断面形状基本上与沉管段的隧道纵断面一致。在采用临时支座作为管段沉放的定位基准时，临时支座基底标高可作为纵断面设计的控制标高，无临时支座时以开挖深度作为控制标高。

3）沉管基槽平面设计。基槽开挖的平面轴线应与沉管段平面轴线相一致，基槽开挖的宽度要与沉管段平面轴线相对称，并随管段埋设深度及边坡稳定性要求不同而变化。

4）临时支座的设计。管段采用鼻托式对接时，每节管段需配置2块临时支座；采用定位梁对接时，每节管段需配置4块临时支座。临时支座一般为钢筋混凝土支撑块。

（2）基槽施工

基槽施工主要是利用浚挖设备，在水底沿隧道轴线、按基槽设计断面挖出一道沟槽，用以安放管段。选择浚挖方式时应尽量选择技术成熟、生产效率高、费用低的浚挖方式。浚挖作业一般分层、分段进行。管段基槽浚挖分粗挖和精挖两次进行。粗挖挖到离管底标高约1m处，精挖在临近管段沉放时超前2~3节管段进行，这样可以避免因管段基槽暴露过久、回淤沉积过多而影响沉放施工。

（3）浚挖设备

基槽浚挖的设备一般采用吸泥船，如链斗式挖泥船、绞吸式挖泥船、自航耙吸式挖泥船、抓斗挖泥船、铲扬式挖泥船等。

（4）航道疏浚

航道疏浚包括临时航道和浮运航道的疏浚。临时航道疏浚必须在基槽开挖以前完成，以保证施工期间河道上正常的安全运输。浮运航道是专门为管段从干坞到隧址浮运时设置的。管段出坞拖运之前，浮运航道应疏浚好。浮运路线的中线应沿着河道的深槽，以减少疏浚航道的挖泥工作量。浮运航道要有足够水深。根据河床地质情况应考虑一定的富余水深

（0.5m 左右），以使管段在低水位（平潮）时也能安全拖运。

4. 管段浮运和沉放

（1）管段浮运

管段浮升后用地锚钢绳固定，再由干坞坞顶的绞车逐节牵引出坞，出坞后在坞口系泊。分批预制管段时，也可在临时拖运航道边选一个具备条件的水域临时抛锚系泊。

管段向隧址浮运可采用拖轮拖运或岸上绞车拖运的方式，拖轮大小与数量应根据管段几何尺寸、拖航速度及航运条件（航道形状、水流速度等），通过计算分析后选定。拖轮拖运包括四轮拖运和三轮拖运两种形式：四轮拖运为两艘拖轮排前领拖，后两艘反拖并制动转向，或一艘领拖，旁侧两艘帮拖，后一艘制动转向；三轮拖运为两艘主拖，一艘反拖并制动转向，或一艘主拖，两艘靠绑导向。

（2）管段沉放方法

管段沉放是整个沉管隧道施工中的重要环节之一。它不仅受气流、河流、自然条件的直接影响，还受航道、设备条件的制约。因此沉管沉放施工中并没有统一的通用方案，必须根据自然条件、航道条件、管段规模以及设备条件等因素，因地制宜选用经济合理的沉放方案。

管段的沉放方式大致分为吊沉法和拉沉法。吊沉法中根据施工方法和主要起吊设备的不同又分为分吊法（包括起重船法和浮箱法）、扛吊法、骑吊法和拉沉法。

1）分吊法。管段制作时，预先埋设 3~4 个吊点，分吊法沉放作业时分别用 2~4 艘 100~200t 浮吊（即起重船）或浮箱提着各个吊点，逐渐将管段沉放到规定位置，如图 6-12 所示。

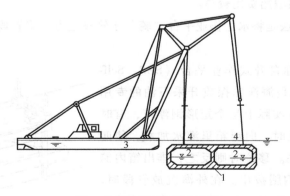

图 6-12　起重船分吊法沉放

1—沉管　2—压载水箱　3—起重船　4—吊点

2）扛吊法。扛吊法也称方驳扛吊法，如图 6-13 所示。方驳扛吊法是以四艘方驳，分前后两组，每组方驳肩负一副杠棒。这两副杠棒作为位于沉管中心线左右的两艘方驳的两个支点；杠棒实际上是一种型钢梁或是钢板组合梁，其上的吊索一端系于卷扬机上，另一端用来吊放沉管。前后两组方驳用钢杆架连接起来，构成一个整体驳船组。驳船组由六根锚索定位，沉管管段另用六根锚索定位。

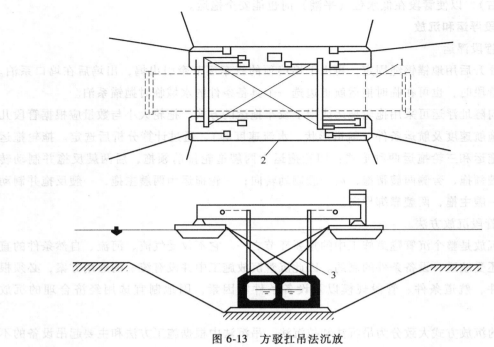

图 6-13　方驳扛吊法沉放

1—管段　2—大型铁驳　3—定位索

　　美国和日本的沉管隧道工程，习惯使用双驳扛沉法，其所用方驳的船体尺寸比较大（驳体长度 60~85m，宽度 6~8m，型深 2.5~3.5m）。双驳扛沉法的船组整体稳定性较好，操作较为方便，但大型驳船费用较高。

　　3）骑吊法。骑吊法是将水上作业平台"骑"于管段上方，将管段慢慢地吊放沉放，如图 6-14 所示。

　　水上作业平台也称自升式作业平台（SEP，Self-elevating Platform），原是海洋钻探或开采石油的专用设备。自升式作业平台实际上是个矩形钢浮箱，有时为方环形钢浮箱。就位时，向浮箱里灌水加载，使四条钢腿插入海底或河底。移位时则反之，排出箱内储水使之上浮，将四条钢腿拔出。在外海沉放管段时，因海浪袭击只能用此法施工；在内河或港湾沉放管段时，如流速过大，也可采用此法施工。骑吊法不需要抛设锚索，作业时对航道干扰较小。但由于设备费用很高，一般内河沉管施工时较少采用。

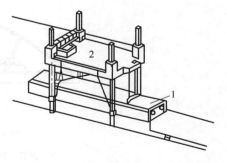

图 6-14　骑吊法沉放

1—沉管　2—自升式平台

　　4）拉沉法。拉沉法是利用预先设置在沟槽底面上的水下桩墩作为地垄，依靠安设在管段上面钢桁架上的卷扬机，通过扣在地垄上的钢索，将管段缓慢地拉下水，沉设于桩墩上，而后进行水下连接。该法设置水下桩墩费用较高，所以很少采用，只在荷兰埃河隧道和法国马赛隧道中使用过，如图 6-15 所示。

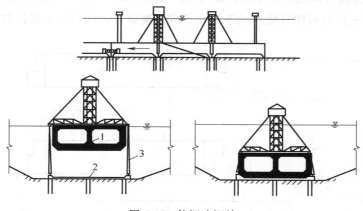

图 6-15　拉沉法沉放

1—沉管　2—桩墩　3—拉索

（3）管段沉放作业

管段沉放作业全过程可以分为三个阶段。

1）放前准备。沉放前必须完成航道疏浚清淤，设置临时支座，以保证管段顺利沉放到规定位置。

2）管段就位。在高潮平潮之前，将管段浮运到距规定沉设位置 10~20m 处，并挂好地锚，校正好方向，使管段中线与隧道轴线基本重合，误差不应大于 10cm。定位作业主要由锚碇系统完成，常用的锚碇方式有八字形和双三角形，如图 6-16 所示。定位完毕后即可开始灌水压载，至消除管段的全部浮力为止。

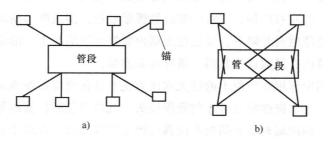

图 6-16　锚碇方式示意图

a）八字形锚碇　b）双三角形锚碇

3）管段下沉。沉放作业的步骤一般可分初次下沉、靠拢下沉和着地下沉三个步骤（图 6-17）。

初次下沉：压载至下沉力达 50% 规定值后校正位置，之后再继续压载至下沉力达 100% 规定值，然后按不大于 30cm/min 的速度下沉，直到管段底部离设计高程 4~5m 为止。

靠拢下沉：将管段向前节已设管段方向平移至距前节管段 2~2.5m 处，再将管段下沉到管段底部离设计高程 0.5~1.0m，再次校正管段位置。

着地下沉：先将管段底降至距设计高程 10~20cm 处，再将管段继续前移至距已设管段 20~50cm 处，校正位置后即开始着地下沉，下沉速度缓慢，随时校正管段位置。

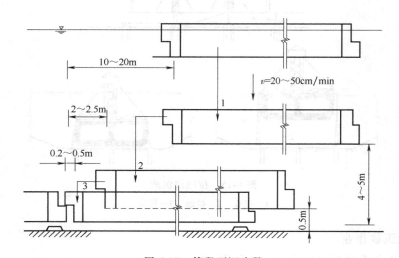

图 6-17 管段下沉步骤

1—初次下沉 2—靠拢下沉 3—着地下沉

5. 管段水下连接

管段沉放就位后，还要与已连接好的管段连成一个整体。该项工作在水下进行，故又称水下连接。管段水下连接主要有两种方法：一种是水下混凝土连接法，另一种就是现在常用的方法——水力压接法。

水下混凝土连接法是先在接头两侧管段端部安设平堰板（与管段同时制作），管段沉放后在前后两块平堰板的左右两侧，于水中安放圆弧形堰板，围成圆形钢围堰。同时在隧道衬砌的外边用钢檐板把隧道内外隔开，最后往围堰内灌筑水下混凝土，形成管段连接。沉管隧道早期施工均使用该法，目前该法只用于最终接头连接。

水力压接法是利用作用在管段上的巨大水压力使安装在管段前端面周边上的一圈胶垫产生压缩变形，形成一个水密性相当可靠的管段接头。沉放对位后拉紧相邻管段，接头胶垫第一次压缩初步止水，抽出端封墙之间的水使其内产生空气压力，作用于后端封墙的巨大压力二次压缩胶垫，使两管段紧密连接。进行连接的主要工序是：对位—拉合—压接。压接结束后，即可从已设管段内拆除刚对接的两道端封墙，沉放对接作业即告结束。水力压接法示意图如图 6-18 所示。

6. 基础处理与回填

尽管沉管隧道基础所受荷载通常比较小，但在挖槽的过程中总会在槽底留有不规则的空隙，造成地基土因受力不均匀而产生不均匀沉降，这样会造成沉管自身结构因受到局部应力而开裂，还会导致接缝处发生渗漏，密封性降低，后果严重，所以基础需要做填平处理。

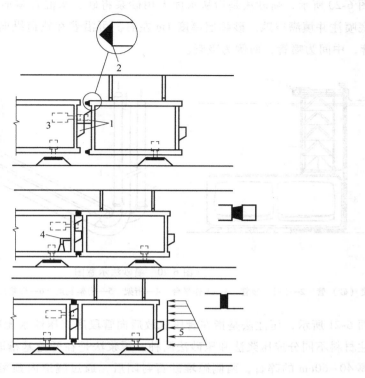

图 6-18　水力压接法示意图

1—鼻托　2—胶垫　3—拉合千斤顶　4—排水管　5—水压力

沉管隧道基础处理的方法很多，主要分为先铺法和后填法两大类。在管段沉放前进行的处理方法称为先铺法，又称刮铺法，包括刮砂法和刮石法。后填法是先将管段沉放在沟槽底的临时支座上，随后再补填垫实，它包括喷砂法、压注法等。

如图 6-19 所示，先铺法是指在管段沉放前采用专用刮铺船上的刮板在基槽底刮平铺垫料（粗砂、碎石或砂砾石）作为管段基础。采用先铺法开挖基槽底应超挖 60~80cm，在槽底两侧打数排短桩安设导轨，以便在刮铺时控制高程和坡度。

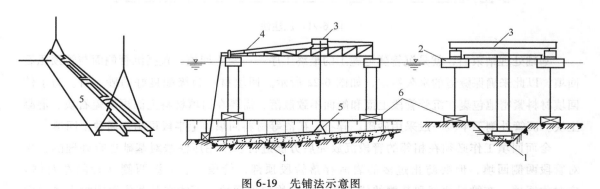

图 6-19　先铺法示意图

1—粗砂、碎石或砂砾石垫层　2—驳船组　3—车架　4—桁架及轨道　5—钢犁　6—锚块如图 6-20 所示，喷砂法是指从水面上用砂泵将砂、水混合料通过伸入管段底下的喷管向管段底喷注并填满空隙。砂垫层厚度 1m 左右。可沿着在轨道纵向移动的台架外侧挂三根 L 形钢管，中间为喷管，两侧为吸管。

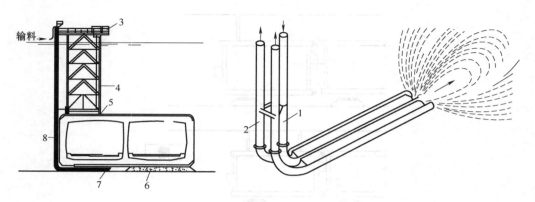

图 6-20　喷砂法示意图

1—喷（砂）管　2—（回）吸管　3—工作平台　4—桁架　5—桁架轨道　6—砂垫层　7—基槽底　8—输料管

如图 6-21 所示，压注法是指在管段沉放后向管段底面压注水泥砂浆或砂作为管段基础。根据压注材料不同分成压浆法和压砂法两种。压浆法是在开挖基槽时超挖 1m 左右，然后摊铺一层厚 40~60cm 的碎石，两侧抛堆砂石封闭后，通过隧道内预留压浆孔注入由水泥、膨润土、黄砂和缓凝剂配成的混合砂浆。压砂法与压浆法相似，但注浆材料为砂水混合物。

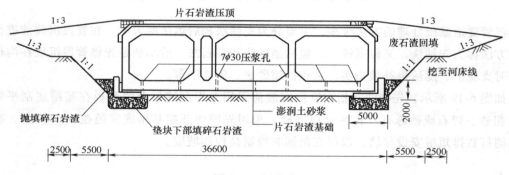

图 6-21　压注法

基础处理结束后，就是沉管隧道施工的最终工序——覆土回填，包括沉管侧面与管顶压石回填，以此来确保隧道的永久稳定，如图 6-22 所示。回填材料为级配良好的砂、石。为了使回填材料紧密地包裹在沉管管段上面和侧面不致散落，需要在回填材料上面再覆盖石块、混凝土块。沉管外侧下半段一般采用砂砾、碎石、矿渣等材料回填，上半段可用普通砂土回填。

全面回填工作必须在相邻的管段沉放完后方能进行。采用压注法对基础进行处理的，先对管段两侧回填，但要防止过多的岩渣存落管段顶部，管段上、下游两侧（管段左右侧）应对称回填，在管段顶部和基槽的施工范围内应均匀地回填，不能在某些位置因投入过量而造成航道障碍，也不得在某些地段因投入不足而形成漏洞。

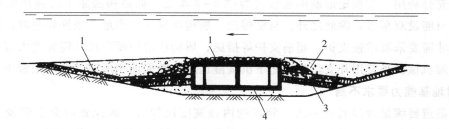

图 6-22 回填示意图

1—岩石 2—沉积与砂回填 3—砾石 4—砂回填

6.4 沉管施工技术的优缺点

6.4.1 沉管施工技术的优点

与其他水下隧道施工方法相比，采用沉管法施工具有以下优点。

1. 容易保证隧道施工质量

因为沉管管段采用预制法施工，因此混凝土施工质量有保证，易于做好防水措施。另外通常情况下每节管段的长度都在 100~200m，接缝很少，大大降低了漏水概率，而且采用水力压接法处理管段接头可以实现接缝不漏水。

2. 工程造价较低

水下挖土单价比水底挖土单价低，管段的整体制作和浮运费用比制造、运送大量的管片低得多，同时因为接缝少而使隧道每米单价降低。另外沉管隧道顶部覆盖层厚度可以很小，有时候只有几十厘米，甚至在某些条件下可以不需要覆盖层。而盾构法所需埋深通常大于施工隧道的直径，钻爆法的埋深要求更大。

3. 可平行作业

沉管隧道工程施工时，预制管段（包括修筑临时干坞）等大量工作均无须现场进行，因此可采取平行作业的方式，合理安排施工人员在时间和空间上相互协调作业，进而大大缩短工期。

4. 操作条件好、施工安全

除极少量水下作业外，沉管隧道工程施工时，基本上没有地下作业，更不需要气压作业，因此施工操作条件优于盾构法和钻爆法。

5. 适用水深范围较大

因大多作业在水上操作，水下作业极少，沉管隧道施工几乎不受水深限制，如果采用潜水作业适用深度范围可达 70m。

6. 断面形状、大小可自由选择

目前沉管隧道大多采用钢筋混凝土管段，可以根据工程需要设计成不同的断面尺寸，断面空间可充分利用，大型矩形断面管段可容纳 4~8 车道，而盾构法施工的圆形断面利用率不高，且只能设双车道。除此之外，与钻爆法、盾构法相比，当地质条件较差时，钻爆法增加断面尺寸需要采取增强支护、超前支护等措施；盾构法增加断面尺寸需要更大直径的盾构设备，增加机械设备费用开支。相比之下沉管隧道增加断面面积所需的费用则较少。

7. 对地基能力要求不高

沉管隧道要满足管段起浮要求，管段的内径宽度比较大，因此管段会受到较大的水浮力，不需要很大的地基承载力。而钻爆法或者盾构法修建水下隧道，都需要较大的地基承载力，要求具有较好的地质条件。

6.4.2 沉管施工技术的缺点

与其他水下隧道施工方法相比，沉管施工具有以下缺点：

1. 施工占用的场地较大

沉管隧道施工需要在隧址附近寻找合适的区域建造干坞来预制管段。沉管隧道通常难以找到合适区域预制管段。采用轴线干坞预制管段虽能节省场地，但会拖延两岸主体结构施工，影响工期。比如广州某沉管隧道工程施工时，因周围没有合适的区域建造干坞，最终多方对比采用移动干坞，在驳船上预制管段。

2. 容易受到自然环境影响

我国的沉管隧道多分布在广州、上海、江苏等地，主要是因为这些地区海势变化较小，水流速度较缓慢，水深较浅，满足管段浮运、沉放对水流的要求。除此之外，管段施工期间还需要考虑风速、潮汐、台风等自然环境影响。

3. 影响河道航运

基槽开挖多采用水下爆破与挖斗船相互配合的方式，采用水下爆破开挖基槽，施工期间需要封运隧址上下游，除此之外封运时间也有限制，再加上水下爆破可能出现意想不到的事故，很可能延误工期。管段浮运、沉放期间也需要封运航道，短则两三天，长则一周不等。

4. 影响环境

管段水下爆破需要在可监控的范围内作业，但水下爆破有时难以达到要求。如果隧道周围建筑物众多，就需要注意水下爆破可能会影响建筑物安全。同时水下爆破也会影响隧址处生态环境。

6.5 港珠澳大桥工程概况及关键技术

6.5.1 港珠澳大桥工程概况

港珠澳大桥是"一国两制"框架下、粤港澳三地首次合作共建的超大型跨海通道，设计使用寿命 120 年，总投资约 1200 亿元人民币。大桥于 2003 年 8 月启动前期工作，2009 年 12 月开工建设，筹备和建设前后历时达 15 年，于 2018 年 10 月开通营运。

港珠澳大桥工程包括三项内容：一是海中桥隧主体工程；二是香港、珠海和澳门三地口岸；三是香港、珠海、澳门三地连接线。根据达成的共识，海中桥隧主体工程（粤港分界线至珠海和澳门口岸段）由粤港澳三地共同建设；三地口岸和连接线由三地各自建设。

工程路线起自香港国际机场附近的香港口岸人工岛，向西接珠海/澳门口岸人工岛、珠海连接线，止于珠海洪湾，总长约 55km（其中珠澳口岸到香港口岸约 41.6km）。粤港澳三地共同建设的主体工程长约 29.6km，由港珠澳大桥管理局负责建设和运营管理。主体工程采用桥岛隧结合方案，穿越伶仃西航道和铜鼓航道段约 6.7km 采用隧道方案，其余路段约 22.9km 采用桥梁方案。为实现桥隧转换和设置通风井，主体工程隧道两端各设置一个海中人工岛，东人工岛东边缘距粤港分界线约 150m，西人工岛东边缘距伶仃西航道约 1800m，两人工岛最近边缘间距约 5250m。

珠澳口岸人工岛总面积 2.0887km²，分为三个区域，分别为珠海公路口岸管理区（1.0733km²）、澳门口岸管理区（0.7161km²）、大桥管理区（0.2993km²），口岸由各自独立管辖。13.4km 的珠海连接线衔接珠海公路口岸与西部沿海高速公路月环至南屏支线延长线，将大桥纳入国家高速公路网络；澳门连接线从澳门口岸以桥梁方式接入澳门填海新区。

港珠澳大桥总平面图如图 6-23 所示。

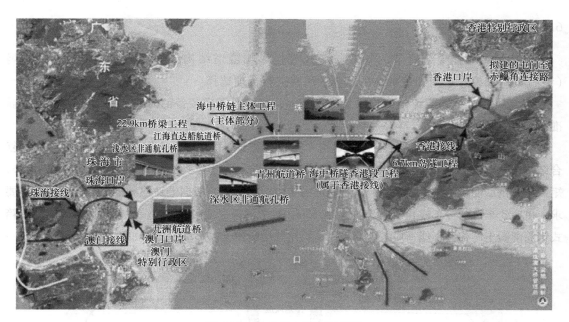

图 6-23　港珠澳大桥总平面图

港珠澳大桥海底隧道全长 5.6km，是目前世界最长的公路沉管隧道和唯一的深埋沉管隧道，也是我国第一条外海沉管隧道。海底部分由 33 节巨型沉管和 1 个合龙段最终接头组成，最大安装水深超过 40m。不仅是目前世界唯一深埋大回淤节段式沉管工程，还是目前世界上综合难度最大的沉管隧道之一。

岛隧工程建设的主要难点如下：

1）开敞海域、深厚软土地基、复杂施工条件下的快速成岛。根据总工期要求人工岛需1年内快速成岛，且2年内完成软土地基处理及暗埋段施工，为首节管节对接提供条件。工程海域地处白海豚核心保护区，施工的环保要求高。工程海域是国内乃至世界范围内航运最密集的水域，施工的安全保障难度大。

2）沉管管节预制工程量巨大，工期紧迫，预制质量要求高。每个节段混凝土量约3415m³，钢筋约重900t，8个管段组成一个标准管节混凝土约2.7万m³，重7万多t；共33节，约85万m³混凝土，数量巨大、工期紧；预制精度、质量要求高（120年设计使用寿命、结构自防水）；重达7万多t巨形混凝土管节的安全下水。

3）超长深埋、厚软土地基下的沉管基础刚度协调及不均匀沉降控制。沉管隧道长约5.7km，下卧有软土地基，沿线地层、土性纵向和横向差异大；隧道深埋，面临巨大的、长期的、缓慢加载且不利于控制的回淤荷载；世界范围内首次利用两个人工岛进行桥隧转换，岛隧结合处的隧道荷载存在台阶式的跳跃变化。

4）接头抗剪安全度偏低。当大荷载条件与不利的地基不均匀耦合作用时，可能造成接头抗剪结构破坏，进而引起接头防水条件恶化，甚至漏水，将直接影响到隧道使用、结构耐久性等。

6.5.2 管节

超长距离沉管隧道管节的长度与形式直接影响隧道结构纵向受力、施工工艺、干坞（预制厂）规模、工期和造价，需综合各因素进行合理选择。

港珠澳大桥沉管隧道的沉管段长约5.7km，在综合考虑装备能力和工期的影响下确定标准管节长180m。

沉管管节的结构形式主要有钢壳结构和钢筋混凝土结构两种，也有钢壳与钢筋混凝土的复合结构形式。凭借混凝土结构防水及控裂技术的进步、柔性接头的出现和横断面利用的优势，矩形箱式钢筋混凝土结构成为当今沉管隧道的主流结构形式。根据港珠澳大桥建设标准及规模要求，单向3车道的行车隧孔单孔跨度达14.55m，加上隧道深埋回淤上覆荷载偏大，一般的矩形箱式钢筋混凝土结构已不能适应，因此采用了折拱式横断面予以解决，具体如图6-24所示。

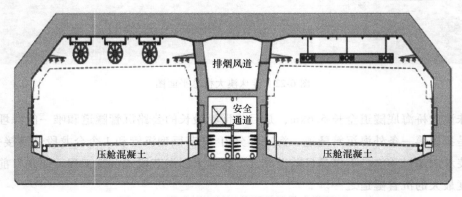

图6-24 港珠澳大桥沉管隧道折拱式横断面

整体式管节采用管节接头把各管节通过沉放安装连接为沉管段，每管节纵向分为若干施工段，各施工段通过纵向钢筋连接在一起，各施工段之间为施工缝连接，加上采取的外包防水措施，因此管节本身具有良好的水密性。管节接头通过水力压接的 GINA 橡胶止水带作为第 1 道密封，OMEGA 橡胶止水带作为第 2 道密封，加上设置接头受力结构件，管节接头具有良好的水密性。节段式管节本身纵向也分为若干节段，节段之间纵向钢筋断开，各节段通过临时预应力拉索连接在一起（在隧道完工后临时预应力拉索被剪断），节段接头增多，这种结构形式改善了管节受力条件，但变形缝（节段接头）增多，这便将结构的受力矛盾转变为水密性矛盾。随着隧道总长度的增加，为满足工期的要求，管节长度也需要相应增加，而整体式管节的长度基本发展到了极限，难以满足工期要求，同时又由于混凝土温度应力和收缩徐变等因素的影响，长管节需要以节段式取代整体式。港珠澳大桥海中沉管隧道的标准管节采用 $\phi 8 \times 22.5 \mathrm{m}$ 方案，岛隧设计施工总承包商为提高长管节节段接头的水密性，提出将浮运沉放过程中的纵向临时预应力保留为纵向永久预应力的方案。

6.5.3 隧道纵向分析

整体式管节和节段式管节分别被称为刚性管节和柔性管节。节段式管节在沉放完成后，纵向临时预应力消失，在计算分析时一般不考虑其纵向刚度，其以节段接头的变形适应地基的不均匀沉降，从而减小结构内力。港珠澳大桥岛隧设计施工总承包商提出的保留纵向预应力的目的，是利用节段接头接触面摩擦力提高节段接头抗剪能力，通过增加节段接头抗弯刚度以减小可能的张开量，在增强结构的同时又提高了水密性。

实际上，传统的节段式管节在纵向轴力作用下也会存在一定刚度，因为水力压接使管节接头起水密性作用的 GINA 止水带保持必要的压缩量，其反作用于管节形成了纵向轴力。这个刚度与纵向轴力大小密切相关，保留纵向预应力，通过向管节"输入"一定的轴力，可进一步量化调节节段接头的刚度，这与盾构隧道横向接头抗弯刚度力学原理相同。国外在节段式沉管隧道计算中一般偏于保守，视节段接头为可自由转动的铰，不考虑其抗弯刚度，虽然在理论分析上没有进一步研究，但在实际工程中保留纵向预应力的可靠性是值得探讨的。节段接头的力学分析示意图如图 6-25 所示。

判断预应力是否需要保留且进一步量化，应进行隧道结构的纵向受力分析，根据计算结果分析结构刚度增加所带来的管节与接头（包括管节接头与节段接头）的内力（弯矩与剪力等）和抗力（截面压力与摩擦力等）变化情况，以及接头（包括管节接头与节段接头）变形和止水带水密性安全系数的变化情况。对于节段接头，若抗力增加快于内力增加，保留或增加预应力是有利的，但还需要考虑管节接头的内力、张开量和 GINA 止水带水密性的变化情况，从整体上进行协调平衡，不能只着眼于对局部是否有利。因此，保留纵向永久预应力的节段式管节的最大意义是可以通过预应力调节管节的刚度，以量化的刚度和变形指标解决地基沉降、管节受力和水密性之间的矛盾。需要注意的是，这也带来了纵向永久预应力应用于水下隧道所需要面对的密封性和耐久性问题。

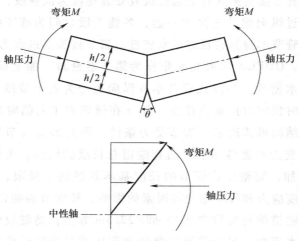

图 6-25　节段接头的力学分析示意图

可见，大型沉管隧道的管节形式，从水密性良好但存在受力矛盾的整体式管节，发展到将受力矛盾转化为水密性矛盾的节段式管节，未来可能会向寻求平衡受力与水密性矛盾的保留合适预应力管节的方向发展。

6.5.4　管节工厂化生产

在传统干坞中预制管节，从钢筋绑扎、模板架立、混凝土浇筑到拆模养护等工作，都是围绕着管节实体在固定的、非常有限的空间内进行，工序和台班易受扰动，模板经常拆卸移动而使得预制质量与工作效率不高。港珠澳大桥沉管隧道由于距离长、工期紧，需要预制的管节长、体积大、数量多，混凝土的控裂质量也直接影响着结构耐久性和防水性，若使用传统干坞，则还需要临时系泊存放而占用较大的海域面积，造价高而效率低，因此，管节预制应寻求更高效的生产方式和工艺。厄勒松海峡沉管隧道工程首次成功实施了管节工厂化生产，其本质是实现流水化生产模式，即在流水线上的不同位置依次完成钢筋绑扎、模板架立、混凝土浇筑、拆模养护、浅坞一次舾装和深坞二次舾装等工作，通过将生产对象（管节钢筋笼或成型混凝土）顶推平移至下一道工序位置进行后续作业。这种生产方法适用于节段式管节的预制生产，模板只需要按一节段长度进行制造，逐段生产、顶推，再连接成管节，其模板在生产线的位置固定，可大大节约模板数量且便于维护，而且生产线的大部分工作在室内环境下进行，可全天候作业，各道生产工序可同时进行，相互干扰少，显著提高了管节生产的效率和质量。

港珠澳大桥沉管隧道工程是世界范围内第二个成功实现管节工厂化生产的建设项目，在消化吸收厄勒松海峡沉管隧道工厂化生产技术的基础上，不但成功实现了工厂化生产的五大关键系统：管节混凝土模板系统、混凝土搅拌及供应系统、混凝土温控及养护系统、管节顶推与导向系统和管节支承系统，还做了四项重要技术创新：①将顶推系统从管节截面顶推改进为底部支座顶推；②因地制宜，将深坞与浅坞平行布置，将深坞的管节存储量从 2 节增加到 4 节，并将系泊区与深坞舾装区合并；③进一步实现了流水化的底、侧、顶钢筋加工及拼装生产线，采用了摩擦焊接和数控钢筋加工技术，大大提高了钢筋笼精度和施工自动化水平；④采用了大型自动化液压混凝土模板及其两侧的大型混凝土结构反力墙，大大提高了管节制作精度和工效。港珠澳大桥沉管隧道管节预制厂在 2 条流水线同时作业的情况下，每 2 个月生产 2 个管节，每个标准管节混凝土用量约 2.7 万 m³，质量超过 7 万 t，采用全断面一次浇筑，温度裂缝控制效果良好。沉管隧道管节预制厂平面布置如图 6-26 所示。

图 6-26 港珠澳大桥沉管隧道管节预制厂平面布置

6.5.5 地基与基础

1. 地基设计

传统的沉管隧道一般基槽开挖量不大，上覆荷载很小或没有，怕浮不怕压，对地基要求不高。港珠澳大桥沉管隧道由于上覆回淤荷载大，下卧软基厚，因此对地基要求高，沉降问题甚至是工程建设成败的关键。地基主要有复合地基和桩基础两大类，早期使用刚性接头的沉管隧道多使用偏刚性的桩基础，水力压接的柔性接头出现后，较多地采用了复合地基。港珠澳大桥沉管隧道穿越了淤泥、淤泥质黏土和淤泥质黏土混合砂，在岛头段采用了 PHC 刚性桩复合地基代替了传统的支承桩地基形式，在海中人工岛护岸地基加固成功研发了水下高置换率挤密砂桩后，将沉管隧道的过渡段由减沉桩（定位桩）更改为挤密砂桩复合地基，总体上以复合地基的设计理念实现隧道与地基刚柔协调和沉降过渡，将沉降差控制在隧道结构可承受的范围内。港珠澳大桥沉管隧道地基设计方案如图 6-27 所示。

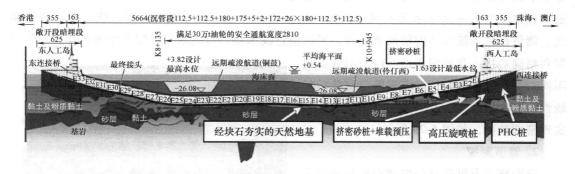

图 6-27 港珠澳大桥沉管隧道地基设计方案（单位：m）

2. 基础垫层处理

基础垫层的处理一般分为先铺法和后填法两大类。先铺法有刮砂法和刮石法；后填法有砂流法、灌囊法和压浆法等。后填法的主要优点在于高程便于调节，施工设备占用航道时间短和潜水工作量少，但在地震时容易发生砂土液化而使基础失去承载力。由于水深大、水流复杂、管节体量大，若采用后填法处理基础垫层，则需要对管节两端进行临时支撑，而节段式管节在简支状态下受力较为不利，因此海中沉管隧道一般优先考虑采用先铺法处理基础垫层。

港珠澳大桥沉管隧道工程研制开发了按拟定纵坡均匀下料铺设的高精度碎石整平船，如图 6-28 所示，代替了传统的刮铺法处理工艺，实现了整平船的准确定位、平台升降锁紧控制、下料管升降及整平台车纵向和横向移动的控制、抛石管整平刮刀的高程调节、基床整平的同步质量检测等自动化控制，克服了在深水施工中的两大技术难题：①利用细长的下料管在不稳定的水流中来回移动下料形成平整的"Z"形碎石垄；②船位移动后前后船位之间施作的垫层连接平顺。

图 6-28 碎石整平船

碎石整平船在已完成的 E1 ~ E14 管节基础铺设过程中，实现了在 8 个有效工作日内以 7 个船位完成一个标准沉管管节的碎石基床铺设，碎石基床精度可达±30mm。

6.5.6 管节安装与测控

1. 管节安装

目前沉管隧道管节的安装普遍采用水力压接法，随着水深的增加，潜水员水下探摸作业越来越困难，管节沉放安装需要以先进的施工设施和装备代替传统的潜水员作业。韩国釜山—巨济沉管隧道工程采用了一对遥控水下调节架（EPS）进行管节对接施工，并采用了一艘微型水下交通潜艇用于水下施工质量检查，避免了潜水员水下作业的风险。港珠澳大桥沉管隧道工程也开发了一套深水无人沉放系统，包括锚泊定位系统、压载控制系统、自动拉合系统、测量控制系统和体内精调系统等，通过信息技术和遥控技术实现管节姿态调整、轴线控制和精确对接。与韩国釜山—巨济沉管隧道不同，该系统采用内调法实现管节对接后的线性调整，即在 GINA 内侧安置若干千斤顶实现精调功能，如图 6-29 所示。

2. 管节测控

长距离水下沉管隧道的测控需解决以下三个主要问题：

图 6-29 内调法管内精调系统

（1）沉管段最终接头的贯通精度

一般主要由洞外引入的精密导线控制。

（2）各沉管管节的平面和高程位置精度

近岸可视的情况下可以全站仪和测量塔为主，长距离不可视的情况下需采用 GPS（全球定位系统）+RTK（载波相位差分技术）定位。

（3）相邻管节的对接精度

由于港珠澳大桥沉管隧道距离超长，测量可视条件较差，而且受阻水率等条件限制造成桥隧转换人工岛较小，如何建立精密导线确保最终贯通精度，以及如何将 GPS 平面坐标测控与管节沉放安装相对位置测控系统集成为具有较高精度的综合测控系统，克服水文与气象的干扰，是建设者们面临的挑战。港珠澳大桥沉管隧道把管节平面位置控制测量与管节沉放对接相对位置精度控制测量集成为 GPS+RTK+差分声呐控制系统，实现了厘米级的控制精度，具体如图 6-30 所示。

图 6-30   GPS+RTK+差分声呐
控制系统进行对接测量

第7章
桩基础施工技术

7.1 | 概述

7.1.1 桩基础发展现状

桩基础是由若干个沉入土中的单桩在其顶部用承台连接起来的一种深基础，如图 7-1 所示。

桩基础的历史悠久、应用广泛。随着工业技术和工程建设的发展，桩的类型和成桩工艺、桩的设计理论和设计方法、桩的承载力和桩体结构的检测技术等方面均有迅速的发展，以使桩与桩基础的应用更为广泛，具有很强的生命力。近年来随着各项工程对桩的技术要求日新月异，所遇地质、环境条件更趋复杂，桩的类型也有了新的发展。桩基础由基桩和连接于桩顶的承台共同组装成。桩基础可以穿过软弱土层，让上部建筑结构的荷载传递到深处承载力较大的土层上，或者挤入软土层，在提高土壤密实度的同时，与土共同作用，构成复合地基，增强地基的承载力。桩基础具有承载力高，抗拔力、抗水平力强，抗震作用良好，施工的机械化程度高，技术经济效果好的特点，广泛应用于高层建筑、桥梁、高铁等工程。

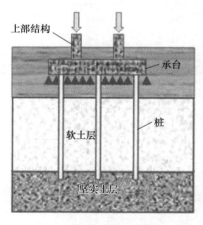

图 7-1 桩基础示意图

7.1.2 桩基础的适用范围

在条件允许的情况下，建筑物应该充分利用地基土层的承载力，采用浅基础。但当天然浅土层较弱，无法满足建筑物对地基变形和强度方面的要求时，可以利用下部坚实土层或岩层作为持力层，建造深基础。深基础主要有桩基础、沉井和地下连续墙等几种类型，其中以桩基础最为常用。桩基础主要适用于以下情况：

1）上部土层软弱不能满足承载力和变形要求，而下部存在较好的土层时，用桩穿越软弱土层，将荷载传递给深部硬土层。

2）一定深度范围内不存在较理想的持力层，用桩使荷载沿着桩体依靠桩侧摩阻力渐渐传递。

3）基础需要承受向上的力，用桩依靠桩体周围的负摩阻力来抵抗向上的力，即抗拔桩。

4）基础需要承受水平方向的分力时，可用抗弯的竖桩来承担。

5）地基软硬不均或荷载分布不均，天然地基不能满足结构物对不均匀变形的要求时，可采用桩基础。

6）浅土层存在较好土层，但考虑其他因素，仍采用桩基础，如港口、水利、桥梁工程中结构物基础周围的地基土宜受侵蚀或冲刷的，应采用桩基础，再如精密仪器和动力机械设备等对基础有特殊要求的，常用桩基础。考虑建筑物受相邻建筑物、地面堆载以及施工开挖、打桩等影响，当采用浅基础将会产生过量倾斜或沉降时用桩基础。

7）当建筑物下存在不稳定土层，如液化土、湿陷性黄土、季节性冻土、膨胀土等时，采用桩基础将荷载传递至深部密实稳定土层。

不属于上述情况时，可根据工程实际情况，依据"经济合理、技术可靠"的原则，通过分析对比后确定是否采用桩基础。

7.1.3 桩基础的分类

桩基础按桩身所用材料不同分为木桩、钢筋混凝土桩、钢桩等。木桩采用挺拔的松木或杉木，地下水位高时需经防腐处理，现在已基本不用；钢筋混凝土桩有预应力钢筋混凝土桩、预制钢筋混凝土桩、灌注桩、挖孔桩等，这种桩强度高、耐腐蚀、制作方便，应用广泛；钢桩由钢板和型钢制成，常见的有各种规格型号的钢管桩、工字型钢桩和 H 型钢桩等，这种桩强度高、搬运堆放方便、不易损坏、容易截接，沉桩时贯穿能力强且挤土影响小，但价格昂贵，耐腐蚀性较差，应用上有局限性。

桩基础按受力性质不同可分为端承桩、摩擦桩、摩擦端承桩、端承摩擦桩四类。端承桩是指在竖向极限荷载作用下，桩顶荷载由桩端阻力承受，其质量控制以控制贯入度为主，控制入土标高为辅；摩擦桩是指在竖向极限荷载作用下，桩顶荷载由桩侧阻力承受，其质量控制以控制入土标高为主，控制贯入度为辅；摩擦端承桩是指在极限承载力状态下，桩顶荷载主要由桩端阻力承受；端承摩擦桩是指在极限承载力状态下，桩顶荷载主要由桩侧阻力承受。

桩基础按施工方法不同可分为预制桩和灌注桩。预制桩是指在工厂或施工现场制成的各种形式的桩，然后用锤击、静压、振动或水冲沉入等方法沉桩入土；灌注桩是指在施工现场规定的桩位处成孔，然后向孔内放置钢筋笼、灌注混凝土成桩。

桩的直径 $d \leqslant 250\text{mm}$ 的称为小直径桩；$250\text{mm} < d < 800\text{mm}$ 的桩称为中等直径桩；$d \geqslant 800\text{mm}$ 的桩称为大直径桩。

7.2 预制桩

预制桩是运用比较多的一种桩型，具有制作方便、质量可靠、承载力高、施工速度快的特点，但桩在施工时，对土的挤密压紧作用较严重，对周围环境影响较大。预制桩一般有钢筋混凝土预制桩与钢桩两种。

钢筋混凝土预制桩有实心桩和管桩（图 7-2）两种。实心桩截面大多为正方形，即方桩（图 7-3），断面尺寸一般为 200mm×200mm～600mm×600mm。单根桩的最大长度或多节桩的单节长度，应根据桩架高度、制作场地、道路运输和装卸能力而定，一般桩长不得大于桩断面的边长或外直径的 50 倍，通常在 27m 以内。如需要打设 30m 以上的桩，则应将桩分段预制，在打桩过程中逐段接长。管桩为空心桩，一般在预制厂用离心法生产，桩径有 300mm、400mm、500mm 等，每节长度 2～12m。

图 7-2 管桩

图 7-3 方桩

7.2.1 预制桩的制作

1. 钢筋混凝土预制桩的制作

预制桩可在工厂或施工现场预制。较短的桩（10m 以下）多在预制厂预制。较长的桩一般在打桩现场附近设置露天预制场进行预制。现场预制多采用工具式木模或钢模板，支撑在坚实平整的地坪上，模板应平整牢靠，尺寸准确。叠浇预制桩的层数不宜超过 4 层，上下层之间、邻桩之间、桩与底模和模板之间应用塑料薄膜、油毡、水泥袋纸或废机油、滑石粉等隔离剂隔开。上层桩或邻桩的灌注应在下层桩或邻桩混凝土达到设计强度的 30% 后方可进行。混凝土宜采用机械搅拌、机械振捣，由桩顶向桩尖连续浇筑捣实，一次完成，严禁中断。预制桩的混凝土强度不应小于 C30，混凝土的粗骨料应用粒径为 5～40mm 碎石或碎卵石。养护时间不得少于 7d。桩的钢筋骨架应保证位置正确，纵向主筋长度不够时，应采用对焊连接。同一钢筋的两个接头距离应大于 30 倍的主筋直径，但不小于 500mm，主筋接头应相互错开。严格控制模板和钢筋的施工几何误差及混凝土配合比误差。

桩的表面应平整、密实，掉角的深度不应超过 10mm，且局部蜂窝和掉角的缺损总面积不得超过该桩表面全部面积的 0.5%，并不得过于集中。混凝土收缩产生的裂缝深度不得大于 20mm，宽度不得大于 0.25mm；横向裂缝长度不得超过边长的一半（圆桩或多角形桩不得超过直径或对角线的 1/2）。桩顶和桩尖处不得有蜂窝、麻面、裂缝和掉角。

2. 钢桩的制作

钢桩主要有钢管桩和 H 型钢桩两种，分别如图 7-4 和图 7-5 所示。钢管桩一般采用 Q235 钢桩进行制作，桩端常采用两种形式：带加强箍或不带加强箍的敞口形式以及平底或锥底的闭口形式。H 型钢常采用 Q235 或 Q345 钢制作，每节长度不宜超过 12~15m，桩端可采用带端板和不带端板的形式，不带端板的桩端可做成锥底的闭口形式。

图 7-4 钢管桩

图 7-5 H 型钢桩

钢桩都在工厂生产完成后运至工地使用。制作钢桩的材料必须符合设计要求，并具有出厂合格证明与试验报告。制作现场应有平整的场地与挡风防雨设施，以保证加工质量。钢桩在地面下仍会发生腐蚀，因此应做好防腐处理。钢桩防腐处理可采用外表面涂防腐层、增加腐蚀裕量及阴极保护。当钢管桩内壁与外界隔绝时，可不考虑内壁防腐。

7.2.2 预制桩的起吊、运输和堆放

1. 预制桩的起吊、运输

钢筋混凝土预制桩须在混凝土强度达到设计强度的 70% 后方可起吊，达到设计强度的 100% 后方可进行运输和打桩。桩起吊时，吊点位置应符合设计规定。若设计无规定且无吊环时，绑扎点的位置和数量根据桩长确定，并符合起吊弯矩最小的原则。对 18m 以上的桩至少 3 点起吊，18m 以下的桩可以用 1 点或 2 点起吊。吊点布置如图 7-6 所示。起吊时，必须平稳，吊点同时离地，并采取措施保护桩身，防止撞击和受振动。

打桩前，需将桩从制作处运至施工现场堆放或直接运至桩架前，应根据打桩顺序和速度随打随运，避免二次搬运。长距离运输可采用大平板车或轻便轨道平台车运输，短距离可直接用起重机吊运。运输时，应对桩采取保护措施，以防运输中晃动或滑动，使桩体受到损坏。

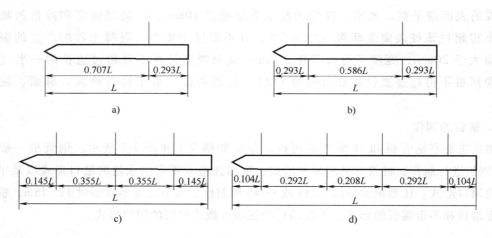

图 7-6　桩的吊点布置

a）1 个吊点　b）2 个吊点　c）3 个吊点　d）4 个吊点

2. 预制桩的堆放

桩的堆放场地必须平整、坚实、排水通畅。桩按规格、桩号分类分层叠置，对钢筋混凝土桩，堆放层数不宜超过 4 层；对钢管桩，直径在 900mm 左右的不宜超过 3 层，直径在 600mm 左右的不宜超过 4 层，直径在 400mm 左右的不宜超过 5 层。支承点应设在吊点处，上下垫木应在同一垂直线上，并支承平稳。对圆形的钢筋混凝土桩或钢管桩的两侧应用木楔塞紧，防止其滚动。

7.2.3　预制桩的沉桩

预制桩的沉桩方法有锤击法、静压法、振动法及水冲法等。其中以锤击法和静压法应用较多。

1. 锤击法沉桩

锤击法沉桩是利用桩锤下落产生的冲击能量将桩沉入土中，是预制桩最常用的沉桩方法，该方法施工速度快、机械化程度高、适用范围广，但施工时有振动、挤土和噪声污染现象，不宜在市区和夜间施工。

（1）打桩机具设备

打桩所用的机具设备主要包括桩锤、桩架及动力装置三部分。

1）桩锤。桩锤是对桩施加冲击力，将桩打入土层中的主要机具。桩锤有落锤、蒸汽锤、柴油锤和液压锤等。

① 落锤是靠电动卷扬机或人力将锤拉升到一定高度，然后自然落下，利用落锤自重夯击桩顶，将桩沉入土中。该种锤构造简单、使用方便、冲击力大，但打桩速度慢、效率低，适用于普通黏性土和含砾石较多的土层。

② 蒸汽锤是利用蒸汽的动力进行锤击，它需要配备一套锅炉设备在桩锤外提供蒸汽。根据其工作情况可分为单动式汽锤与双动式汽锤。单动式汽锤的冲击体只在上升时耗用动

力，下降依靠自重，其冲击力较大，可以打各种桩；双动式汽锤的冲击体升降均由蒸汽推动，其冲击频率较高，适宜打各种桩，也可以在水下打桩并用于拔桩。

③ 柴油锤分为导杆式和筒式两种，其工作原理是利用燃油爆炸产生的力推动活塞上下往复运动进行沉桩。首先利用机械能将活塞提升到一定高度，然后自由下落，使燃烧室内压力增大、产生高温而使燃油燃烧爆炸，爆炸产生的作用力将活塞上抛，反作用力将桩沉入土中。这样，活塞不断下落、上抛循环进行，可将桩打入土中。柴油锤工作效率高、设备轻便、移动灵活、打桩迅速，但施工噪声大，排出的废气会污染环境。

④ 液压锤是利用液压推动被密闭在锤壳体内的锤芯活塞柱，令其上升后下落，冲击桩头，并通过压缩气体对桩头施加压力，使其对桩的施压过程延长，往复工作下，起到夯击作用，将桩沉入土中。液压锤宜打各种类型的桩，打桩噪声小，无污染，适用于在城市环保要求高的地区作业，能源消耗小，但设备复杂，造价高。

2）桩架。桩架是支撑桩身和桩锤，将桩吊到打桩位置，并在打桩过程中引导桩的方向，保证桩沿着所要求方向冲击的打桩设备。桩架要求稳定性好、锤击准确、可调整垂直度、机动性与灵活性好。常用的桩架形式有滚筒式桩架、多功能桩架、履带式桩架，分别如图 7-7~ 图 7-9 所示。

图 7-7　滚筒式桩架

图 7-8　多功能桩架

图 7-9　履带式桩架

3）动力装置。打桩机械的动力装置及辅助设备主要根据选定的桩锤种类而定。落锤以电源为动力，配置电动卷扬机、变压器、电缆等动力装置。蒸汽锤以高压饱和蒸汽为驱动力，配置蒸汽锅炉、蒸汽绞盘等动力装置。液压锤以压缩空气为动力源，需配置空气压缩机、内燃机等动力装置。柴油锤以柴油为能源，桩锤本身有燃烧室，不需外部动力设备。

（2）打桩前工作

打桩前应做好下列工作：清除障碍物、平整施工场地、进行打桩试验、抄平放线、定桩位、确定打桩顺序等。

打桩施工前应认真清除现场妨碍施工的高处、地上和地下的障碍物。在建筑物基线以外4~6m 范围内的整个区域，或桩机进出场地及移动路线上，应做适当平整压实，并保证场地排水良好。施工前应做数量不少于 2 根桩的打桩工艺试验，用以了解桩的沉入时间、最终沉入度、持力层的强度、桩的承载力，以及施工过程中可能出现的各种问题和反常情况等，以便检验所选的打桩设备和施工工艺，确定是否符合设计要求。

打桩现场附近设置水准点，数量不少于 2 个，用以抄平场地和检查桩的入土深度。然后根据建筑物轴线控制桩，定出桩基轴线位置及每个桩的桩位，其轴线位置允许偏差为20mm。当桩较稀时可用龙门板定位，以防打桩时土体挤压使桩错位。

打桩顺序是否合理，直接影响打桩工程的速度和桩基质量。当桩的中心距小于 4 倍桩径时，打桩顺序尤为重要。由于打桩对土体的挤密作用，使先打的桩因受水平推挤而造成偏移和变位，或被垂直挤拔造成浮桩，而后打入的桩因土体挤密，难以达到设计标高或入土深度，造成土体隆起和挤压，截桩过大。所以，群桩施打时，为了保证打桩工程质量，防止周围建筑物受土体挤压的影响，打桩前应根据桩的密集程度、规格、长短和桩架移动方便来正确选择打桩顺序，如图 7-10 所示。

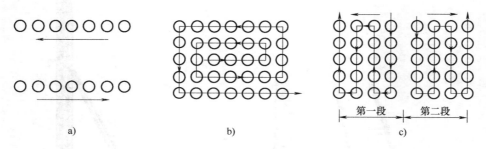

图 7-10　打桩顺序

a）逐排打设　b）自中部向四周打设　c）自中间向两侧打设

当桩较密集时（桩中心距小于或等于 4 倍桩边长或桩径），应由中间向两侧对称施打或由中间向四周施打。这样，打桩时土体由中间向两侧或者四周均匀挤压，易于保证施工质量。当桩数较多时，也可采用分区段施打。

当桩较稀疏时（桩中心距大于 4 倍桩边长或桩径），可采用上述两种打桩顺序，也可采用由一侧向单一方向施打的方式（逐排打设）或由两侧同时向中间施打。逐排打设，桩架单方向移动，打桩效率高。但打桩前进方向一侧不宜有防侧移、防振动的建筑物、构筑物、地下管线等，以防被土体挤压破坏。

施打时根据基础的设计标高和桩的规格、埋深、长度不同，宜采取先深后浅，先大后小，先长后短的施工顺序。当一侧毗邻建筑物时，由毗邻建筑物处向另一方向施打。当桩头高出地面时，桩机宜采用往后退打；当桩头低于地面时，可采用往前顶打。

（3）打桩经常遇到的问题及其解决办法

1）桩顶、桩身被打坏。与桩头钢筋设置不合理、桩顶与桩轴线不垂直、混凝土强度不足、桩尖通过过硬土层、锤的落距过大、桩锤过轻等有关。

2）桩位偏斜。当桩顶不平、桩尖偏心、接桩不正、土中有障碍物时都容易发生桩位偏斜，因此施工时应严格检查桩的质量并按施工规范的要求采取适当措施，保证施工质量。

3）难以送桩。施工时，桩锤严重回弹，贯入度突然变小，则可能与土层中夹有较厚砂层或其他硬土层有关，也有可能与钢渣、孤石等障碍物有关。当桩顶或桩身已被打坏，锤的冲击不能有效传给桩时，也会发生桩打不下的现象。有时因特殊原因，停歇一段时间后再打，会由于土的固结作用，桩也往往不能顺利地被打入土中。所以打桩施工中，必须在各方面做好准备，保证施打的连续进行。

4）邻桩上升。桩贯入土中，使土体受到急剧挤压和扰动，其靠近地面的部分将在地表隆起和水平移动。当桩较密，打桩顺序又欠合理时，土体被压缩到极限就会发生一桩打下，周围土体带动邻桩上升的现象。所以打桩施工中必须合理确定打桩顺序。

2. 静压法沉桩

静压法沉桩是利用静力压力将预制桩压入土中的一种沉桩工艺。相比于锤击法沉桩，它具有施工无噪声、无振动、节约材料、降低成本、施工质量高、沉桩速度快等特点。其工作原理是通过安置在压桩机上的卷扬机的牵引，由钢丝绳、滑轮及压梁，将整个桩机的自重力（800~1500kN），反压在桩顶上，以克服桩身下沉时与土的摩擦力，迫使预制桩下沉。

（1）压桩机械设备

静力压桩机有两种类型：一种是机械静力压桩机，另一种是液压静力压桩机。

1）机械静力压桩机是由卷扬机通过钢丝绳滑轮组将桩压入土中，它由底盘、桩架、动力装置等几部分组成。这种桩机是在桩顶部位施加压力，因此，桩架高度必须大于单节桩的长度。此外，由于沉桩阻力较大，卷扬机需通过多个滑轮组方可产生足够的压力将桩压入土中，所以跑头钢丝绳的行走长度很长，作业效率低。

2）液压静力压桩机主要由桩架、液压夹桩器、动力设备及吊桩起重机等组成。它可利用起重机起吊桩体，并通过液压夹桩器把桩的"腰"部夹紧并下压，当压桩力大于沉桩阻力时，桩便被压入土中。这种压桩机自动化程度高，结构紧凑，工作平稳，施压部分不在桩顶面，而在桩身侧面，是当前国内采用较广泛的一种设备，压力可达5000kN。

（2）压桩工艺方法

静力压桩的施工，一般采取分段压入，逐段接长的方法。施工工序为：测量定位→桩基就位→吊桩插桩→桩身对中调直→静压沉桩→接桩→再静压沉桩→终止沉桩→切割桩头。

用起重机将预制桩吊运或用汽车运至桩机附近，再利用桩机自身设置的起重机将桩吊入夹持器中，夹持油缸将桩从侧面夹紧，压桩油缸做伸程动作，把桩压入土中，夹持油缸回程松夹，压桩油缸回程。重复上述动作，可实现连续压桩操作，直至把桩压入预定深度土层中。

压桩施工时应根据土质配足额定的重量，防止阻力过大而桩机自重不足以平衡。压桩一般分节压入，逐段接长。当第一节桩压入土中，其上端距地面1m左右时，将第二节桩接上，继续压入。此时应尽量缩短停息时间。当初压时桩身发生较大位移、倾斜，压入过程中桩身突然下沉或倾斜，桩顶混凝土破坏或压桩阻力剧变时，应暂停压桩，及时研究处理。

3. 振动法沉桩

振动法沉桩是利用固定在桩顶部的振动器所产生的激振力，通过桩身使土颗粒受迫振动，改变排列组织，产生收缩和位移，使桩表面与土层间摩擦力减小，桩在自重和振动力共同作用下沉入土中。该法适用于长度不大的钢管桩、H型钢桩及钢筋混凝土预制桩，并常用于沉管灌注桩施工。这种方法适用于砂石、黄土、软土和亚黏土地质，在饱和砂土中的效果更为显著，但在砂砾层中采用时，需要配以水冲法。

振动法沉桩施工速度快、操作安全方便，但需要有足够电源和电气设备，施工时有油烟排放的污染，噪声大，在硬质土层中不宜贯入。

4. 水冲法沉桩

水冲法沉桩是在桩旁插入一根与之平行的射水管，利用高压水流冲刷桩尖下的土体，以减小桩表面与土体间的摩阻力和桩尖下端土的阻力，使桩在自重或锤击作用下，沉入土中。

水冲法沉桩的设备除桩架、桩锤外，还需要高压水泵和射水管。施工时，应使射水管的末端处于桩尖下0.3~0.4m处，射水管射出的压力为0.4MPa，当桩尖水冲沉落至距设计标高1~2m时，停止冲水，改用锤击或振动将桩沉到设计标高，以免冲松桩尖的土层，影响桩的承载力。

水冲法适用于砂土、砾石或其他较坚硬土层，特别适用于沉入较重的钢筋混凝土方桩。但在附近有旧房屋或结构物时，由于水流的冲刷会引起周边沉陷，故在采取有效措施前，不得采用此法。施工中常用水冲法与锤击或振动法联合使用。

7.3 | 灌注桩

灌注桩也称现浇桩，是直接在现场桩位上使用机械或人工等方法成孔，然后在孔内安装钢筋笼，浇筑混凝土而成的桩。不同成孔方法的采用是根据不同的土质和地下水条件、一定的技术经济因素决定的。按照其成孔方法的不同，可分为钻孔灌注桩、沉管灌注桩、人工挖孔灌注桩以及爆扩灌注桩等。

混凝土灌注桩可适应各种地层的变化，无须接桩，施工时无振动、无挤土、噪声小，宜在建筑物密集区使用，但其操作要求严格，施工后需要较长的养护期，成孔时有大量的土渣或泥浆排出。

7.3.1　灌注桩施工准备工作

1. 确定成孔施工顺序

钻孔灌注桩和机械扩孔对土没有挤密作用，一般可按钻机行走最方便路线等因素确定成孔施工顺序。沉管灌注桩和爆扩灌注桩对土有挤密、振动影响，可结合现场施工条件确定施工顺序：间隔 1 个或 2 个桩位成孔；在邻桩混凝土初凝前或终凝后成孔；5 根以上单桩组成的群桩基础，中间的桩先成孔，外围的桩后成孔；同一个桩基础的爆扩灌注桩，可采用单爆或联爆法成孔。

2. 成孔深度的控制

（1）摩擦型桩成孔深度的控制

摩擦桩以设计桩长控制成孔深度；端承摩擦桩必须保证设计桩长及桩端进入持力层深度；当采用锤击沉管法成孔时，桩管入土深度以标高控制为主，以贯入度控制为辅。

（2）端承型桩成孔深度的控制

当采用锤击法成孔时，沉管深度控制以贯入度为主，设计持力层标高控制为辅。

3. 钢筋笼的制作

制作钢筋笼时，要求主筋环向均匀布置，箍筋的直径及间距、主筋的保护层、加劲箍的间距等均应符合设计规定。箍筋和主筋之间一般采用点焊。分段制作的钢筋笼，其接头宜采用焊接并应依据《混凝土结构工程施工质量验收规范》（GB 50204—2015）的规定。

钢筋笼吊放入孔时，不得碰撞孔壁。灌注混凝土时应采取措施固定钢筋笼的位置，避免钢筋笼受混凝土上浮力的影响而上浮。也可待浇筑完混凝土后，将钢筋笼用带帽的平板振动器振入混凝土灌注桩内。

4. 混凝土的配制

配制混凝土所用的材料与性能要根据工程实际进行选用。灌注桩混凝土所用粗骨料可选用卵石或碎石，其最大粒径不得大于钢筋净距的 1/3，对于沉管灌注桩，不宜大于 50mm；对于素混凝土桩，不得大于桩径的 1/4，一般不宜大于 70mm。坍落度随成孔工艺不同而有各自的规定。混凝土强度等级不应低于 C15，水下浇筑的混凝土不应低于 C20。水下浇筑混凝土具有无振动、无排污的优点，且能在流砂、卵石、地下水、易塌孔等复杂地质条件下顺利成桩。扩散渗透的水泥浆大大提高了桩体质量，其承载力为一般灌注桩的 1.5~2 倍。

7.3.2　钻孔灌注桩

钻孔灌注桩是指利用钻孔机械钻出桩孔，并在孔中浇筑混凝土（或先在孔中吊放钢筋笼）而成的桩。根据钻孔机械的钻头是否在土壤的含水层中施工，又分为泥浆护壁成孔和干作业成孔两种施工方法。

1. 泥浆护壁成孔灌注桩

泥浆护壁成孔灌注桩适用于工业与民用建筑中地下水位高的软、硬土层泥浆护壁成孔灌注桩工程。泥浆护壁成孔是用泥浆保护孔壁，起到防止坍塌、排除土渣以及冷却和润滑钻头的作用。泥浆一般需专门配制，当在黏土中成孔时，也可用孔内钻渣原土自造泥浆。

成孔的方法按设备分为冲击钻、回转钻及潜水钻成孔法。冲击钻、回转钻适于碎石土、砂土、黏性土及风化岩地基，潜水钻适用于黏性土、淤泥质土及砂土。

泥浆护壁成孔灌注桩的施工工艺流程如图 7-11 所示。

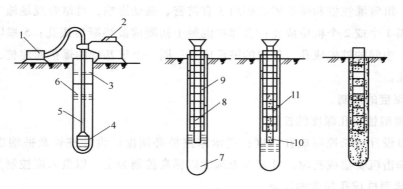

图 7-11　泥浆护壁成孔灌注桩的施工工艺流程

1—泥浆泵　2—钻机　3—护筒　4—钻头　5—钻杆　6—泥浆　7—沉淀泥浆
8—导管　9—钢筋笼　10—隔水塞　11—混凝土

（1）测定桩位

根据建筑的轴线控制桩定出桩基础的每个桩位，可用小木桩标记。桩位放线允许偏差 20mm。灌注混凝土之前，应对桩基轴线和桩位复查一次，以免因木桩标记变动而影响施工。

（2）埋设护筒

护筒一般为由 4~8mm 厚钢板制成的圆筒，其内径应大于钻头直径，当用回转钻时，宜大于 100mm，当用冲击钻时，宜大于 200mm，以方便钻头提升等操作。护筒上部宜开设 1~2 个溢浆孔，便于溢出泥浆并流回泥浆池进行回收。埋设护筒时先挖去桩孔处表土，将护筒埋入土中。护筒的作用有：成孔时引导钻头方向；提高孔内泥浆水头，防止塌孔；固定桩孔位置，保护孔口。因此，护筒位置应埋设准确。护筒中心与桩位中心线偏差不得大于 50mm。护筒与坑壁之间用黏土分层填实，以防漏水。护筒的埋深在黏土中不小于 1.0m，在砂土中不宜小于 1.5m。护筒顶面应高于地面 0.4~0.6m，并应保持孔内泥浆面高出地下水位 1m 以上。

（3）制备泥浆

制备泥浆的方法应根据土质条件确定：在黏性土中成孔时可在孔中注入清水，钻机旋转切削土屑与水拌和，用原土造浆护壁、排渣，泥浆相对密度应控制在 1.1~1.2；在其他土中成孔时，泥浆制备应选用高塑性黏土或膨润土。泥浆的作用是将钻孔内不同土层中的空隙渗填密实，使孔内渗漏水达到最低限度，并使孔内维持着一定的水压以稳定孔壁，因此在成孔过程中严格控制泥浆的相对密度很重要；在砂土和比较厚的夹砂层中成孔时，泥浆相对密度应控制在 1.1~1.3；在砂夹卵石层或容易塌孔的土层中成孔时，泥浆相对密度应控制在 1.3~1.5。施工中应经常测定泥浆相对密度，并定期测定黏度、含砂率和胶体率等指标，及时调整。废弃的泥浆、泥渣应妥善处理。

（4）成孔

桩架就位后，钻机进行钻孔。钻孔时应在孔中注入泥浆，并始终保持泥浆液面高于地下水位 1.0m 以上，以起护壁、携渣、润滑钻头、降低钻头温度、减小钻进阻力等作用。钻孔进尺速度应根据土层类别、孔径大小、钻孔深度和供水量确定，对于淤泥和淤泥质土不宜大于 1m/min，其他土层以钻机不超负荷为准，风化岩或其他硬土层以钻机不产生跳动为准。

（5）清孔

钻孔深度达到设计要求后，必须进行清孔。对于孔壁土质较好不易塌孔的桩孔，可用空气吸泥机清孔，气压为 0.5MPa，被搅动的泥渣随着管内形成的强大高压气流向上涌，从喷口排出，直至孔口喷出清水为止。对于稳定性差的孔壁应用泥浆（正、反）循环法或掏渣筒清孔、排渣。用原土造浆的钻孔，可使钻机空转不进尺，同时注入清水，等孔底残余的泥块已磨浆，排出泥浆相对密度降至 1.1 左右，以手触泥浆无颗粒感，即可认为清孔已合格。对注入制备泥浆的钻孔，可采用换浆法清孔，置换出泥浆相对密度小于 1.15 为合格。清孔过程中，必须即时补给足够的泥浆，以保持浆面稳定。孔底沉渣厚度对于端承型桩不大于 50mm，对于摩擦型桩不大于 300mm。清孔满足要求后，应立即吊放钢筋笼并灌注混凝土。

（6）下钢筋笼，浇混凝土

清孔完毕后，应立即吊放钢筋笼，及时进行水下浇筑混凝土。钢筋笼埋设前应在其上设置定位钢筋环、混凝土垫块或于孔中对称设置 3~4 根导向钢筋，以确保保护层厚度。水下浇筑混凝土通常采用导管法施工。

2. 干作业成孔灌注桩

干作业成孔灌注桩施工工艺如图 7-12 所示，与泥浆护壁成孔灌注桩类似，适用于地下水位较低、在成孔深度内无地下水的干土层中桩基的成孔施工。

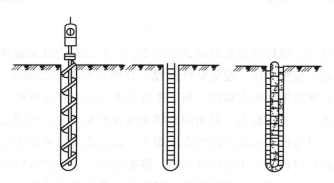

图 7-12　干作业成孔灌注桩施工工艺

（1）施工准备

1）地上、地下障碍物都处理完毕，达到"三通一平"（通电、通水、通路、地面平整），施工用的临时设施准备就绪。

2）场地标高一般为承台梁的上皮标高，并已经过夯实或碾压。

3）分段制作好钢筋笼，其长度以 5~8m 为宜。

4）根据施工图放轴线及桩位点，抄上水平标高木橛，并经过预检签字。

5）正式施工前要做成孔试验，数量不少于 2 根。

6）选择和确定钻孔机的进出路线和钻孔顺序，制定施工方案，做好技术交底。

7）钻机钻孔前，做好准备工作。雨期施工时需加白灰碾压以保证钻孔机行车安全。

（2）施工设备

施工设备主要有螺旋钻机、钻孔扩机等，目前常用螺旋钻机成孔。干作业成孔时，以螺旋钻成孔较有代表性。螺旋钻成孔是利用动力旋转钻杆，使钻杆螺旋叶片前端的钻头旋转削土，被切的土块随钻头旋转，并沿螺旋叶片上升而被推出孔外，是干作业成孔的主要方法。

常用的螺旋钻机有履带式（图 7-13）和步履式（图 7-14）两种。前者一般由履带车、支架、导杆、鹅头架滑轮、电动机头、螺旋钻杆及出土筒组成。后者的行走度盘为步履式，在施工时用步履进行移动。步履机下装有活动轮子，施工完毕后装上轮子由机动车牵引到另一工地。

图 7-13　履带式螺旋钻机

图 7-14　步履式螺旋钻机

（3）施工方法

钻机按桩位就位时，钻杆要垂直对准桩位中心，放下钻机使钻头触及土面。钻孔时，开动转轴旋动钻杆钻进，先慢后快，避免钻杆摇晃，并随时检查钻孔偏移。一节钻杆钻入后，应停机接上第二节，继续钻到要求深度。施工中应注意钻头在穿过软硬土层交界处时，应保持钻杆垂直，缓慢进尺。在含砖头、瓦块的杂填土或含水量较大的软塑黏土层中钻进时，应尽量减小钻杆晃动，以免扩大孔径及增加孔底虚土。钻进速度应根据电流变化及时调整，钻进过程中应随时清理孔口积土。出现钻杆跳动、机架摇晃、钻不进或钻头发出响声等异常现象时，应立即停钻检查、处理。遇到地下水、缩孔、塌孔等异常情况时，应会同有关单位研究处理。

钻孔至要求深度后，可用钻机在原处空转清土，然后停转，提升钻杆卸土。如孔底虚土超过容许厚度，可用辅助掏土工具或二次投钻清底。清孔完毕后应用盖板盖好孔口。清孔后应及时吊放钢筋笼，浇筑混凝土。浇筑混凝土前必须复查孔深、孔径、孔壁垂直度、孔底虚土厚度，不合格时应及时处理。从成孔至混凝土浇筑的时间间隔，不得超过 24h。灌注桩的混凝土强度等级不得低于 C15，坍落度一般采用 80～100mm，混凝土应分层浇筑，振捣密实，连续进行，随浇随振，每层的厚度不得大于 1.50m。当混凝土浇筑到桩顶时，应适当超过桩顶标高，以保证在凿除浮浆层后，桩顶标高和质量能符合设计要求。

7.3.3 沉管灌注桩

沉管灌注桩是套管成孔的主要桩型，是利用锤击打桩法或振动法，将带有钢筋混凝土桩尖（图 7-15）的钢管桩沉入土中，然后灌注混凝土并拔管而成的桩。采用振动沉管时，称为振动沉管灌注桩；采用锤击沉管时，称为锤击沉管灌注桩。

图 7-15 钢筋混凝土桩尖

1. 锤击沉管灌注桩

锤击沉管灌注桩是采用落锤、蒸汽锤或柴油锤将钢套管沉入土中成孔，然后灌注混凝土或钢筋混凝土，抽出钢套管而成的桩。锤击沉管灌注桩适用于一般黏性土、淤泥质土、砂土和人工填土地基。

2. 振动沉管灌注桩

振动沉管灌注桩除适用于一般黏性土、淤泥质土、砂土和人工填土地基外，还适用于稍密及中密的碎石土地基。由于振动使土层受到扰动，会大大降低地基强度，因此，当在软黏土和淤泥质土地基施工时土层最少养护一个月，砂层和硬土层需养护半个月，土层才能恢复强度。

7.3.4 人工挖孔灌注桩

人工挖孔灌注桩是指采用人工挖掘方法进行成孔，然后安放钢筋笼，浇筑混凝土而成的桩，适用于工业及民用建筑中黏土、粉质黏土及含少量砂石黏土层，且地下水位低的人工挖孔灌注桩工程。其施工特点是设备简单；无噪声、无振动、不污染环境，对施工现场周围原有建筑物的影响小；施工速度快，可按施工进度要求决定同时开挖桩孔的数量；土层情况明确，可直接观察到地质变化，桩底沉渣能清除干净。当高层建筑选用大直径灌注桩，而其施工现场又在狭窄市区时，宜采用人工挖孔。其缺点是人工耗量大，开挖效率低，安全操作条件差等。

7.3.5 爆扩灌注桩

爆扩灌注桩又称爆扩桩，是在孔底放入炸药，再灌入适量的混凝土，然后引爆，使孔底形成扩大头，此时，孔内混凝土落入孔底空腔内，再放置钢筋骨架，浇筑桩身混凝土而制成的灌注桩。

爆扩灌注桩在黏性土层中使用效果好，但在软土及砂土中不易成型，桩长一般为3～6m，最大不超过10m，扩大头直径为2.5～3.5d（d为桩直径）。这种桩具有成孔简单、节省劳动力和成本低等优点，但质量不便检查，施工要求较严格。

爆扩灌注桩的施工一般可采取桩孔和扩大头分两次爆扩形成，其施工过程如图7-16所示。

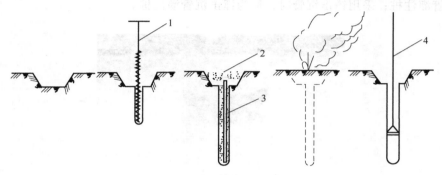

图 7-16　爆扩灌注桩施工过程
1—手提钻　2—砂　3—炸药条　4—太阳铲

7.4 新型桩基础施工技术

7.4.1 多节翅片桩与水泥土复合桩

翅片桩是在钢管桩的端部及桩身位置设置旋转一定角度的环形钢板形成的一种异形钢管桩结构，如图7-17所示。翅片的直径一般取为原桩直径的1.5～2.5倍，通过翅片的设置增强端承力。这与我国原创研发的挤扩支盘桩具有类似的特征。

翅片桩的钢管桩本身的桩径并不大，一般为114.3～355.6mm，相应的翅片桩的直径约为250～700mm，水泥搅拌桩处理体的直径约为500～1000mm，通过多节翅片桩与改良土体的共同受力，可在节省作业空间与满足设备要求的情况下，提高竖向及水平向的承载力。

翅片桩与水泥土搅拌桩组合可以形成插芯劲性复合桩基，竖向承载能力更强。2011年日本京都大学采用数值模拟与试验研究相结合的方式，研究了在水泥搅拌桩体中旋转贯入多节翅片桩的翅片钢管水泥土桩的竖向承载力特征。与水泥土搅拌桩中插入钢管桩的钢管水泥土桩的承载机理、尺寸构造及设备场地等也进行了对比，内容见表7-1。对比表明翅片钢管水泥土桩具有节省钢材、挤土率小、所占施工面积小等特点，在城市狭窄空间中具有很好的适用性。

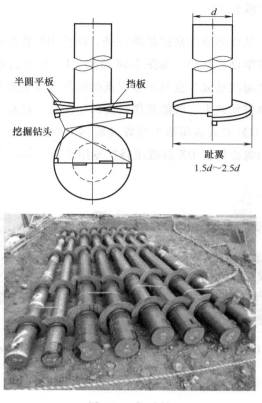

半圆平板　挡板

挖掘钻头

d

趾翼
$1.5d \sim 2.5d$

图 7-17　翅片桩

表 7-1　钢管水泥土桩和翅片钢管水泥土桩对比

比较内容	钢管水泥土桩	翅片钢管水泥土桩
用途	土木结构物（道路、铁道、桥梁等）	建筑结构为主（住宅、工厂、学校等）
承载模式	打入持力层的端承为主	摩擦桩受力模式为主
钢管桩（桩端模式）	表面凸起的钢管（桩端开口）	多节翅片的钢管（桩端封闭）
桩径	钢管直径：500～505mm 凸起外径：1300～1305mm （凸起外径/钢管直径：1.004～1.01）	钢管直径：114.3～250mm 翅片外径：335.6～700mm（翅片外径/钢管直径：1.57～3.062）
钢管直径-改良土直径	钢管直径：500～700mm 改良土直径：1300～1500mm 改良土直径/钢管直径：1.154～1.40	钢管直径：114.3～500mm 改良土直径：355.6～1000mm 改良土直径/钢管直径：1.154～1.40
标准规格	钢管直径：800～1200mm 改良土直径：1000～1400mm	钢管直径：267.4～700mm 改良土直径：1000mm
挤土率	50%以下	30%以下
施工机械	大型三点式打桩机	小型施工机械
必要施工面积	400m² 以上	80m² 以上

7.4.2 三岔双向挤扩灌注桩

三岔双向挤扩灌注桩又称多节三岔挤扩灌注桩，简称 DX 挤扩灌注桩或 DX 桩，是以发明人贺德新名字的拼音首字母命名的，如图 7-18 所示。DX 桩通过沿桩身不同部位设置的承力盘和承力岔，使等直径灌注桩成为变截面多支点的端承摩擦桩或摩擦端承桩，从而改变桩的受力机理，显著提高单桩承载力，既能提供较高的竖向抗压承载力，也能提供较高的竖向抗拔承载力。DX 桩三岔双缸双向液压挤扩装置（简称 DX 桩液压挤扩装置）是在桩周土体中挤扩形成承力岔和承力盘腔体的 DX 桩液压挤扩专用设备，如图 7-19 所示。

图 7-18　DX 桩　　　　　　　图 7-19　DX 桩液压挤扩装置

DX 桩具有如下特点：

（1）成桩质量可靠

DX 桩液压挤扩装置独特的双缸双向液压结构设计理念，使旋扩臂呈水平运动方向旋扩挤压孔侧土体，成孔完整，施工差异性小，成桩一致性好。

（2）单桩承载力高

与普通直孔灌注桩相比，因 DX 桩增加多个承力盘，DX 桩端承面积大幅度增加，所以 DX 桩单桩承载力比普通直孔灌注桩大幅度提高。如 800mm 直径的桩增设 2000mm 的承力盘，DX 桩承力盘的端承面积是普通直孔灌注桩的 5 倍之多。故 DX 桩具备良好的竖向抗压能力和抗拔能力。

（3）节约成本、缩短工期

由于单桩承载力大大提高，一般而言与普通钻孔灌注桩相比，节约原材料 20% 以上，可节省桩基总造价的 20%～30%，同时，相比较大直径钻孔灌注桩可缩短桩长，减小桩径或减少桩数，从而缩短工期。

（4）设计灵活、适应性强

DX 桩可在多种土层中成桩，不受地下水位限制，并可以根据承载力要求通过增设承力盘数量来提高单桩承载力。

（5）施工过程可控制

由于桩身承力盘腔是通过液压旋扩臂旋挤土体形成的，仪表能显示出压力变化情况，因此施工时能大致了解到土层软硬性。当发现与试桩首扩压力有明显差异时，可采取调整盘位或增设承力盘数量的措施，以确保单桩承载力，这是其他桩型施工无法做到的可控性特点，其施工流程如图 7-20 所示。

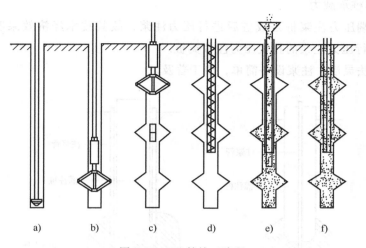

图 7-20 DX 桩施工流程

a）成孔 b）旋扩 c）成盘 d）下钢筋笼 e）浇筑混凝土 f）成桩

7.4.3 桩端压力注浆桩

桩端压力注浆桩是指钻孔、冲孔和挖孔灌注桩在成桩后，通过预埋在桩身的注浆管利用压力作用，将能固化的浆液（如纯水泥浆、水泥砂浆、加外加剂及掺合料的水泥浆、超细水泥浆、化学浆液等）经桩端预留的压力注浆装置均匀地注入桩端地层。视浆液性状、土层特性和注浆参数等不同条件，压力浆液对桩端土层、中风化与强风化基岩、桩端虚土及桩端附近的桩周土层起到渗透、填充、置换、劈裂、压密、固结或多种形式的组合等不同作用，改变其物理力学性能及桩与岩、土之间的边界条件，消除虚土隐患，从而提高桩的承载力，减少桩基的沉降量。

桩端压力注浆桩注浆方法分为桩身中心钻孔埋管注浆法和桩侧钻孔埋管注浆法，如图 7-21 所示。

1. 优点与缺点

（1）优点

桩端压力注浆桩除保留了各种灌注桩的优点外，还具有以下优点：

1）大幅度提高桩的承载力，技术经济效益显著。长螺旋钻成孔的桩端压力注浆桩的极限荷载为同条件下的不注浆桩的 1.7~3.7 倍；泥浆护壁成孔的桩端压力注浆桩的极限荷载为同条件下的不注浆桩的 1.2~2.5 倍。

2）桩端压力注浆工艺可改变桩端虚土（包括孔底扰动土、孔底沉淀土、孔口与孔壁回落土等）的组成结构，形成水泥土扩大头，可解决普通灌注桩桩端虚土这一技术难题，对确保桩基工程质量具有重要意义。

3）适应性广。

4）压力注浆时可测试注浆量、注浆压力和桩顶上抬量等参数，既能管理压浆桩的质量，又能预估单桩承载力。

5）因为桩端压力注浆桩是成桩后进行压力注浆，故其技术经济效果明显高于成孔后（即成桩前）进行压力注浆的孔底压力注浆类桩。

6）施工方法灵活，注浆设备简单，便于普及。

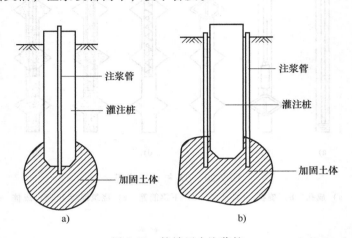

图 7-21　桩端压力注浆桩
a）桩身中心钻孔埋管注浆法　b）桩侧钻孔埋管注浆法

（2）缺点

1）必须精心施工，否则会出现注浆管被堵、注浆管被包裹、地面冒浆和地下窜浆等现象。

2）需注意相应灌注桩的成孔和成桩工艺，确保其施工质量，否则将影响桩端压力注浆工艺的效果。

3）压力注浆必须在桩身混凝土强度达到一定数值后方可进行，因此会增加施工周期。但当施工场地桩数较多时，可采取流水施工方法缩短工期。

2. 适用范围

桩端压力注浆桩适用范围广，几乎可适用于各种土层及强、中风化岩层，既能在地下水位以上干作业成孔成桩，也能在地下水位以下成孔成桩。螺旋钻成孔、贝诺特法成孔、正循环钻成孔、反循环钻成孔、潜水钻成孔、人工挖孔、钻斗钻成孔和冲击钻成孔灌注桩在成桩前，只要在桩端预留压力注浆装置，就可在成桩后进行桩端压力注浆。

3. 施工工艺流程

桩端压力注浆桩的施工工艺流程主要由成孔，下放钢筋笼、压力注浆室和灌浆管，灌注混凝土，压力注浆，冲洗高压胶管等配套机具几个部分组成。

1）成孔。视地层和地下水位情况采用合适的成孔方法。

2）下放钢筋笼、压力注浆室和灌浆管。压力注浆室和灌浆管可采用多种形式。下放钢筋笼和灌浆管时，灌浆管紧贴在钢筋笼内侧，可在适当位置用钢丝绑扎牢固。

3）灌注混凝土。钢筋笼、注浆室及灌浆管下放完毕后，就可以进行桩身混凝土的浇筑工作。此时应注意保护好灌浆管管口，不应使杂物落入灌浆管中。

4）压力注浆。桩身混凝土强度达到要求后，即可开始通过灌浆管向预留的注浆室灌注水泥浆，溢浆管开始冒浆后，停泵，封堵冒浆管，继续开泵进行高压注浆。随着水泥浆的继续灌注，密封层被顶破，在桩端处形成水泥土扩大头。如有必要，可进行多次注浆。

压力注浆终止条件应在桩端压力注浆设计时明确，通常采用以下条件控制：压入的水泥量已达到设计要求；压入的水泥量已达到设计要求的某一值，入口压力已达到某一值，且持压超过某一时间；压入的水泥量已达到某一值，地面开始冒浆；注浆压力已达到某一值，不管注浆量为多少；桩体上浮量超过某一值。

5）冲洗高压胶管等配套机具。注浆结束后冲洗干净高压胶管、泵、搅拌机、储浆池，这样做的目的是为下次注浆做好准备工作。

7.4.4 螺杆桩

1. 技术简介

螺杆桩上部为圆柱形，下部为螺纹形，形状类似一个螺钉，如图 7-22 所示。桩体几何断面更符合附加应力场由上而下减小的分布规律。变截面的构造形状满足了附加应力的分布规律、应力分担比及刚度变化的要求，调整了土与桩之间的作用力，桩侧土体应力分担比及应力扩散度提高，桩端荷载减小，使桩身受力与土体受力协调一致。

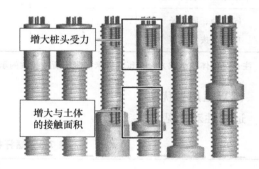

图 7-22　螺杆桩

螺杆桩归类于半挤土成型桩，其改变了桩与土体之间相互作用的模式，桩与土界面构成了机械型咬合。将常识中"螺钉比钉子牢固"的道理运用在桩施工中，使其更牢固的特点得以实现。

在竖向受力方面，附加应力遵循由上至下逐步减小的规律，桩身应力逐步分担，即桩身的应力分布为上部大于下部。螺杆桩上大下小的分段设计满足了附加应力的分布规律。桩的竖向承载力与桩的长细比有着密切的关系，桩断面面积的大小和刚度的变化在制约桩的受力及变形方面起重要作用。螺杆桩上部的柱体段在荷载传递过程中增加了受压面积，提高了桩身刚度，对螺纹段功能发挥起到承上启下的作用。

由螺杆桩和相应的成桩设备、工法组成的螺杆桩技术是我国自主研发的桩工技术，具有独创性，充分吸收了国外技术的优势，弥补了国外技术的短板。2009 年，在我国对非洲国家安哥拉的国家级援建项目中，螺杆桩技术首次在国外得到成功应用，施工总量达到 27 万 m，为安哥拉人民建起一座40万人规模的"不沉的新城"。

2. 技术优势

螺杆桩作为一种新型桩，每立方米混凝土提供的单桩竖向承载力高，桩身下段表面带螺纹，且无泥皮，桩端无沉渣，不塌孔。具有环保效果好、噪声低、无振动、无泥浆污染与碴土排放、施工程序简便、桩身质量可靠、承载力相对较高、资源消耗少、综合效益较好等优点。

与传统技术相比，螺杆桩具有以下优势：

（1）承载力优势

承载力对比见表7-2。

表7-2 螺杆桩的承载力对比

桩型	灌注桩	长螺旋钻孔灌注桩	预制桩	螺杆桩
同桩径、同桩长单桩承载力比值	0.8	0.7	1	1.2
单位体积承载力比值	0.8	0.7	1	1.2
同桩径、同桩长单桩抗拔力比值	1	1	0.8	1.5

注：单位体积承载力是指每立方米混凝土所能提供的承载力。

（2）适用性优势

适用性对比见表7-3。

表7-3 螺杆桩的适用性对比

桩型		灌注桩	长螺旋钻孔灌注桩	预制桩	螺杆桩
适用土层	淤泥质土	▲	×	×	▲
	一般黏土	○	○	○	○
	粉土、砂土	○	○	▲	◎
	卵石、碎石	×	×	×	◎
	中风化岩层	○	×	×	◎
适用基础形式	独立承台	◎	×	○	◎
	条基、筏基	○	▲	○	◎
	复合地基	×	○	▲	◎
	抗拔	○	○	▲	◎

注：◎表示良好适用，○表示适用，▲表示采取特殊措施可用，×表示不适用。

（3）造价优势

造价对比见表 7-4。

表 7-4　螺杆桩的造价对比

桩型	灌注桩	长螺旋钻孔灌注桩	预制桩	螺杆桩
桩基综合造价比	1.3	1.2	1	0.8~0.9
基础造价比	1.6	1.2	1	0.8

同等条件下，螺杆桩综合造价可比任何其他桩型低 15%~25%。

（4）工效优势

工效对比见表 7-5。

表 7-5　螺杆桩的工效对比

桩型	灌注桩	长螺旋钻孔灌注桩	预制桩		螺杆桩
			静压	锤击	
成桩速度	<6m/h	≥120m/d	≥120m/d	≥120m/d	≥120m/d
沉降大小	一般	一般	较小	较小	很小

（5）环保优势

环保对比见表 7-6。

表 7-6　螺杆桩的环保对比

桩型	灌注桩	长螺旋钻孔灌注桩	预制桩	螺杆桩
噪声	无	无	有	无
泥土外运	有	有	无	无
泥浆污染	有	无	无	无

（6）与预制桩相比的其他优势

1）适用于中风化岩。

2）可施工桩径为 200~1000mm，可提供 1000~8000kN 承载力。

3）由于桩身螺纹的存在，抗拔力比预制桩高 2 倍以上。

4）在敏感土层可实现半挤土施工，避免了预制桩存在的挤土负效应。

3. 第三代螺杆桩机

第三代螺杆桩机在打桩直径、打桩深度、打桩速度上都有显著突破。在设计中桩机、钻杆、钻头产生了 16 项专利，桩机形式如图 7-23 所示。

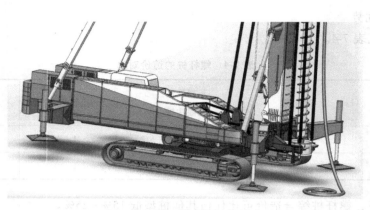

图 7-23　第三代螺杆桩机形式

7.5 | 桩基础施工发展新方向

近些年来，桩基础施工技术在国内外发展迅速，其发展方向值得关注。

7.5.1　桩的尺寸向长、大方向发展

基于高层、超高层建筑物及大型桥梁主塔桩基础等承载的需要，桩径越来越大，桩长越来越长。上海金茂大厦钢管桩桩端进入地面下 83m 的砂层，桩径为 914mm；温州地区静压式钢筋混凝土预制桩长度已达 70m 以上，桩断面 600mm×600mm。我国在大江、大河及海上修建的大跨径桥梁基本上采用钻孔灌注桩，而且桩径和桩长均在不断加大。长度超过 50m，直径大于 2m 的超长大直径钻孔灌注桩已十分普遍。苏通大桥（图 7-24）采用反循环钻成孔压力注浆桩，桩数为 131 根，桩径为 2.50~2.85m，桩长为 117m。南京长江二桥采用反循环钻成孔灌注桩，共 21 根，桩径为 3.0m，桩长为 83m。上海长江隧桥 B7 标采用反循环钻成孔灌注桩，3.2~2.5m 变径桩，桩长 115m。郑州黄河大桥采用旋挖钻斗钻成孔灌注桩，直径 2.0m，桩长 108m。

图 7-24　苏通大桥

7.5.2 桩的尺寸向短、小方向发展

基于老城区改造、老基础托换加固、建筑纠偏加固、建筑物增层以及补桩等需要，小桩、锚杆静压桩及迷你桩技术日趋成熟，应用广泛。

1. 小桩

小桩又称微型桩或树根桩。小桩实质上是小直径压力注浆桩，桩径为 70~250mm（国内多用 250mm），长径比大于 30（国内桩长多为 8~12m，长径比通常为 50 左右），采用钻孔（国内多用螺旋钻成孔）、强配筋（配筋率大于 1%）和压力注浆（注浆压力为 1~2.5MPa）工艺施工。小桩主要用于旧房改造、房屋增层、古建筑加固纠偏、防洪堤加固、建（构）筑物抗震加固、基坑护坡及水池底板抗浮等基础工程。

2. 锚杆静压桩

我国自行研制开发的锚杆静压桩是由锚杆和静力压桩两项技术巧妙结合而形成的一种桩基施工新工艺，是一项地基加固处理新技术。加固机理类同于打入桩及大型静力压桩，受力直接、清晰，但施工工艺既不同于打入桩，也不同于大型静力压桩。锚杆静压桩的施工工艺是先在新建的建（构）筑物基础上预留压桩的桩位孔，并预埋好锚杆或在已建的建（构）筑物基础上开凿压桩孔和锚杆孔用黏结剂埋好锚杆，然后安装压桩架，用锚杆做媒介，把压桩架与建（构）筑物基础连为一体，并利用建（构）筑物自重做反力（必要时可加配重），用千斤顶将预制桩段逐段压入土中，当压桩力及压入深度达到设计要求后，将桩与基础浇筑在一起，桩即可受力，从而达到提高地基承载力和控制沉降的目的。锚杆静压桩适用于老城区改造、旧基础托换加固、狭小空间场地施工，对新建工程可采用逆作法施工。

3. 迷你桩

迷你桩由一个内径不超过 300mm 的永久性的钢套管、一个或一组位于桩孔中心起承重作用的钢筋及填充其间孔隙的水泥浆组成。桩体应以稍微小于套管的直径嵌入基岩。迷你桩因对成桩设备及施工场地的要求低，而承载力较高，安全可靠，所以在某些地区得到了广泛的应用。其主要应用于隔声屏、行人天桥、运输带、小型别墅、小型商场等基础工程中，也可以当支护桩使用。迷你桩可在陡峭的山坡、狭窄的楼群之间、行人路、高速公路、闹市区、火车站台甚至建筑物内进行施工。小型的施工设备只需要 2m×5m 的地方就已经足够。

7.5.3 向攻克桩成孔难点方向发展

随着高层建筑、大跨度桥梁的发展，嵌岩桩特别是大直径嵌岩桩作为一种比较特殊的桩基类型，20 世纪 90 年代在我国得到了广泛的应用。嵌岩桩具有承载力高、变形小、整体刚度大的特点，其沉降稳定时间短、沉降量小、抗震性能好，因此越来越受到工程界的重视。如何优质、高效、经济地施工这类桩孔成为岩土钻掘工程界面临的首要技术难题。钻孔直径大、岩石强度高是该类桩施工基本特征，由此带来以下技术难题：①单位体积岩石的破碎功随岩石强度的增大而增大，单次破碎岩石所需要的临界破碎力也增大；②碎岩断面和碎岩量

随桩孔直径增大而急剧增加；③桩孔排渣性能的优劣直接影响各种嵌岩钻进工法对碎岩的有效性。

我国大直径嵌岩钻进工法主要有：①回转式工法，即牙轮/滚刀钻进法、钢粒环状钻进法、镶焊钎头的刮刀钻进法；②冲击式工法，即纯冲击无循环钻进法、冲击反循环钻进法；③冲击回转式工法，即气动/液动潜孔锤钻进法、可旋转式钢绳冲击钻头钻进法。

除上述岩层钻进成孔法外，国内不少单位研究开发出大"三石层"（大卵砾石层、大抛石层和大孤石层）钻进成孔法。

7.5.4　向低公害工法桩方向发展

筒式柴油锤冲击式钢筋混凝土预制桩（锤击沉桩）虽然具有桩身质量较可靠、施工速度快及承载力高等优点，但由于其施工时具有噪声大、振动大和油污飞溅等缺点，在城区的住宅群及公共建筑群等场地施工中受到很大限制，为此静压式和变频变矩振动锤振入式钢筋混凝土预制桩（如静压桩、旋挖钻斗钻成孔灌注桩、全套管钻孔灌注桩、长螺旋钻孔灌注桩）施工技术在国内得到业主的青睐。

1. 静压桩

最近几十年来，静压桩在我国软土地区（温州、武汉及珠江三角洲等地区）得到广泛应用，静压桩基础不仅适用于多层和小高层建筑，还适用于 20~35 层高层建筑。压桩机的生产和使用跨进了一个新时代。我国研制开发的系列静力压桩机是新型环保建筑基础施工设备，具有无污染、无噪声、无振动、压桩速度快、成桩质量高等显著特点，技术水平国际领先。静压法有抱压式和顶压式两种形式，压桩力为 800~12000kN。用步履式全液压静力压桩机施工开口预应力混凝土管桩（PC 管桩）和预应力高强混凝土管桩（PHC 管桩）是桩机和桩型的优化组合，也是具有中国特色的施工工法。

2. 旋挖钻斗钻成孔灌注桩

泥浆护壁法钻、冲孔灌注桩在地下水位高的软土地区虽然被较广泛地采用，但由于泥浆的使用造成施工现场不文明及泥浆排除困难，成为施工者头痛之事。而旋挖钻斗钻成孔灌注桩（即用旋挖钻机的钻斗、钻头成孔的灌注桩），因其干取土作业加之所使用的稳定液可由专用的仓罐储存，施工现场较为文明，公害较低。

3. 全套管钻孔灌注桩

全套管钻孔灌注桩施工法利用摇动装置的摇动（或回转装置的回转）使钢套管与土层间的摩阻力大大减小，边摇动（或边回转）边压入，同时利用冲抓斗挖掘取土，直至将套管下到桩端持力层为止。挖掘完毕后立即进行挖掘深度的测定，并确认桩端持力层，然后清除虚土。成孔后将钢筋笼放入，接着将导管竖立在钻孔中心，最后灌注混凝土成桩。全套管钻孔灌注桩法实质上是冲抓斗跟管钻进法。全套管钻孔灌注桩由于环保效果好（噪声小、振动小、无泥浆污染与排放）、施工现场文明，在国内外被广泛采用。

4. 长螺旋钻孔灌注桩

长螺旋钻孔灌注桩在法、英、意、德、美等国比较流行。长螺旋钻机由液压电动机驱动，扭矩较大。该桩采用混凝土泵车通过钻杆内腔直接灌注混凝土到合适的地层和深度，施工效率一般为 150~200m/d。近几十年来我国东北以及华北等地区大力推广应用此工法，并有所创新和发展。

7.5.5 向扩孔桩、异型桩、埋入式桩方向发展

1. 扩孔桩

扩孔成型工艺有钻扩、爆扩、夯扩、振扩、锤扩、压扩、冲扩、注扩、挤扩和挖扩等十大类型，前文介绍过的钻孔灌注桩、桩端压力注浆桩均属于扩孔桩。

2. 异型桩

异型桩包括横向截面异化桩和纵向截面异化桩。横向截面从圆截面和方形截面异化后的桩型有三角形桩、六角形桩、八角形桩、外方内圆空心桩、外方内异空心桩、十字形桩、X形桩、T形桩及壁板桩等。纵向截面从棱柱桩和圆柱桩异化后的桩型有楔形桩（圆锥形桩和角锥形桩）、梯形桩、菱形桩、根形桩、扩底桩、多节桩（多节灌注桩和多节预制桩）、桩身扩大桩、波纹柱形桩、波纹锥形桩、带张开叶片的桩、螺旋预制桩、螺纹灌注桩、螺杆灌注桩、从一面削尖的成对预制斜桩及 DX 桩等。

3. 埋入式桩

钢筋混凝土预制桩和钢桩的设桩工艺有打入式、振入式、压入式（静压式）和埋入式四种。打入式、振入式和压入式沉桩工艺在施工中产生挤土效应，使地基土隆起和水平挤动，不同程度地对邻近建筑物和地下管线产生不良影响。为了消除一次公害（振动、噪声和油污飞溅）和挤土效应，开发出低噪声、低振动和无挤土效应的埋入式桩工法。所谓埋入式桩工法是将预制桩或钢管桩沉入钻成的孔中后，采用某些手段增强桩承载力的工法。埋入式桩主要有以下两类：

（1）中掘工法埋入式桩

中掘工法埋入式桩是把小于桩径 30~40mm 的长螺旋钻或钻杆端部装有搅拌翼片的螺旋钻（钻斗钻）等插入桩的中空部，在钻头附近的地层连续钻进，使土沿中空部上升，从桩顶排土的同时将桩沉设。在施工中通常将桩端注入压缩空气和水，促进钻进的同时也使桩沉设顺利。为使桩获得更大的承载力，桩埋入孔中后可分别采用最终打击方式、桩端加固方式或扩大头加固方式。按中掘埋入工艺、钻机、承载力发挥方法及采用的预制桩种类等，中掘工法桩又可细分四十余种桩型。

（2）预先钻孔法埋入式桩

预先钻孔法埋入式桩，即边钻孔边排土，然后将桩插入孔内，最后再将桩打入或压入孔内。为增大桩侧摩阻力，可在孔内预先填充砂浆、水泥浆、膨润土与水泥浆混合液等，然后将桩插入。桩端承载力的发挥方法有最终打击或压入法、桩端水泥浆加固法、扩大头加固法和桩端作用特殊刀刃的回转法。预先钻孔法埋入式桩分为四十余种。

7.5.6 向组合式工艺桩方向发展

由于承载力的要求、环境保护的要求及工程地质与水文地质条件的限制等，采用单一工

艺的桩型往往满足不了工程要求，实践中经常出现组合式工艺桩。例如，钻孔灌注桩有成直孔和扩孔两种工艺，桩端压力注浆桩有成孔成桩与成桩后向桩端地层注浆两种工艺，预先钻孔法埋入式桩有钻孔、注浆、插桩及轻打（或压入）等工艺。

7.5.7 向高强度桩方向发展

随着对打入式预制桩要求越来越高，诸如高承载力、能够穿透硬夹层、能承受较大的打击力及快速交货等要求，普通混凝土桩（简称 R 桩，混凝土强度等级为 C25～C40）已满足不了上述要求，故预应力混凝土桩（简称 PC 桩，混凝土强度等级为 C40～C80）和预应力高强度混凝土桩（简称 PHC 桩，混凝土强度等级不低于 C80）使用越来越多。上海中技桩业股份有限公司开发的外方内圆的预应力混凝土和预应高强混凝土空心方桩，得到广泛应用。

1. PHC 管桩和 PC 管桩

PHC 管桩在欧美、日本及东南亚诸地区大量采用。日本使用的预制混凝土桩几乎均为 PHC 管桩。最近十几年来，我国管桩行业经历了研制开发期、推广应用期、调整发展期和快速发展期等四个时期。以珠江三角洲和长江三角洲为基地，由南向北，由东向西，沿海沿江沿湖向内陆地区健康而快速地发展，在产品品种和产量上均迈入世界前列。

2. 离心成型的先张法预应力混凝土空心方桩

离心成型的先张法预应力混凝土空心方桩（简称空心方桩）是一种近几年来开发应用的新桩型，截面形状外方内圆，具有普通混凝土方桩和预应力混凝土管桩的特点和优点，其生产工艺更接近于管桩，分为预应力高强度混凝土 PHC 空心方桩（混凝土强度等级为 C80）和预应力混凝土 PC 空心方桩（混凝土强度等级为 C60）。空心方桩比管桩具有以下优越性：①外截面为方形比圆形更适宜堆放，另外方形截面比圆形截面更有利于接桩施工。②在相同横截面面积的实体形状中，空心方桩的圆周长最小。相同外周长时，空心方桩一般比管桩横截面小 12%～18%，这样对于以桩侧阻力为主的摩擦型桩（摩擦桩和端承摩擦桩），空心方桩占有优势。③相同的横截面面积，空心方桩的截面抵抗矩比管桩的大 7%～16%。

7.5.8 向多种桩身材料方向发展

以灌注桩为例，桩身材料种类出现多样化趋势，如普通混凝土、超流态混凝土、无砂混凝土、纤维混凝土、自流平混凝土及微膨胀混凝土等。打入式桩也有组合材料桩，如钢管外壳加混凝土内壁的合成桩等。

以上均是桩基础施工发展的新方向，桩基工程具有桩种多样性、竞争性、变异性、适用性、发展性及复杂性等特点。

第8章
深基坑支护施工技术

8.1 概述

我国的经济和城市建设快速发展，随着大量高层、超高层建筑的兴建，尤其是地铁工程等地下空间的开发利用，工程建设面对的环境日益复杂。与此同时这也推动着深基坑支护方法、理论的发展，深基坑支护施工技术的发展也日益成熟。

深基坑支护工程支护方案的选择，不仅要根据基坑深度，更要根据地层土质的好坏。深基坑支护工程包含挡土、支护、防水、降水、挖土等许多紧密联系的环节，如其中某一环节失效，将会导致整个工程的失败。从20世纪80年代开始，我国深基坑的支护结构从钢板桩、地下连续墙、排桩支护到土钉、喷网锚、复合式支护体系、环形支护结构等，从简单到复杂，又从复杂到简单，基坑工程的设计和施工取得了很大进步。图8-1、图8-2分别为国家大剧院工程、国家博物馆改扩建工程中的深基坑支护。

图8-1 国家大剧院工程地下连续墙基坑支护

图8-2 国家博物馆改扩建工程基坑支护

8.1.1 相关概念

基坑工程是指为保证基坑施工、主体地下结构安全和周围环境不受损害而采取的支护、降水、土方开挖与回填等技术的总称，包括勘察、设计、施工、监测和检测等，是集地质工程、岩土工程、结构工程和岩土测试技术于一体的系统工程。

根据中华人民共和国住房和城乡建设部于 2009 年 5 月 13 日发布的《危险性较大的分部分项工程安全管理办法》中的附属文件，深基坑工程为：开挖深度超过 5m（含 5m）的基坑（槽）的土方开挖、支护、降水工程；开挖深度虽未超过 5m，但地质条件、周围环境和地下管线复杂，或影响毗邻建（构）筑物安全的基坑（槽）的土方开挖、支护、降水工程。其中，底面积在 150m^2 以内，且底短边小于 3 倍长边的为基坑；槽底宽度在 7m 以内，且槽长大于 3 倍槽宽的为基槽。

8.1.2　深基坑工程常用的支护体系

深基坑工程常用的支护体系有水泥挡土墙式、排桩与板墙式、边坡稳定式、逆作拱墙式等，如图 8-3 所示。

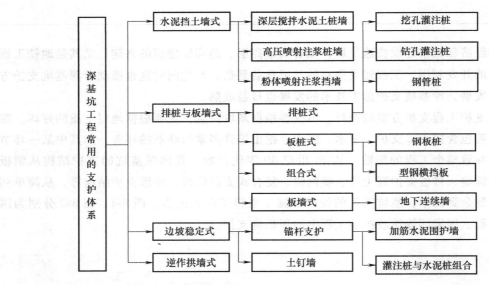

图 8-3　深基坑工程常用的支护体系

8.1.3　深基坑工程的发展

通过几十年的工程实践，我国在深基坑工程领域中取得了很大的进展，主要表现为以下五个方面：设计思想的更新、施工技术的发展、设计方法的进步、管理制度的建立、标准化工作的开展。

1. 设计思想的更新

1) 针对深基坑工程，引入了信息化设计和动态设计的新思想，结合施工监测、信息反馈、临界报警、应变（或应急）措施设计等一系列理论和技术，促进深基坑设计的施工实施。

2) 伴随技术的发展，深基坑形成了完备的深基坑支护选型体系，供深基坑设计选择。

2. 施工技术的发展

近年来综合性施工技术的进步带动设计、检测等方法的进步，同时也产生了逆作法、冻结法、SMW（水泥土搅拌连续墙）工法等新技术。

3. 设计方法的进步

（1）两墙合一设计方法

两墙合一即围护结构墙与地下室外墙合一。两墙合一是充分发挥地下连续墙承载作用的一种设计思路，具有很大的经济意义，是地下连续墙作为围护结构的发展方向，正在一些重要的工程中被采用。采取两墙合一设计的基坑工程，在设计方法上不同于一般的围护结构设计，对于承载、防渗、结构连接都提出了非常高的要求，推动了基坑工程围护结构设计方法的发展。

（2）深基坑工程有限元法的发展

作用于柔性结构上的土压力实际上是结构与土的共同作用力，采用有限元法在原理上可以解决这类问题的计算，在现实中还有各种困难需要进一步去解决，几十年来深基坑工程的有限元法得到了长足的发展。

（3）计算软件及商业化开发研究

天汉、理正、启明星等软件在基坑工程设计中的应用较广泛。

4. 管理制度的建立

我国许多城市都先后成立了不同形式的管理机构，规定了深基坑工程的设计方案必须经过评审，这一制度的建立为深基坑工程健康发展提供了制度保证。

5. 标准化工作的开展

几十年来，在总结工程经验的基础上，上海、广州、深圳、武汉等许多城市编制了地方深基坑工程技术规范。随着各项全国性的深基坑工程技术行业标准的发布，我国逐步建立起了深基坑工程的标准化体系，使得深基坑工程的设计和施工有章可循，有法可依。

深基坑工程的失效模式主要有以下几种：①整体失稳；②坑底隆起，围护结构倾覆失稳；③围护结构滑移失稳，围护结构底部地基承载力失稳；④"踢脚"失稳；⑤止水帷幕功能失效和坑底渗透变形破坏；⑥围护结构的结构性破坏（图8-4）；⑦支、锚体系失稳破坏。

图 8-4　地下连续墙的垮塌

8.2 单排悬臂桩支护技术

8.2.1 概述

悬臂式排桩（图 8-5）主要是作为支护用的支护桩，就是将桩并排打入后，将桩内侧的土挖出，而外侧的土由于受桩的围护不会侧塌至内侧来，通常由支护桩、支撑（或土层锚杆）及防渗帷幕等组成。悬臂式支护结构顶部位移较大，内力分布不理想，但可省去锚杆和支撑，当基坑较浅且基坑周边环境对支护结构位移的限制不严格时，可采用悬臂式支护结构。悬臂式支护结构一般适用于坑深 7m 以下的基坑。悬臂式支护结构可以采用不同的挡土结构，主要有排桩、钢板桩、SMW 工法桩等。

图 8-5 悬臂式排桩

8.2.2 排桩支护结构

排桩支护结构是指由呈队列式间隔布置的钢筋混凝土人工挖孔桩、钻孔灌注桩、沉管灌注桩、打入预应力灌注桩等组成的挡土结构。根据成桩工艺的不同，可以将排桩分为钻孔灌注桩、挖孔桩、压浆桩、预制混凝土桩和钢管桩等。按基坑开挖深度及支撑情况，排桩支护结构可分为以下几种：

1）悬臂式支护结构：基坑开挖深度不大，利用结构自身的抗弯性能维持基坑稳定性。

2）单支撑支护结构：当基坑开挖深度较大时，不能采用悬臂式支护结构，可以在支护结构顶部设置单支撑，形成单支撑支护结构。

3）多支撑支护结构：当基坑开挖深度较大时，可设置多道支撑，以减小挡墙的内力。

排桩支护的空间布置形态如下：

（1）柱列式排桩支护

当边坡土质好、地下水位较低时，可以利用土拱作用，以稀疏钻孔灌注桩或挖孔桩支挡土坡，如图 8-6 所示。

（2）连续式排桩支护

在软土中一般不能形成土拱，因此支挡桩应连续密排以形成连续式排桩支护，如图 8-7 所示。

图 8-6 柱列式排桩支护

图 8-7 连续式排桩支护

（3）组合式排桩支护

在地下水位较高的软土地区，可采用钻孔灌注桩排桩与水泥土桩防渗墙组合的形式进行支护，如图 8-8 所示。

（4）双排桩支护

双排桩可以理解为将密集的单排悬臂桩的部分桩向后移，并将前排桩顶用圈梁连接，前后排桩之间用连梁连接，发挥空间组合桩的整体刚度和空间效应，以维持坑壁稳定、控制变形。

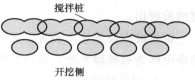

图 8-8　组合式排桩支护

8.2.3　单排悬臂式支护结构的施工工艺

单排悬臂式支护桩在设计时，应充分考虑地质情况，特别是在地下土层性质不均匀的情况下，应结合土层性质情况进行场地地质分区，针对不同区域内场地地质情况，合理地选择悬臂桩的桩身参数，使其在安全上达到支护的要求，经济上减少投入。以下主要介绍单排悬臂桩中的单排悬臂式钻孔灌注桩施工和单排悬臂式钢板桩施工。

1. 单排悬臂式钻孔灌注桩施工

（1）取桩

定桩位，钻机定位，调整垂直度。

（2）成孔施工

根据工程特点、地质条件和设计要求合理选择成孔方法。成孔直径必须达到设计桩径，钻头应有保护桩径装置。

在正式施工前应试成孔，成孔数量不得少于 2 个，成孔施工应一次不间断地完成，成孔完毕至灌注混凝土的间隔不应大于 24h。

（3）清孔

清孔应分两次完成：第一次清孔在成孔后立即进行；第二次在下钢筋和安装导管后进行。

（4）钢筋笼施工

钢筋笼宜分段制作。分段长度应该按成笼的整体刚度、钢筋长度及起重设备的有效高度等因素确定。

（5）灌注混凝土

水下混凝土灌注是确保成桩质量的关键工序，灌注前应做好一切准备工作，保证混凝土灌注连续紧凑地进行，单桩混凝土灌注时间不宜超过 8h。

2. 单排悬臂式钢板桩施工

单排悬臂式钢板桩优点在于质量可靠，在软土中施工速度快，施工也较简单，并且有较好的挡水性能，临时性结构的钢板桩可拔出多次使用，降低成本。

（1）钢板桩的施工器具

钢板桩的施工器具有冲击式打桩机、振动打桩机、静力压桩机。

（2）钢板桩的打入

钢板桩应在基础最凸出的边缘外，留有支模、拆模的余地，便于基础施工。在场地紧凑的情况下，也可利用钢板作为底板或承台侧模，但必须配以纤维板或油毛毡等隔离材料，以便钢板拔出。

钢板桩应设置导向装置。导向桩或导向梁既可采用型钢，又可采用木材代替。导向梁间的净距即为板桩墙宽度。导向装置在用完后，可拆出重复使用。

（3）钢板桩的拔出

钢板桩拔出时的拔桩阻力由土对桩的吸附力与桩表面的摩擦阻力组成。拔桩方法有静力拔桩、振动拔桩和冲击拔桩三种。无论何种方法都是从克服拔桩阻力着手。

8.3 高压旋喷桩支护技术

8.3.1 高压喷射注浆法

高压喷射注浆法是利用高压喷射技术发展起来的一项地基加固的新方法。它利用工程钻机钻孔，用高压脉冲泵等高压发生装置，将喷嘴的喷射管插入设计深度，使水泥浆液或水以高压流的形式从喷嘴中喷出来，冲击切割土体。待浆液凝固后，便在土中形成固结体，形成的固结体形状由喷射流的移动方向决定。

高压喷射注浆法可应用于大量特殊土地基，例如淤泥质黏土、粉土、黄土、人工填土等。同时，还可用于处理既有建筑物的地基或在航道整治中用于防水、抗渗等处理。此外，高压喷射加固体可加固地基，用作挡土结构、护坡结构、地下水库结构等。高压喷射注浆法的应用涉及煤炭、水利、市政、边坡建设等领域。高压喷射注浆所采用的机械如图 8-9 所示。

图 8-9　高压喷射注浆机械

1. 注射形式

高压喷射注浆法的注射形式分为旋喷注浆、定喷注浆和摆喷注浆。具体内容如下：

（1）旋喷注浆

将预先配置好的浆液通过高压装置加压后，从喷嘴中高速喷射出来，破坏土体的同时与土体充分混合搅拌，同时在喷射过程中，钻杆边旋转边提升，在土中形成一定直径的柱状固结体。

旋喷注浆主要适用于淤泥、淤泥质土、黏性土、粉土、黄土、砂土、人工填土等，可根据需要做成单桩、排桩、连续桩等。

（2）定喷注浆

定喷注浆以直径 108mm 的钻孔作为导孔，将带有特殊喷嘴的定向喷射管插入预计防渗加固的地层深度。喷射管内有水、气、浆三管，因此也称为三重管，其中水管与气管同轴。先以 20~30MPa 的压力用高压水对导孔一侧或两侧做定向喷射，破坏地层结构，而后用 0.5~4MPa 的压力灌注浆液，使之充填水射流造成的空隙，并与地层介质的颗粒搅拌混合，经过凝固形成类似的板墙，起到防渗加固的作用。为使水射流在地层介质中有较大的射程，在其周围以 0.7MPa 的压力喷射一层空气流，使水射流形成一个空气保护筒。

（3）摆喷注浆

高压摆喷注浆是将水力采煤与高压水射流技术应用到地基加固处理的一种新方法，是高压旋喷注浆和定喷注浆的发展。

摆喷注浆以直径 127mm 的钻孔作为导孔，将带有特殊喷嘴的定向摆动喷射管插入预计加固的地层深度，喷射管构造与定喷注浆喷射管构造类似。先以 20~25MPa 的压力用高压水对导孔一侧做定向摆动喷射，摆角为 45°~60°，以破坏地层结构；而后用 1~2MPa 的压力灌注浆液，使之充填水射流造成的空隙，并与地层介质的颗粒搅拌混合，经过凝固形成墙，起到地基加固作用。

摆喷法同旋喷、定喷法一样，施工简便、速度快、成本低、效果好，适用于淤泥、黏性土、砂砾地层，现在也应用于砂砾卵石的软弱地层加固工程中，特别是旋喷固结体无法在墙基范围内直接支承质量时，用单向摆喷注浆技术加固地基是较好的解决办法。

综合三种工法的描述，其具体的施工方式如图 8-10 所示。

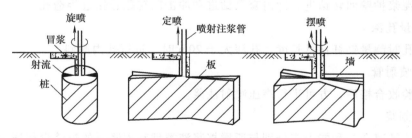

图 8-10 高压喷射注浆三种工法的施工方式

2. 喷射管

喷射管单管只能注入高压浆液。双管则主要是通过低压空气将土吹松软再与浆液搅拌，辅助钻进切割，提高旋喷浆处理能力。从使用设备上来看，双管后台比单管多加了一台空气压缩机。三管里则是高压浆液加高压水加高压气。综合质量方面，单管低于双管与三管，但是从价格方面来考虑，单管低于双管低于三管。

8.3.2 高压旋喷桩成桩原理

高压旋喷桩的成桩机理可用以下作用来说明：

1）喷射流冲击切割土体，使土体结构遭到破坏，即切割破坏土体的作用。

2）一部分细小土粒在高压喷射流边旋转边提升的过程中，做垂直交换，发生上浮现象，即为置换作用。

3）钻杆在旋转和提升的过程中，土粒受到喷射压力的作用，与浆液在阻力小的方向搅拌混合，形成旋喷桩体，即混合搅拌作用。

4）渗透固结作用。

5）喷射流在切割破坏土体的终期区域，还有部分剩余压力，这种压力对周围土体产生一定的挤压作用，使得桩体边缘部分的抗压强度较高，中心部分的强度较低，这种现象即为压密作用。

8.3.3　高压旋喷桩支护施工工艺

高压旋喷桩支护施工工序应分排孔进行，每排孔应分序施工。当单孔喷射对邻孔无影响时，可依次进行施工。单管法非套接独立的旋喷桩不分序，依次进行施工。

对于高压喷射注浆旋、摆、定喷射结构形式，对孔与孔套接、搭接、连接、焊接时，应分序施工。

（1）测量放线

根据设计的施工图和坐标网点测量放施工轴线。

（2）确定孔位

在施工轴线上确定孔位，编上桩号、孔号、序号，依据基准点测量各孔口地面高程。

（3）钻机造孔

可采用泥浆护壁回转钻进、冲击套管钻进和冲击回转跟管钻进等造孔。

（4）测量孔深

钻孔终孔时测量钻杆钻具长度，孔深大于 20m 时，进行孔内测斜。

（5）下喷射管

钻孔经验收合格后，方可进行高压喷射注浆。

（6）拌制浆

搅拌机的转速和拌和能力应分别与所搅拌浆液类型和灌浆泵的排浆量相适应，并应能保证均匀、连续地拌制浆液。高压喷射注浆时，要保证连续供浆。

（7）水供气

施工所用高压水和压缩气的流量、压力应满足工程设计要求。

（8）喷射注浆

高压喷射注浆法为自下而上连续作业。喷头可分单嘴、双嘴和多嘴。

（9）冒浆

高压喷射注浆孔口冒浆量的大小能反映被喷射切割地层的注浆效果。孔口冒出的浆液能否回收利用，取决于工程设计和冒浆质量的好与差，工程中尽可能利用回浆。

（10）旋摆提升

单嘴喷头摆角等于 360°为旋喷，小于 360°、大于 180°为弧喷，小于或等于 180°、大于

90°为拱喷，小于或等于90°、大于0°为摆喷，摆角为0°时为单向定喷。同轴双嘴喷头摆角等于180°为旋喷，小于180°、大于90°为双向拱喷，小于或等于90°大于0°为双向摆喷，摆角为0°时为双向定喷。非同轴双嘴喷头有90°夹角、120°夹角、150°夹角，可用于摆喷和定喷。多嘴喷头目前国内使用得不多。旋摆为机械旋摆和特殊环境下的人工旋摆。

（11）成桩成墙

高压喷射注浆凝固体可形成设计所需要的形状，如旋喷形成圆柱状、盘形状，摆喷形成扇形状、哑铃状、梯形状、锥形状和墙壁状，定喷形成板状。

（12）充填回灌

每一孔的高压喷射注浆完成后，孔内的水泥浆很快会产生析水沉淀，应及时向孔内充填灌浆，直到饱满、孔口浆面不再下沉为止。终喷后，充填灌浆是一项非常重要的工作，回灌的好与差将直接影响工程的质量，因此必须做好充填回灌工作。

（13）清洗

每一孔的高压喷射注浆完成后，应及时清洗灌浆泵和输浆管路，防止清洗不及时、不彻底，浆液在输浆管路中沉淀结块，堵塞输浆管路和喷嘴，影响下一孔的施工。

8.4 预应力锚杆（索）支护技术

8.4.1 预应力锚杆（索）支护技术概述

锚固支护是一种岩土主动加固和稳定技术，作为其技术主体的锚杆（索），一端锚入稳定的土（岩）体中，另一端与各种形式的支护结构物连接，通过杆体的受拉作用，调用深部地层的潜能，达到基坑和建筑物稳定的目的。预应力锚杆（索）柔性支护法是在锚杆、锚索、土钉支护基础上发展起来的、新颖有效的基坑边壁支护方法。该方法的核心技术已被批准为国家专利。

预应力锚杆的一端与支挡结构连接，另一端锚固在岩土体层内，并对其施加预应力，以锚固端的摩擦力形成抗拔力，承受岩土压力、水压力、抗浮、抗倾覆等所产生的结构拉力，用以维护岩土体的稳定。预应力锚杆施工如图8-11所示。

根据锚固部分的受力状态，可将预应力锚索分为张拉型、压力型、载荷分散型三类。

1. 张拉型锚索

张拉型锚索是指锚索体所施加的预应力对砂浆、水泥浆或树脂固结体产生张拉力作用，从而对围岩起到主动支护作用，

图 8-11 预应力锚杆施工

如图 8-12 所示。

张拉型锚索靠锚索体对固结体的张拉作用实现锚固，因此，容易在自由段与黏结段界面出现应力集中，使锚索与固结材料发生开裂，甚至导致整体锚索失效。

2. 压力型锚索

压力型锚索是通过锚索底部的端部压板对浆液固结体的压力实现预应力，从而对围岩产生约束作用，如图 8-13 所示。

由于浆液固结体的抗压性能优于其抗拉和抗剪性能，因此压力型锚索的受力状况要比张拉型更好，工作更可靠。同时该结构可一次完成全部长度的灌浆工作。

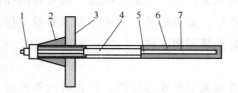
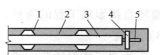

图 8-12　张拉型锚索结构

1—锚具　2—垫墩　3—面层结构　4—套管
5—锚索体　6—注浆体　7—对中架（位于注浆体中）

图 8-13　压力型锚索结构

1—对中架　2—注浆体　3—套管
4—端部压板　5—锚索体

3. 载荷分散型锚索

预应力作用过分集中对固结体以及岩土体受力不利，在锚索孔长度方向上将锚索预应力分散，便形成了载荷分散型锚索结构。

载荷分散型锚索对裂隙发育或土质松软的地层非常有利，可避免因固结体强度不足而造成破裂，同时可减小加固范围内土体因受预应力作用而引起的不均匀变形。

载荷分散型锚索可分为拉力分散型锚索、压力分散型锚索、剪力分散型锚索和拉压交叉分散型锚索等。

8.4.2　预应力锚杆（索）支护施工工艺

预应力锚杆（索）支护施工工艺流程包括造孔、编束、放束锚固、张拉、防护等，如图 8-14 所示。

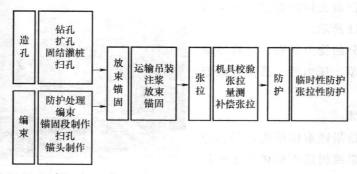

图 8-14　预应力锚杆（索）支护施工工艺流程

1. 锚杆钻孔

锚杆钻孔是基坑工程中费用最高的工序，也是控制工期的关键工序，还是影响基坑工程经济效果的主要因素。

锚杆钻孔要选择适宜的钻孔方法，配备性能良好的钻机，优化和控制钻进参数，采取预防埋钻、卡钻措施，以保证后续的锚杆杆体插入和注浆作业能顺利进行。锚杆孔的钻凿应满足设计图所示的孔径、长度和倾角要求，采用适宜的钻孔方法确保精度。锚杆孔可用冲击钻、旋转钻或两者相结合的方式来钻凿。应当根据岩土类型、钻孔直径和长度、接近锚固工作面的条件、所用冲洗介质的种类、锚杆类型和所要求的钻进速度来选择合适的钻机。

2. 锚杆制作安装

锚杆杆体（预应力筋）可使用钢筋、高强钢丝、钢绞线、中空螺纹钢管等钢材来制作。在施工过程中，预应力筋不可避免地会产生弯曲，在锚具中会受到较大的局部应力。这要求钢材满足一定的拉断伸长率和弯折次数。钢筋还需要有良好的焊接性能。

钢筋锚杆的制作相对比较简单，按设计要求切割钢筋，按有关规范要求进行对焊、帮条焊，或用连接器接长钢筋和用于张拉的螺纹杆，预应力筋的前部常焊有导向帽以便于预应力筋的插入，在预应力筋长度方向每 1.02m 焊有对中支架，支架的高度不应小于 25mm，必须满足钢筋保护层厚度的要求。精轧螺纹钢筋、中空螺纹钢管锚杆的制作是非常简便的，直接用连接器将其拼装起来就可得到较长的预应力锚杆。钢绞线锚索的制作大多在工地现场或临时性简易加工场地进行。钢绞线出厂时通常以整盘方式包装，在锚杆加工场地需搭设放线装置，以免线盘扭弯抽线困难。

3. 锚杆注浆

通常将水泥浆或水泥砂浆灌入锚杆孔，其硬化后形成坚实的灌浆体，将锚杆与周围地层锚固在一起并保护锚杆预应力筋，浆液还可对周围地层进行加固，一方面提高了锚杆的承载力，另一方面提高了周围地层的强度和承受力指标。

浆液拌好后存放于特制的容器内，并继续进行缓慢拌动，因此一般使用双桶搅拌机或自循环搅拌机，使浆液能连续地供给注浆泵。搅拌机、注浆泵和注浆管应非常干净，以保证最佳的浆液输出量和施工顺利进行。在设备运转的整个过程中都必须有人看管，以防止过滤器、搅拌机或注浆管的弯头和连接处发生故障，影响注浆作业。

4. 锚杆张拉

锚杆张拉是预应力锚杆（索）支护的重要施工工序之一，主要内容包括张拉设备的验收、检验、配套、标定等，以及张拉时的设备组装、张拉和荷载锁定等。

张拉设备是对预应力锚杆实施张拉、建立预应力的专用设备，主要由千斤顶、高压油泵组成，有时还包括测定拉力的压力传感器和测定锚头位移的百分表。

锚杆张拉最普遍的方法是直接拉拔，对于低承载力的钢筋锚杆、自钻式锚杆有时也采用扭力扳手拧紧螺母张拉，但这种张拉方法存在许多不确定因素。锚杆张拉的方法取决于锚杆的种类、锚具的类型和要施加的预应力的大小。需要注意的是，必须使拉力始终作用在锚杆轴线方向且不得让预应力筋产生任何弯曲，为此可在锚固结构或岩土层表面设置承载板，使张拉荷载方向与锚杆轴线方向保持一致。

对钢丝或钢绞线用的锚具，采用千斤顶、工具锚板、夹片及限位板进行张拉，工作锚夹片的回缩锚定了预应力筋，通常限位板的设计回缩变形为 2~4mm，这一变形会引起锚杆预应力值的损失，在实际操作过程中应考虑其损失带来的影响。

8.5 SMW 工法支护技术

8.5.1 SMW 工法概述

SMW 工法即水泥土搅拌连续墙支护结构，目前被广泛应用于地下坝、地下处理场、基坑围护、环境保护工程等。

SMW 工法是指在水泥土桩内插入 H 型钢等（多数为 H 型钢，也有插入拉森钢板桩、钢管等），将承受荷载与防渗挡水结合起来，使之成为同时具有受力与抗渗两种功能的支护结构的围护墙。SMW 工法施工如图 8-15 所示。

图 8-15 SMW 工法施工

8.5.2 SMW 工法特点

1）对周围地层影响小。SMW 工法是直接把水泥类悬浊液就地与切碎的土砂混合，与存在槽（孔）壁坍塌现象的地下连续墙、灌注桩，需要开槽或钻孔不同，故不会造成邻近地面下沉、房屋倾斜、道路裂损或地下设施破坏等危害。

2）施工噪声小、无振动、工期短、造价低。SMW 挡墙采用就地加固原土的方法一次筑成，成桩速度快，墙体构造简单，省去了挖槽、安装钢筋笼等工序，同地下连续墙施工相比，工期可缩短近一半。如果考虑芯材的适当回收，则可较大地降低造价。

3）废土产生量少，由此废土外运量少，不存在泥浆回收处理问题。

4）高止水性钻杆具有推进与搅拌翼相间设置的特点。随着钻进和搅拌反复进行，水泥强化剂与土得到充分搅拌，而且墙体全长无接缝，因而比传统的连续墙具有更可靠的止水性，其渗透系数为 $10^{-8}~10^{-7}$cm/s。

5）适用地层范围广。可在黏性土、粉土、砂砾土（卵石直径在 100mm 以内）和单轴抗压强度在 60MPa 以下的岩层中应用。

6）大壁厚、大深度，成墙厚度可在 550~1300mm，最大深度达 70m。

8.5.3 SMW 工法施工工艺

SMW 工法施工工艺流程如图 8-16 所示。

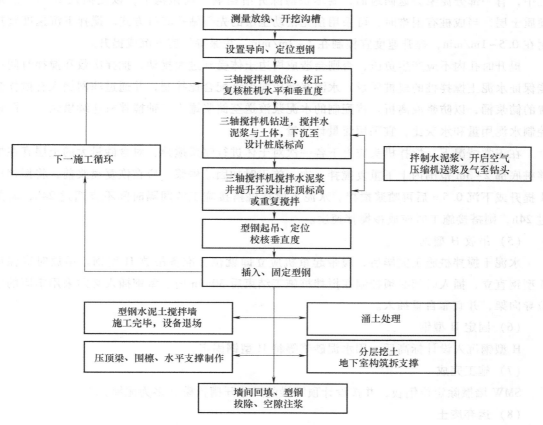

图 8-16 SMW 工法施工工艺流程

SMW 工法的施工要点有：

（1）测量放线，开挖导沟

施工前，先根据设计图和坐标基准点精确算出围护桩中心线交点坐标，放出围护桩中心线，并进行坐标数据复核，同时做保护桩，再根据已知坐标进行水泥土搅拌桩轴线定位，并提请监理复核。

根据放出的围护桩中心线，用挖掘机沿围护桩中心线平行方向开挖导向沟，导向沟宽度根据围护桩宽度确定，导向沟一般宽 0.8~1.0m，深 0.6~1.0m。遇地下障碍物应清除干净，若清除后产生过大孔洞，则需回填压实，重新开挖沟槽。

（2）置放定位钢板

定位钢板主要用于施工导向与 H 型钢定位。定位型钢必须固定，必要时用点焊相互连接固定。

（3）设定施工标志

根据设计的 H 型钢间距，设定施工标志。

（4）搅拌成桩

首先搅拌下沉，上提喷浆，然后重复搅拌下沉，上提喷浆。在搅拌桩施工注入水泥浆过程中，有一部分泥浆会返回地面，要尽快清除并沿挡墙方向做沟槽，以便插入 H 型钢。对硬质土层，当成桩有困难时，可采用预先松动土层的先行钻孔套打方式。搅拌下沉速度宜控制在 0.5~1m/min，提升速度宜控制在 1~2m/min，并保持匀速下沉或提升。

提升时孔内不应产生负压，否则会造成周边土体受到过大扰动，搅拌次数和搅拌时间应能保证水泥土搅拌桩的成桩质量。水泥浆液应按设计配合比拌制，并通过滤网倒入有搅拌装置的储浆桶，以防浆液离析。将配制的水泥浆液送至储浆罐为三轴搅拌机连续供浆。应严格控制水泥用量和水灰比，宜采用流量计计量。

在正常情况下，搅拌机头应上下各一次对土体进行喷浆搅拌，对含砂量大的土层宜在搅拌桩底部 2~3m 范围内上下重复搅拌一次。施工时如因故停浆，应在恢复喷浆前，将搅拌机头提升或下沉 0.5m 后再喷浆搅拌。水泥土搅拌桩搭接施工的间隔时间不宜超过 24h，若超过 24h，则搭接施工时应放慢搅拌速度。

（5）吊放 H 型钢

水泥土搅拌桩施工完毕后，履带起重机应立即就位，准备吊放 H 型钢。吊放时应保证 H 型钢直立，插入时间必须控制在搅拌桩施工结束后 30min 内。型钢插入必须采用牢固的定位导向架，并宜靠自重插入。

（6）固定 H 型钢

H 型钢沉入设计标高后，用水泥砂浆等将 H 型钢固定。

（7）施工完成

SMW 墙撤除定位钢板，并按设计顶圈梁的尺寸开槽置模（多为泥模）。

（8）运弃废土

将废土装车运出。

（9）施工顶圈梁

H 型钢顶宜浇筑一道圈梁，以提高 SMW 墙的整体刚度。

8.6 地下连续墙支护技术

8.6.1 概述

地下连续墙是在地面上利用专用设备，在泥浆护壁的情况下，开挖一条狭长的深槽，在槽内放置钢筋笼并浇灌混凝土，形成一段钢筋混凝土墙段。各段墙顺次施工并连接成整体，形成一条连续的地下墙体。

地下连续墙的作用是在基坑开挖时防渗、挡土，邻近建筑物的支护，以及作为基础的一部分。

地下连续墙在工程应用中的常见形式有：板壁式地下连续墙，应用最多，适用于各种直线段和圆弧段墙体；T 形和 π 形地下连续墙，适用于开挖深度较大、支撑垂直间距大的情况；格形地下连续墙，是前两种形式组合在一起的结构形式；预应力 U 形折板地下连续墙，新式地下连续墙，刚度大、变形小、节省材料。

8.6.2　地下连续墙类型及特点

1. 类型

按照不同的划分标准，地下连续墙有不同的类型：

1）按用途分类。分为临时挡土墙、防渗墙、用作主体结构兼做临时挡土墙的地下连续墙和用作多边形基础兼做墙体的地下连续墙。

2）按墙身材料分类。分为土质墙、混凝土墙、钢筋混凝土墙及组合墙。

3）按构造形式分类（地下连续墙作为基坑围护结构、又兼做地下工程永久性结构的一部分时）。分为分离壁式、单独壁式、复合壁式、重壁式。

2. 特点

以下主要阐述分离壁式地下连续墙和单独壁式地下连续墙特点：

（1）分离壁式地下连续墙

在主体结构物的水平构件上设置支点，将主体结构物作为地下连续墙的支点，起水平支撑作用。

地下连续墙与主体结构结合简单，受力明确。地下连续墙在施工和使用时都起挡土和防渗作用，主体结构的外墙和柱子只承受垂直荷载。

（2）单独壁式地下连续墙

将地下连续墙直接用作主体结构地下室外边墙。此种形式壁体构造简单，地下室内部不需另做受力结构层，但主体结构与地下连续墙的节点需满足结构受力要求，地下连续墙槽段接头要有较好的防渗性。

8.6.3　地下连续墙的接头

1. 刚性接头

刚性接头包括穿孔钢板接头和钢筋搭接接头。

（1）穿孔钢板接头

穿孔钢板接头在工程中大量应用，可承受地下连续梁垂直接缝上的剪力，使相邻地下连续墙槽段共同承担上部结构的垂直荷载，协调槽段的不均匀沉降，具有较好的防水性。

（2）钢筋搭接接头

采用相邻槽段水平钢筋凹凸搭接，先行施工槽段钢筋笼两头伸出搭接部分，采取施工措施，现浇混凝土时可留下钢筋搭接部分空间，先槽段浇筑，再接头钢筋搭接，后槽段浇筑。

2. 柔性接头

柔性接头包括圆心锁口管接头、波形管接头、预制混凝土接头和橡胶止水带接头。柔性接头的抗剪、抗弯能力差，一般不用作主体结构的地下连续墙结构，当地下连续墙仅作为地下室外墙，不承担上部结构的垂直荷载或分担荷载较小时，通过采取一些结构措施，可采用柔性接头。

3. 结构接头

（1）刚性接头

当地下连续墙与结构板在接头处共同承受较大的弯矩，且两种构件抗弯刚度相近时，可采用刚性连接，常见的有预埋式钢筋接驳器连接（锥螺纹、直螺纹）和预埋钢筋连接。结构底板与地下连续梁通常采用钢筋接驳器连接。

（2）铰接接头

当结构板相对于地下连续墙厚度较小，且其承受的弯矩较小时，可以认为该节点不承受弯矩，仅起竖向支座的作用，可采用铰接连接，常见的有预埋钢筋连接和预埋剪力连接件连接。地下室楼板也可以通过边环梁与地下连续墙连接，楼板钢筋伸入边环梁中。

（3）不完全刚接接头

结构板相对于地下连续墙厚度较小，可在板内布置一定数量的钢筋，以承受一定的弯矩，但在板内钢筋不能配置很多以防形成刚接，宜采用不完全刚接形式。接头处释放的弯矩由地下连续墙按线形刚度重新分配。对结构板来说，端部弯矩折减后，板跨中的弯矩将增大。

4. 构造连接

槽段之间如采用刚性接头，则可使地下连续梁和槽段形成整体，共同承受上部结构的垂直荷载。当槽段之间用柔性接头连接时，为增强连续墙的稳定性，可在地下连续梁顶部设圈梁。当圈梁不足以承受槽段之间的剪力时，可在板底与地下连续梁处设置底板环梁，环梁应嵌入地下连续墙中。

当地下连续墙作为地下室外墙时，地下室隔墙尽量布置在地下连续梁槽段接头处，并在槽段接头处设加强柱。

若地下室隔墙位置不在接头处，则可在地下连续梁内预埋钢筋接驳器。

当主体结构需设置沉降缝及后浇带时，通过对地下连续墙槽段接缝或槽段本身的构造处理，同样在地下连续墙中设置沉降缝及后浇带。

8.6.4 地下连续墙施工工艺

地下连续墙施工工艺流程如图8-17所示。

1. 导墙施工

地下连续墙两侧导墙内表面之间的净距比

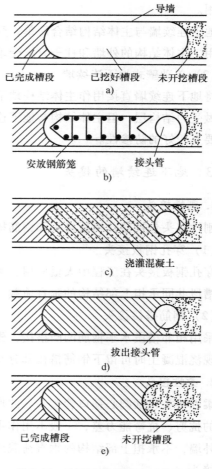

图 8-17　地下连续墙施工工艺流程

地下连续梁厚 40mm 左右；导墙顶面应高于地面 100mm 左右；现浇钢筋混凝土导墙拆模后，应沿纵向每隔 1m 左右设上下两道木撑。

2. 泥浆护壁

泥浆的作用：护壁、携渣、冷却机具和切土润滑。

泥浆有一定的密度，在槽内对槽壁有一定的净水压力，相当于一种液体支撑。泥浆能深入土壁形成一层透水性很低的泥皮，维护土壁的稳定性；泥浆有较高的黏性，能将土渣悬浮起来便于排渣；用泥浆冲洗时，可降低钻具的温度，减轻钻具磨损消耗；泥浆不仅有良好的固壁性能，而且便于灌注混凝土。

3. 槽段开挖

槽段开挖是地下连续墙施工中的重要环节，约占工期的一半，挖槽精度决定了墙体制作的精度，同时也是决定施工进度和质量的关键。地下连续墙是分段施工的，每一段称为地下连续墙的一个槽段（一个单元），一个槽段是一次混凝土浇筑单位，槽段施工流程如图 8-18 所示。

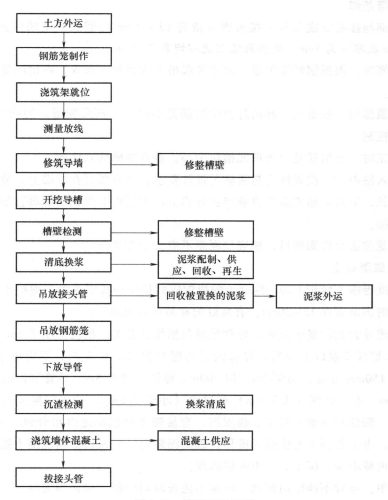

图 8-18　槽段施工流程

4. 成槽

无黏性土、硬土和夹有孤石等较复杂地层可用冲击式钻机；黏性土和塑性状态标准贯入锤击数小于 30 的砂性土，采用抓斗式钻机，但深度宜不大于 15m；回转式钻机，尤其是多头钻，地质条件适应性好，且功效高，壁面平整，一般当成槽深度大于 20m 时宜优先考虑。采用多头钻机开槽，每段槽孔长可取 6~8m，采用抓斗式或冲击式钻机成槽，每段长度可更大，墙体深度可达几十米。

5. 槽段的连接

槽段连接接头应满足受力和防渗要求。在挖除单元槽段土体后，在一端先吊放接头管，再吊入钢筋笼，浇筑混凝土后逐渐拔出接头管，形成半圆形接头。

6. 钢筋笼加工与吊放

制作钢筋笼的受力筋为Ⅱ级钢，直径不宜小于 16mm，构造筋采用Ⅰ级钢，直径不宜小于 12mm，钢筋笼最好按槽段做成整体，若需要分段制作及吊放再连接时，钢筋拼接宜采用焊接，且宜用帮条焊。

钢筋笼端部与接头管或混凝土接头面应留有 15~20cm 的间隙。主筋保护层厚度为 7~8cm，保护层垫块厚度为 5cm，垫块和墙面之间留有 2~3cm。

加工钢筋笼时，根据钢筋笼重量、尺寸及起吊方式和吊点布置，在钢筋笼内布置一定数量的纵向桁架。

起吊时，顶部用一根横梁。起吊过程中钢筋笼不可产生弯曲变形。为防止钢筋笼晃动，可系绳索人工控制。

插入钢筋笼时，使钢筋笼对准单元槽段中心，垂直准确插入槽内。

钢筋笼插入槽内后，检查标高是否满足设计要求，然后搁置在导墙上。分段制作的钢筋笼吊放时需接长，下段钢筋笼要垂直悬挂在导墙上，然后将上段钢筋笼垂直起吊，上下两段钢筋笼垂直连接。

吊放钢筋笼前必须检测槽段，槽底淤泥厚不应大于 250mm。

7. 水下浇筑混凝土

混凝土强度等级不低于 C20，混凝土的级配应满足结构要求和水下混凝土施工要求，比如流态混凝土的坍落度在 15~20cm，有良好的和易性和流动性。

混凝土要用导管在泥浆中浇筑。导管数量与槽段长有关：槽段长小于 4m，用 1 根导管；大于 4m，用 2 根或 2 根以上导管。导管内径为粗骨料的 8 倍左右，不得小于粒径的 4 倍。导管间距：用 150mm 导管，间距 2m；用 200mm 导管，间距 3m。导管下口插入混凝土深度应控制在 2~4m，不宜过深（大于 6m）或过浅（小于 1.5m）。插入深度大时，混凝土挤土的影响范围大，深部的混凝土密实、强度高，容易使下部沉积过多粗骨料，面层砂浆较多。插入深度小时，由于混凝土是推铺式推移，因此泥浆容易混入，影响混凝土强度。当浇筑顶面混凝土时，可减小插入深度，减小灌注速度。

浇灌过程中，导管不能横向运动，浇筑不能长时间中断，保证均匀性。

顶面需要比设计标高超浇 0.5m 以上的混凝土。

8.7 内撑式支护技术

8.7.1 概述

内撑式支护主要由支护结构和挡土体系两部分组成。作为基坑围护结构墙体的支承，内撑式支护结构对保证基坑稳定和控制周围地层变形起着极大的作用。内撑式支护施工如图 8-19 所示，内撑式支护结构如图 8-20 所示。支护结构的内支撑（水平支撑、角撑、斜支撑），常用的有钢结构支撑和钢筋混凝土结构支撑两类。前者多用圆钢管和大规格的型钢。后者多用土模或模板随着挖土深度的增加逐层现浇，它刚度大、变形小，能有效地控制挡土结构变形和周围地面的变形，适用于较深基坑或对周围环境要求较高的地区的基坑。基坑开挖所产生的土压力和水压力主要由挡土结构来承担，同时也由挡土结构将这两部分侧向压力传递给内支撑，有地下水时挡土结构也可防止地下水渗漏，是稳定基坑的一种临时支挡方式。

图 8-19　内撑式支护施工

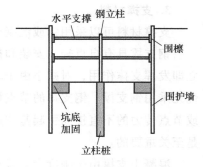

图 8-20　内撑式支护结构

内支撑可以直接平衡两端围护墙所受的侧压力，构造简单，受力明确。锚杆设置在围护墙的外侧，为挖土、结构施工创造了空间，有利于提高施工效率。

深基坑开挖中采用内支撑系统的支护方式已得到广泛的应用。特别对于软土地区基坑面积大、开挖深度深的情况，内支撑系统由于具有无须占用基坑外侧地下空间资源、可提高整个围护体系的整体强度和刚度以及可有效控制基坑变形的特点而得到了大量的应用。

8.7.2 内支撑体系

1. 内支撑体系组成

内支撑体系由水平支撑、钢立柱、立柱桩和围檩组成。水平支撑是平衡围护墙外侧水平作用力的主要构件，要求传力直接、平面刚度大而且分布均匀。钢立柱及立柱桩的作用是保证水平支撑的纵向稳定，加强支撑体系的空间刚度和承受水平支撑传来的竖向荷载，要求具有较好的自身刚度和较小垂直位移。围檩是协调水平支撑和围护墙结构间受力与变形的重要受力构件，其可加强围护墙的整体性，并将其所受的水平力传递给支撑构件，因此要求具有较好的自身刚度和较小的垂直位移。首道支撑的围檩应尽量兼做围护墙的圈梁，必要时可将围护墙墙顶标高降低。当首道支撑体系的围檩不能兼作圈梁时，应另外设置围护墙顶圈梁。圈梁可将离散的钻孔灌注围护桩、地下连续墙等围护墙连接起来，加强了围护墙的整体性，对减小围护墙顶部位移有利。

2. 内支撑体系分类

施工过程中常见的内支撑体系有单层或多层平面支撑体系、竖向斜撑体系两类。

平面支撑体系可以直接平衡支撑两端围护墙所受到的侧压力，其构造简单，受力明确，使用范围广。但当支撑长度较大时，应考虑支撑自身的弹性压缩以及温度应力等因素对基坑位移的影响。

竖向斜撑体系的作用是将围护墙所受的水平力通过斜撑传到基坑中部先浇筑好的斜撑基础上。对于平面尺寸较大、形状不规则的基坑，采用竖向斜撑体系施工比较方便，也可大幅节省支撑材料。但墙体位移受到基坑周边土坡变形、斜撑弹性压缩以及斜撑基础变形等多种因素的影响，在设计计算时应给予合理考虑。此外，土方施工和支撑安装应保证对称性。

3. 支撑材料

支撑材料可以采用钢或混凝土，也可以根据实际情况采用钢-混凝土组合的支撑材料。

钢支撑具有自重轻、安装和拆除方便、施工速度快以及可以重复使用等优点，安装后能立即发挥支撑作用，对减小由于时间效应而增加的基坑位移是十分有效的。因此如有条件应优先采用钢支撑。钢支撑的节点构造和安装相对比较复杂，如处理不当，会由于节点的变形或节点传力的不直接而引起基坑产生过大的位移。因此，提高节点的整体性和施工技术水平是至关重要的。

混凝土支撑由于刚度大，整体性好，可以采取灵活的布置方式，适用于不同形状的基坑，而且不会因节点松动而引起基坑的位移，施工质量相对容易得到保证，所以使用面也较广。但是混凝土支撑在现场需要较长的制作和养护时间，制作后不能立即发挥支撑作用，需要达到一定的强度后，才能进行其下土方作业，施工周期相对较长。当混凝土支撑采用爆破方法拆除时，对周围环境（包括振动、噪声和城市交通等）也有一定的影响，爆破后的清理工作量也很大，支撑材料不能重复利用。

8.7.3 内撑式支护施工

无论何种支撑，其总体施工原则都是相同的，土方开挖的顺序、方法必须与设计工况一致，并遵循"先撑后挖、限时支撑、分层开挖、严禁超挖"的原则进行施工，尽量减小基坑无支撑暴露时间和空间。同时应根据基坑工程等级、支撑形式、场内条件等因素，确定基坑开挖的分区及其顺序。宜先开挖周边环境要求较低的一侧土方，并及时设置支撑。环境要求较高一侧的土方开挖，宜采用抽条对称开挖、限时完成支撑或垫层的方式。

1. 基坑开挖

基坑开挖应按支护结构设计、降排水要求等确定开挖方案，开挖过程中应分段、分层，随挖随撑，按规定时限完成支撑的施工，做好基坑排水，减少基坑暴露时间。

基坑开挖过程中，应采取措施防止碰撞支护结构、工程桩或扰动原状土。支撑拆除时，必须遵循"先换撑、后拆除"的原则进行施工。

一般结合土方开挖方案，按照盆式开挖"分区、分块、对称"的原则随着土方开挖的进度及时跟进支撑的施工，尽可能减少围护体侧开挖段无支撑暴露的时间，以控制基坑工程的变形和稳定性。

2. 混凝土支撑的施工

混凝土支撑的施工由多项分部工程组成，根据施工的先后顺序，一般可分为施工测量、钢筋工程、模板工程以及混凝土工程。

3. 钢筋混凝土支撑的施工

钢筋混凝土支撑（图 8-21）底模一般采用土模法施工，即在挖好的原状土面上浇捣 10cm 左右素混凝土垫层。垫层施工应紧跟挖土进行，及时分段铺设，其宽度为支撑宽度两边各加 200mm。

4. 钢支撑的施工

钢支撑施工时，根据围护挡墙结构形式及基坑挖土的施工方法不同，围护挡墙上的围檩形式也有所区别。

钢支撑施工（图 8-22）根据流程安排一般可分为测量定位、起吊、安装、施加预应力以及拆除等施工步骤。

图 8-21　钢筋混凝土支撑

图 8-22　深基坑钢支撑施工

（1）测量定位

当挖土至钢支撑底部以下 30cm 时，立即组织专业人员根据设计图对钢支撑进行测量、布置和定位。钢支撑定位水平位置允许偏差为 2cm，高度允许偏差为 1.5cm。标记钢支撑的安装高度和水平位置。

（2）起吊

把钢支撑移到相应安装部位后，缓慢地将钢支撑安放在围檩的托架上。钢支撑起吊到位后，先不松开吊钩，将一端的活动头拉出顶住围檩，再将液压千斤顶放入顶压位置，为方便施工并保持千斤顶加力一致，千斤顶用托架固定。液压千斤顶在施工时应平衡顶压，保持千斤顶的轴力方向与钢支撑的中线平行。

（3）安装

基坑开挖到钢支撑设计标高以下 0.5m，开始安装架设钢支撑。第二道与第三道钢支撑在支撑范围内均支撑在围檩上。考虑钢支撑安装后土方开挖及运输机械的通道，从每层开挖面的中部预先拉槽，槽的高度以上一层钢支撑底部下 3m 控制，两侧留 2~3m 宽的平台，作为护墙土体。

钢支撑采用法兰连接，每根钢支撑的安装轴线偏心不大于 20mm；钢支撑拼装时应相互错开螺母连接方向，并应在平整地方进行拼装，采用对角和分级分序将螺母扳紧，使各螺栓受力均匀。经检查合格的钢支撑应按部位进行编号，以免用错。

在钢支撑的两端和钢腰梁（冠梁预埋钢板）上对应位置画出十字轴线，每根钢支撑标明编号。在钢腰梁安装验收合格后，应分根先安装斜支撑，后安装直支撑，吊放钢支撑时，钢支撑的固定端与活动端纵向应逐根交替间隔布设。调整钢支撑两端十字轴线与钢腰梁十字轴线吻合，以确保钢支撑都在同一水平面上。土方开挖至设计标高后，钢支撑应当在 24h 内安装到位，并施加预加压力。

（4）施加预应力

钢支撑安装好并调整标高后，用两台千斤顶在活动端按级差 50kN 逐级施加预应力，施加预应力值按设计要求至无明显衰减时停止，以液压表读数计算预压力为控制依据。预压力的施加在活动端两侧同时进行，由专人统一指挥，以保证施工达到同步协调。

（5）拆除

钢支撑严格按照设计要求的程序进行拆除，遵循"先换撑，后拆撑"的原则。

钢支撑拆除时，用汽车式起重机将钢支撑吊紧，在活动端用千斤顶施加轴力至钢楔块松动，取出钢楔块，逐级卸载，再吊起钢支撑。避免预应力瞬间释放而导致结构局部变形、开裂。钢支撑整根拆除，拆除后转运至指定位置集中存放。

8.8 双排桩支护技术

8.8.1 概述

双排桩支护结构属于门架式围护结构，该基坑支护结构体系把单排悬臂桩中的间隔部分后移，前、后排桩的桩顶用连系梁连接，从而形成双排桩支护的空间结构受力体系，如图 8-23 所示。在基坑深度较大并且不适合采用单排悬臂桩支护的情况下，可以采用受力和变形性能较好的双排桩支护结构体系进行支护。除了广泛应用于深基坑支护外，双排桩支护结构也在临时围护及公路边坡防护等工程中广泛应用，防洪堤、码头、深水岸坡等工程常采用大排距双排柱作为永久性构筑物。

双排桩支护结构最初应用于边坡的抗滑加固治理工程，随着一些地区由于深层滑坡推力加大，出现较严重的滑坡事故，只依靠增大抗滑桩截面来提高桩的抗弯刚度，不但给施工带来不便，而且使工程造价提高，因此双排（抗滑）桩应运而生。双排桩同普通抗滑桩相比，不仅能够保证安全性和稳定性，而且桩身的最大弯矩可以减小到单排桩最大弯矩的 50% 左右，此外，还能节约一半以上的钢筋混凝

图 8-23　双排桩支护

土用量。随着一些大中型城市对高层和超高层建筑的规划发展，双排桩支护结构随之被更广泛地应用在了基坑工程当中，且取得了不错的社会反响和经济效果。

8.8.2　双排桩支护体系结构特点

双排桩支护是一种空间超静定结构，它在单排桩的基础上，将其中的部分桩体向后移动，即可形成不同形状的双层排桩结构，如矩形或梅花形，将前后两排桩的桩顶用连梁联结，出现了空间构造，从而形成了双排桩支护结构体系。

当桩体数量固定时，双排桩支护结构可以较大程度上提高基坑整体支护结构的稳定性，具有较强的空间组合效应。当基坑开挖时，土体原有内力平衡被打破，主动压力增大，后排桩向基坑前缘运动。此外，桩间土因受到结构的空间效应而被压缩，后排桩受到桩间土的反作用力，桩间土传递的土压力也作用到前排桩上，最终土压力传递到埋入足够深的前排桩桩体上，从而使支护结构的前、后排桩协同作用，大幅度减小整个结构的侧向位移，保证整体稳定性。

双排桩支护同单排悬臂桩支护相比有以下优点：

1）双排桩支护体系整体结构简单，施工方便且造价低。基坑施工时比单排桩拉锚结构需要的场地更小，无须设置内支撑且对周围环境的要求较低，可以提供更加宽阔的施工工作面，保证后续工作能够顺利衔接，以缩短工期。此外，在保持桩数量一定的情况下，双排桩的桩径相对于单排桩的桩径可以适当缩小，而且施工过程中没有必要设置支撑、拉锚结构，因此能够使基坑工程的综合效益更加明显。

2）双排桩支护结构整体刚度大，因为前后排平行的桩体配合刚性冠梁形成了空间超静定结构，在侧压力和排桩嵌固部分摩阻力的共同作用下，使得双排桩的位移明显减小。

3）通过冠梁及连梁的空间效应自动调节支护结构本身的内力，以此来适应复杂的荷载条件，属于超静定空间结构特殊的优势。

8.8.3 双排桩支护体系施工工艺

双排桩支护体系施工工艺流程如图 8-24 所示。

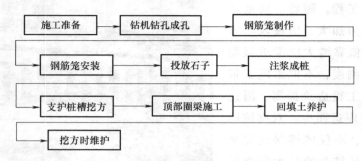

图 8-24　双排桩支护体系施工工艺流程

双排桩支护体系施工要点有：

（1）场地平整

满足钻机铺设轨道要求，修筑进场道路，满足汽车、起重机进出场的要求。

（2）定位放线

按照设计平面布置的方案进行放线，制定布置方案时要充分考虑施工工作面的预留。

（3）钻孔方法

钻孔方法一般有按桩位顺序顺排法和跳桩法，按照现场的土质条件采取相应的方法。如果现场为黏土或塑性较好的土质，则采用顺排法，此种方法机械移动少，施工效率较高。如果现场为回填土等松散性土质，成孔易坍塌，则采用跳桩法。

（4）钻机就位

注意轨道平整，保证钻机钻杆垂直向下，防止钻孔偏斜。

（5）钻孔

按设计桩径选择钻头，钻搅出的泥浆及时用泥浆泵抽到泥浆池中，经过沉淀池沉淀过滤，将清水通过排水槽排入下水道中。

（6）洗孔

钻孔钻到设计深度后用清水进行洗孔，洗孔用注浆机将清水从孔底部注入，使孔内的泥浆全部翻出，用泥浆泵及时将翻出的泥浆抽走，直到清水翻出说明孔内泥浆已清洗完。

（7）钢筋笼制作

按照设计的要求，在钢筋加工场加工钢筋笼。钢筋笼按照桩身的长度可一次成型，但若桩身较长，钢筋笼在安装过程中容易变形，则采用分段制作的方法。

（8）钢筋笼安装

桩径较大、较长的钢筋笼安装用起重机进行安装就位，较小较短的钢筋笼采用人工抬运至钻机旁，由钻机进行安装就位。钢筋就位时要注意钢筋笼要竖直，向下放时要轻放，不要碰撞桩壁，将钢筋笼落到孔底。

（9）安装注浆管

钢筋笼安装后及时将注浆管放置到桩孔内，注意注浆管要落到孔底。

（10）投放石子

将漏斗口垂直置于桩上方，对准空口，使石子进入桩孔时呈竖直下落状态。避免石子碰撞孔壁。投放石子时边投放边振动注浆管，使石子不至于堆积卡在钢筋笼中，造成断桩。石子投放要超过孔口。

（11）注浆

注浆料按水泥：粉煤灰＝1∶7（质量比）配制，并充分搅拌经注浆机加压注入桩孔内，注浆压力为 0.3~0.5MPa，按照 300mm 的高度向上分段注浆拔管。

（12）圈梁施工

灌注桩施工完后，清除灌注槽内的泥浆，按照设计要求进行圈梁施工，圈梁施工首先要破除灌注桩桩头，使钢筋露出足够的锚固长度，然后浇筑垫层，绑扎圈梁钢筋，并立模板进行圈梁混凝土浇筑。

（13）回填土并养护

圈梁施工完后进行回填土，并留有足够的时间养护。待混凝土强度达到设计要求值后方能进行挖土作业。

8.9 逆作法

8.9.1 概述

逆作法也称逆筑法，是指从上往下施工的方法。图 8-25 为被称为最难逆作法施工的广州恒基中心项目。

深基坑支护结构和地下工程施工可以分成顺作法（敞开式开挖）和逆作法两种。在逆作法基础上演变而来的半逆作法以及局部逆作法等都可以归入逆作法的范畴。顺作法是传统的深基坑施工方法，先进行板桩、灌注桩、SMW挡墙等的支护施工，然后进行基坑土方开挖，再从下而上逐层施工地下结构。逆作法施工与顺作法施工顺序相反，在支护结构及工程桩完成后，并不进行土方开挖，而是直接施工地下结构的顶板或者开挖一定深度再进行地下结构的顶板、中间柱的施工，然后再依次逐层向下

图 8-25　广州恒基中心项目

进行各层挖土，并交错逐层进行各层楼板的施工，每次均在完成一层楼板施工后才进行下层土方的开挖。

8.9.2 逆作法基本原理

逆作法的基本原理是：先沿建筑物地下室轴线（地下连续墙也是地下室结构承重墙时）或其周围（地下连续墙等只用作支护结构时）施工地下连续墙或其他支护结构，再在建筑物内部的相关设计位置设置中间支承桩和柱，作为施工期间（地下室底板浇筑之前）承受上部结构自重和施工荷载的支撑。然后施工地面一层的梁板结构，作为围护结构的支撑体系，施工地面一层梁板结构之前，也可先进行盆式大开挖，这样有利于土方工程的进行，节约施工工期，但是土方开挖的深度以及盆边土的留设都必须经过设计，满足支护结构的设计要求方可进行。随后逐层向下开挖土方和浇筑各层地下梁板结构，直至底板封底。由于地面一层的楼面结构已完成，为上部结构的施工创造了条件，所以可以同时向上逐层进行地上结构的施工。但是在地下室底板浇筑之前，上部结构的允许施工层数必须经过计算设计确定。逆作法施工示意如图 8-26 所示。

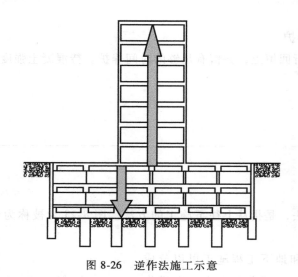

图 8-26 逆作法施工示意

8.9.3 逆作法施工工艺

关于逆作法施工工艺的内容，在本书 9.2 节超高层深基坑及地下室施工技术部分进行详细叙述。

第9章

超高层建筑施工技术

9.1 概述

为充分利用土地资源，满足经济与社会发展的需要，超高层建筑逐渐发展起来，高楼林立是现代城市建设繁荣的标志特征。同时，建筑物的高度也能向世界展现城市的工程施工能力和经济发展实力。随着国外兴起的超高层建筑之风，再考虑到我国人口增长、城市用地不断缩紧的现状，我国也开展了对超高层建筑建设的研究和施工工作。

上海中心大厦（图9-1）、北京中信大厦（图9-2）、台北101大厦（图9-3）等地标性建筑的兴建，成为我国大型城市的名片，是我国著名超高层建筑。

图9-1　上海中心大厦　　　图9-2　北京中信大厦　　　图9-3　台北101大厦

9.1.1　超高层建筑定义

超高层建筑属于高层建筑的范畴。高层建筑的划分标准在国际上并不统一，但是基本原则是一致的。我国《民用建筑设计统一标准》（GB 50352—2019）规定：住宅的地上建筑高度不大于27m的，为低层或多层住宅；大于27m、不大于100m的，为高层住宅；大于100m的，为超高层住宅。

1972 年国际高层建筑会议将高层建筑按高度分为四类：9～16 层（最高到 50m）、17～25 层（最高到 75m）、26～40 层（最高到 100m）、40 层以上（100m 以上，即超高层建筑）。

随着超高层建筑向高度更高、结构形式更复杂、施工进度要求更快的方向发展，超高层建筑施工技术逐步发展为以超高层钢结构制作安装、高强混凝土超高泵送、模架施工技术为主的现代施工技术。

9.1.2 超高层建筑结构体系

高度超过 250m 的超高层建筑结构，一般采用框架-核心筒、框筒-核心筒、巨型框架-核心筒和巨型框架-核心筒-巨型支撑四种结构体系，分别适用于不同高度的超高层建筑。框架-核心筒、框筒-核心筒适用于高度为 250～400m 的超高层建筑；巨型框架-核心筒、巨型框架-核心筒-巨型支撑适用于高度为 300m 以上的超高层建筑。

框架-核心筒结构是目前高层及超高层结构中应用最广泛的结构形式之一。核心筒除了四周的剪力墙外，内部还有楼梯间、电梯间的分隔墙，核心筒的刚度和承载力都较大，成为抗侧力的主体，框架承受的水平剪力较小。为使周边框架柱参与抗倾覆，增强结构抗倾覆力矩的能力，在核心筒和框架柱之间设置水平伸臂构件。伸臂桁架使一侧框架柱受压、另一侧框架柱受拉，减小结构的侧移和伸臂构件所在楼层以下核心筒的弯矩。为了进一步增大结构的刚度，使周边的框架柱都承担抗倾覆力矩，在设置伸臂构件的楼层设置周边环带构件。设置加强层后，框架-核心筒结构的建造高度与筒中筒结构的建造高度接近。

巨型框架-核心筒-巨型支撑结构具有多道抗震防线。设置巨型支撑可提高结构抗侧刚度，减小刚度突变。水平地震作用下，巨型支撑可提高外框架刚度，使框架底部抵抗剪力和弯矩的能力明显提高。

9.2 超高层深基坑及地下室施工技术

9.2.1 概述

随着超高层建筑的发展，超高层建筑深基坑技术也在不断发展。超高层建筑埋置深度深，部分超高层建筑埋深已超过 30m，超深基坑支护结构施工技术、地下水位控制技术、土方开挖及运输技术、信息化施工及变形控制技术难度越来越大。

9.2.2 超高层深基坑工程施工

1. 超高层深基坑工程施工特点

超高层建筑深基坑工程具有规模庞大、环境复杂、工期紧张等鲜明特点。

（1）规模庞大

超高层建筑深基坑工程占地广，面积超过 50000m^2 的深基坑工程已经很常见。为了结构稳定和开发地下空间的需要，超高层建筑的基础埋置都比较深，基坑开挖深度超过 20m，有的甚至超过 30m。深基坑工程施工技术含量高、施工安全风险大。

（2）环境复杂

超高层建筑多处于城市繁华地段，周边建筑密集，地下管线交错，甚至还紧邻城市生命线工程，如地铁等，施工环境复杂，环境保护要求高，深基坑工程施工不但要确保自身安全，而且要将变形控制在环境可承受的范围内，施工控制标准高。

（3）工期紧张

超高层建筑的显著特点是：投资大、工期长、工期成本高。因此必须突出工期保证措施，采取有力措施缩短工期。由于深基坑工程施工任务比较单一，牵涉面比较小，因此超高层建筑施工中，往往将压缩工期的任务落实在深基坑工程施工阶段，深基坑工程施工工期往往极为紧张。

2. 超高层深基坑工程施工工艺

深基坑工程施工技术路线的关键是确定合理的深基坑工程施工工艺，深基坑工程施工工艺对深基坑施工影响极大，必须重点解决。

目前超高层建筑深基坑工程施工工艺主要有三种：顺作法、逆作法和半逆作法。三种施工工艺各有优缺点和适用范围。尽管超高层建筑深基坑工程施工工艺种类不多，但是深基坑工程施工工艺的选择还是非常困难的，必须在详细了解场地地质条件、环境保护要求的基础上，深入分析超高层建筑工程特点，遵循技术可行、经济合理的原则，借鉴类似工程经验，充分决策。

9.2.3 逆作法施工工艺

逆作法施工工艺流程如图 9-4 所示。

1）按基础外围面积，先施工四周的支护结构，支护结构采用地下连续墙或排桩，基础若是桩基则采用排桩等。其施工用围护结构应该是永久性的，而且是作为建筑物主体受力结构的一部分，所以，围护结构一般是地下墙体围护，并于内部施工时再复以内衬，成为复合共同受力的结构。

2）按设计图施工中间支承柱，采用"一柱一桩"的基础，每根桩必须承受基础尚未完成前的上部和地下结构自重及各种荷载，目前在逆作法施工时，大部分是临时采用钢管柱或型钢（宽翼面工字钢）柱支承，挖土完成后再做外包混凝土，当采用挖孔桩时可支模形成钢筋混凝土柱。

3）底板以下的中间支承柱要与底板结合成整体，多做成灌注桩形式，其长度不能太长，否则影响底板的受力形式，与设计的计算假定不一致。底板以上中间支承柱的柱身，多采用钢管混凝土柱、H 型钢柱或其他形式结构柱，断面小且承载力较强，便于与地下室的梁、柱、墙、板等连接。逆作法施工中的立柱在底板施工前要承受较大的结构和施工荷载。

4）利用地下室一层的土方夯实修整后做地模，浇灌地下室一层的顶层钢筋混凝土梁和板，并在此层预留出若干个挖土方的出土洞。

5）进行地下室一层的土方推土、挖土和运土。

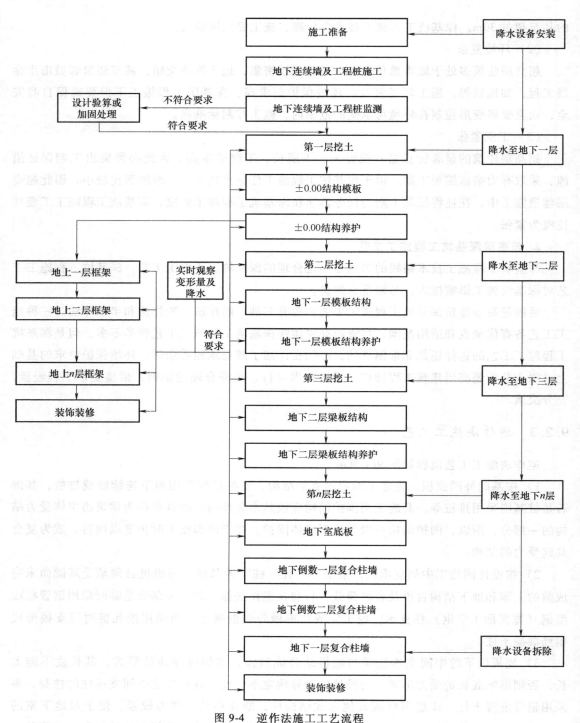

图 9-4 逆作法施工工艺流程

6）重复步骤 4），进行地下室二层梁板混凝土的浇筑，同样要在楼板中预留出土洞。

7）重复步骤 5），进行地下室二层的土方外运。

8）不断重复步骤 4）和 5），进行地下楼层的施工。

9.2.4 顺作法施工工艺

顺作法遵循先深后浅的原则,地下室全部采用从下至上的施工步骤,地下室结构完成后再开始上部结构施工。由上而下分层开挖,逐层搭建水平支撑体系,底板完成后,再由下而上拆除水平支撑体系并施工。

顺作法开挖前要做好场地规划、机械人员准备、基坑内降水,并及时跟进水位监测,保证水位在开挖面以下不小于 1m。在开挖中必须遵循"先撑后挖、随挖随撑、同步对称、及时封闭"的原则,防止基坑变形及周边建筑物变形。基坑开挖过程中严禁超挖,基坑纵向放坡不得大于安全坡度,严防纵向滑坡。加强基坑稳定的观察和监控量测工作,以便发现施工安全隐患,并通过监测反馈及时调整开挖程序。在安全文明施工方面:作业区域设置明显警戒线,并设置专人指挥,吊装半径内严禁人员进入;基坑开挖、钢筋模板安装及混凝土浇筑过程中严禁上下垂直、交叉作业;基坑临边设置符合要求的临边防护及安全警示标识。

顺作法施工顺序如图 9-5 所示。

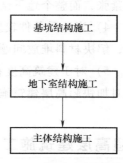

图 9-5 顺作法施工顺序

9.2.5 半逆作法施工工艺

半逆作法施工是将基坑工程分为顺作与逆作两个部分,在施工过程中先施工顺作部分,然后待顺作部分主体施工到一定楼层之后再开始逆作部分的施工。顺作部分施工先进行挖土与混凝土支撑的施工,挖土至设计标高后进行承台垫层施工与桩基工程验收,之后进行承台结构施工及顺作部分地下结构施工,再施工上部结构。逆作部分施工是只将逆作区横向梁板结构作为水平支撑,其竖向受力通过型钢柱传递到桩基,并按照从上往下的施工顺序逐层施工地下结构,且挖土采用地下暗挖的方法进行。顺作和逆作部分分别按照各自通常的施工方法进行施工。

将一个基坑工程分为两个部分,其分隔节点及受力处理是基坑工程要解决的重点。由于先施工顺作部分,其施工完成后再开始施工逆作部分,因而要在顺逆分隔区设置隔断。根据顺逆作区的挖土深度采用钻孔灌注桩作为隔断,并在逆作区采用深层搅拌桩作为止水帷幕。

半逆作法施工顺序如图 9-6 所示。

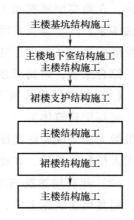

图 9-6 半逆作法施工顺序

9.2.6 三种施工工艺应用范围

实际施工时,根据工程土质情况、场地条件、周边环境、起高层建筑高度、工期要求等情况采取合适的施工方法,确保基坑与周边环境安全,解决场地狭小问题,加快超高层建筑施工进度,从而缩短工程总工期。顺作法、逆作法、半逆作法三种施工方法具有各自的技术特点和适用范围。

1）当地质条件较好、周边环境保护要求较宽松、场地堆放条件宽裕、工期不是特别紧张时，适合采用顺作法施工，当建筑高度在 400m 以内时，优先采用顺作法施工。顺作法施工具有工艺成熟、工期较易掌握、作业面条件好、工程质量易保证等优点。

2）当地质条件较差，周边环境保护要求高，整个地下结构平面尺寸不是特别大时，适合采用逆作法施工。

3）虽然地质条件较好，周边环境保护要求一般，但是当建筑高度特别高，或者工期特别紧张，而整个地下结构平面尺寸不是特别大时，适合采用逆作法施工。

4）当地质条件较差，周边环境保护要求高，基坑面积特别大时，为了有效控制基坑变形，解决材料堆放问题，同时加快超高层建筑上部结构的施工，适合采用半逆作法施工。

5）对于建筑高度在 400m 以上，或者工期特别紧张的工程，采用逆作法或半逆作法施工对加快超高层建筑施工进度的效果非常明显。

9.3 超高层建筑施工垂直运输体系

9.3.1 概述

超高层建筑施工垂直运输体系是一套相互补充的担负建筑材料、施工人员、施工器具、建筑垃圾的施工机械。现阶段超高层建筑高度大，一般运送机械难以将所需的大量物资输送到指定高度，对工期、工程质量等具有一定的影响。垂直运输体系任务重、投入大、潜在风险大，在超高层建筑施工组织设计时，需要根据具体工程因地制宜选择合适超高层施工垂直运输体系。随着建筑高度的不断增加，建筑材料、垂直运输装备、施工模架与平台在施工技术发展中出现了根本性变革，成为超高层建筑施工技术发展的重要装备支持。

综合来看，超高层建筑施工垂直运输具有以下特点：

（1）超高层建筑施工垂直运输任务重

超高层建筑体量大，建筑规模巨大，所需建筑材料数以十万吨计，传统的运输方法或工程机械无法完成如此高度和体量的工程材料运输。超高层建筑施工现场人员多，高峰施工段施工人员数以千计，如此多的施工人员上下进出场地对垂直运输体系是严峻的考验。

（2）超高层建筑施工垂直运输体系投入大

超高层建筑施工中，施工机械设备费用占总造价的 5% ~ 10%，在整个施工机械设备中，垂直运输体系设备又占大部分，如起重机、泵车、电梯等，而这些机械设备的租赁、购买以及保养维护费用高昂。

（3）超高层建筑施工垂直运输体系运输效率高

超高层建筑一般位于城市中心地带，预留的施工空间十分有限，施工对周围建筑体系和交通的影响非常大。当前，制约超高层建筑施工的主要是钢结构工程的开展，关键环节是钢结构的吊装，利用垂直运输体系，可以大大提高吊装效率。施工人员的快速到位也可以大大提高效率，据测算，100 个工人在 15 层楼上作业，乘施工电梯比不乘施工电梯每一个台班节省 22.5 个工日。

9.3.2 垂直运输体系对象的构成

超高层建筑施工垂直运输对象，按体重和体量可以大致分为以下几种：

1）大型建筑材料设备：包括钢构件、预制构件、机电设备、模板和大型施工机具等。

2）中小型建筑材料设备：包括机电安装材料、建筑装饰材料和中小型施工机具等。

3）混凝土：混凝土使用量大，对运输工具的适应性强。

4）施工人员：超高层建筑施工现场人员体量大，上下进出施工现场时间集中，短时间运输强度大，对运输安全的要求非常高。

5）建筑垃圾：每个作业面都会产生垃圾，及时运出并及时处理建筑垃圾是保障施工现场安全整洁的重要保障。

9.3.3 垂直运输体系的施工设备

超高层建筑施工垂直运输机械主要有塔式起重机、井架、龙门架、施工电梯、物料提升机等。本节着重介绍塔式起重机。

塔式起重机按照不同的标准，有不同的类型。塔式起重机按形式分类如图 9-7 所示。

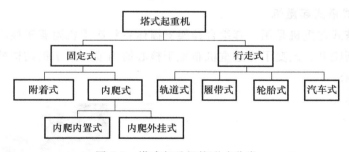

图 9-7 塔式起重机按形式分类

固定式塔式起重机将塔身基础固定在地基基础或结构物上，塔身不能行走；附着式塔式起重机每隔一定间距通过支撑将塔身锚固在结构物上；内爬式塔式起重机设置在结构物内部或高层核心筒外墙，通过支撑在结构物上的爬升装置，使整机随着结构物的升高而爬升；行走式塔式起重机能在轨道上行走，同时完成水平运输和垂直运输，且能在直线和曲线轨道上运行，但因需要铺设轨道，所以装拆及转移耗费工时。下面主要介绍行走式、附着式、内爬内置式和内爬外挂式塔式起重机。

1. 行走式塔式起重机

行走式塔式起重机（图 9-8）根据其工作时的行走方式的不同又可分为轨道式、履带式、轮胎式和汽车式四种。通过底架及其他辅助装置后，塔式起重机还能沿曲线轨道行走，可适应不同平面形状结构物的施工要求。在大型建筑工区内通过铺设弯轨，塔式起重机不用拆卸、装运，即可由一个施工点转移到另一个施工点。

2. 附着式塔式起重机

附着式塔式起重机是固定在配套独立基础上的起重机械，每隔 20m 左右采用附着支架装置，将塔身固定在结构物上，以保持稳定。塔身可借助顶升系统向上自升，自升系统包括顶升套架、长行程液压千斤顶、承座、顶升横梁及定位销等，如图 9-9 所示。

图 9-8 行走式塔式起重机   图 9-9 附着式塔式起重机

3. 内爬内置式塔式起重机

内爬内置式塔式起重机是安装在结构物内部电梯井或特设开间的结构上，借助爬升机随结构物的升高而向上爬升的起重机械。一般每隔 1~2 层楼爬升一次，如图 9-10 所示。

4. 内爬外挂式塔式起重机

内爬外挂式塔式起重机是用一套组合挂架支撑体系将起重机附着于核心筒外壁，并随着楼层的升高而不断爬升，改变了将起重机布置于核心筒内或外附于钢结构外框的传统附着方式，如图 9-11 所示。

图 9-10 内爬内置式塔式起重机   图 9-11 内爬外挂式塔式起重机

9.3.4 塔式起重机布置与装拆

1. 塔式起重机布置

塔式起重机布置应考虑覆盖范围、距建筑物的远近、是否方便安拆等。在覆盖范围上，应尽量消灭作业死角。对于距离建筑物的远近，塔式起重机的尾部与周围建筑物及其外围施工设施之间的安全距离不小于 0.6m；确保塔式起重机回转时与相邻建筑物、构筑物及其他设施间的水平和垂直安全距离大于 2m；保证塔身不阻碍外脚手架的搭设和在降塔时驾驶室、走台、起重臂、平衡臂等部位不与外挑的阳台、雨篷等相碰。在安拆方面，塔式起重机应尽量布置在能使其拆至地面的场地。

2. 安装前的准备工作

检查路基和轨道铺设或混凝土固定基础是否符合技术要求。

1）使用单位应根据塔式起重机原制造商提供的载荷参数设计建造混凝土基础。

2）对所拆装塔式起重机的结构焊缝、重要部位螺栓、销轴、卷扬机构、钢丝绳、吊钩、吊具、电气设备及其线路等进行检查，发现问题及时处理。

3）对自升塔式起重机顶升液压系统的液压缸、油管、顶升套架结构、导向轮、挂靴爬爪等进行检查，发现问题及时处理。

4）对拆装人员所使用的工具、安全带、安全帽等进行全面检查，不合格的立即更换。

5）检查拆装作业用的辅助机械，如起重机、运输汽车等必须性能良好，技术要求能满足拆装作业需要。

6）检查电源闸箱及供电线路，保证电力正常供应。

7）检查作业现场有关情况，如作业场地、运输道路等是否已具备拆装作业条件。

8）技术人员和作业人员符合规定要求。

9）安全措施已符合要求。

3. 塔身的提升

吊起一个塔身标准节，启动回转机构，将起重臂旋转到引入塔身标准节的方向。用牵引小车吊起一个塔身标准节，开到 10.5m 左右幅度处，以保持顶升部分的重心大体落在油缸中心线上，调整爬升架滚轮和标准节的间隙，同时使回转机构处于制动状态。

拆开下支座与下塔身之间的连接螺栓副，然后开油泵将上部结构顶起，使爬升架的爬爪支承在塔身的顶升支板上。

操纵手柄，使活塞杆收回，这时横梁提升到上一个顶升支板内，再次爬升，待活塞再次伸出全长后，即可引入塔身标准节。

将塔身标准节对正下塔身，用螺栓副将引进的塔身标准节与下塔身连接拧紧，这样便完成了一个塔身标准节的提升，如图 9-12 所示。

拆装顶升的工作完毕后，各连接螺栓应按规定的预紧力紧固，顶升套架的导向滚轮与塔身要吻合

图 9-12　塔身提升示意图

良好，液压系统的左右操作杆在中间位置，并应切断液压顶升机构的电源。

9.3.5 超高层建筑施工电梯

施工电梯（图9-13）是超高层建筑施工垂直运输体系的重要组成部分，大量的机电安装材料、装修材料和施工人员都要依靠施工电梯进行运输，为确保施工人员上下作业便捷，需保证其中一台施工电梯始终能直达工程自升式钢平台施工面。因此，必须针对施工电梯附墙与工程自升式钢平台连接技术进行研究，以解决自升式钢平台爬升同施工电梯互为障碍问题，使两者之间影响减至最小，保证既不影响钢平台爬升，也使得钢平台爬升完毕后施工电梯能立刻投入使用。

图9-13 施工电梯

1. 施工电梯分类

施工电梯主要分为齿轮齿条驱动施工电梯和绳轮驱动施工电梯。

（1）齿轮齿条驱动施工电梯

齿轮齿条驱动施工电梯的主要部件为立柱导轨架、安全棚、吊笼、驱动装置、安全装置、平衡重、电气控制与操作系统等。

（2）绳轮驱动施工电梯

绳轮驱动施工电梯常被称为施工升降机或升降机。其构造特点是：采用三角断面钢管焊接格桁结构立柱；无平衡重，设有限速和机电联锁安全装置，附着装置简单；能自升接高，可在狭窄场地作业，转场方便；吊笼平面尺寸为1.2m×(2~2.6)m，结构较简单，钢量少。有的人货两用，可载货1t或乘8~10人，有的只用于运货，载重达11t；造价仅为齿轮齿条驱动施工电梯的40%~50%。在20层以下时采用此种电梯，20层及以上采用齿轮齿条驱动施工电梯。

2. 施工电梯布置

施工电梯布置方式及优缺点见表9-1。

表9-1 施工电梯布置方式及优缺点

电梯位置	优缺点	分析
结构外侧	优点	不影响正式电梯的安装 材料可以从堆场直接进入电梯，不需要进入楼内 对室内精装修影响较小
	缺点	影响外幕墙的封闭 影响安装高度，对于高度超过300m的超高层建筑，附墙立柱随着高度的增加变形会越来越大
核心筒内	优点	不影响外幕墙的封闭 不受建筑高度的影响，对于超过一定高度的建筑物，可以分级接力至顶层
	缺点	影响正式电梯的安装 影响精装修的收尾

9.4 超高层建筑模板及脚手架技术

9.4.1 超高层建筑模板工程

建筑模板是一种临时性支护结构，按设计要求制作，使混凝土结构、构件按规定的位置、几何尺寸成形，并承受建筑模板自重及作用在其上的外部荷载。进行模板工程的目的是保证混凝土工程质量与施工安全，加快施工进度，降低工程成本。超高层模板施工现场如图 9-14 所示。

超高层建筑模板工程的特点如下：

（1）以竖向模板为主体

目前超高层建筑多采用框架-核心筒、框筒-核心筒结构体系，核心筒以钢筋混凝土结构为主，外框架（筒）以钢结构为主，水平结构（楼板）一般采用压型钢板作为模板，因此在超高层建筑结构施工中，核心筒的模板工程量最大。核心筒内多为电梯和机电设备井道，楼板缺失比较多，竖

图 9-14　超高层模板施工现场

向结构（剪力墙）模板施工量较水平结构（楼板）模板施工量大得多，竖向模板面积远远超过水平模板面积。

（2）施工精度要求高

超高层建筑结构超高，受力复杂，施工精度特别是垂直度对结构受力影响显著。另外超高层建筑设备（如电梯）正常运行对结构的垂直度也有严格要求，因此超高层建筑的模板工程系统必须具备较高的施工精度。

（3）施工效率要求高

超高层建筑施工多采用阶梯形竖向流水方式，核心筒是其他工程施工的先导，核心筒施工速度对其他部位结构施工甚至整个超高层建筑施工速度都有显著影响，因此超高层建筑模板工程必须具有较高工效。

9.4.2 液压爬升模板技术

液压爬升模板体系由动力系统、钢平台系统、脚手架系统、模板系统和内外构架支撑系统组成。其中动力系统一般采用模块式配置，即两个液压千斤顶、一台电动泵站及相关配件有机联系形成一个液压动力模块，为一个模块单元的爬模提供动力。在该液压系统模块中，两个液压缸并联设置。钢平台系统处于整个体系的顶部，是施工人员的操作平台和液压布料机的放置场地。脚手架系统作为施工人员的上下通道和钢筋绑扎、模板安装的操作空间，悬挂脚手架采用滑移式设计方法，满足核心筒墙体收分施工需要。模板系统采用定型轻型大模

板，施工时跟随构架平台体系一起爬升。支撑系统搁置在墙体上，承受构架平台施工时的荷载。整个体系利用油缸的顶升和回提跟随核心筒墙体的施工完成每一层的爬升。液压爬升模板施工如图9-15所示。

1. 爬模原理

爬模装置的爬升通过液压油缸对导轨和爬模架体交替顶升来实现。导轨和爬模架体是爬模装置的两个独立系统。当爬模浇筑混凝土时，导轨和爬模架体都挂在连接座上。退模后立即在退模留下的预埋件孔上安装连接座组，调整上、下爬升器内棘爪方向来顶升导轨，后启动油缸，待导轨顶升到位并就位于该挂钩连接座上后，操作人员立即转到最下平台，拆除导轨提升后露出的位于最下平台处的连接座组件等。解除爬模架体上所有拉结之后就可以开始顶升爬模架体了，此时导轨保持不动，调整上下棘爪方向后启动油缸，爬模架体相对于导轨运动，导轨和爬模架体交替提升对方，爬模装置沿着墙体逐层爬升，如图9-16所示。

图9-15　液压爬升模板施工

图9-16　爬模外观

2. 施工

采用液压油缸和架体的爬模装置应按下列程序施工：浇筑混凝土→混凝土养护→绑扎上层钢筋→安装门窗洞口模板→预埋承载螺栓套管或锥形承载接头→检查验收→脱模→安装挂钩连接座→导轨爬升→架体爬升→合模→紧固对拉螺栓→继续循环施工。爬模工程的施工精度主要控制垂直度、水平度、标高、轴线和门窗洞口的几何尺寸等。每层做好施工测量记录，随时校正垂直度及门窗洞口、轴线的误差。每层爬升结束，均应划出水平线，以控制标高。

9.4.3　超高层智能顶模系统

1. 顶模系统的组成

超高层智能顶模系统由钢平台系统、模板系统、挂架及围护系统、支撑系统、动力及控制系统组成。

（1）钢平台系统

钢平台系统是由各种型钢组成的空间桁架体系，具有较高的强度、刚度和空间稳定性，能承受材料、机具、下部挂架、模板的荷载以及所有施工活荷载，如图9-17所示。

（2）模板系统

模板系统采用大钢模板，组合、拆分方便，模板整体随钢平台同步提升，缩短了模板工程操作时间，提高了生产效率。

（3）挂架及围护系统

挂架及围护系统是指在钢平台下悬挂挂架作为钢筋和模板工程的操作架，保证各个工作面全封闭，确保高处操作安全。

（4）支撑系统

支撑系统由支撑钢柱、上下支撑梁和设置在上下支撑梁端头的伸缩牛腿组成，将顶模系统所有荷载有效地传递到核心筒墙体，如图 9-18 所示。

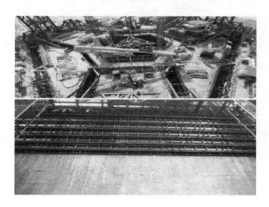

图 9-17 钢平台

图 9-18 支撑系统

（5）动力及控制系统

整体顶升动力系统采用顶升液压油缸，牛腿动力系统中的每牛腿采用 1 个小油缸带动牛腿的伸缩；控制系统主要包括液控系统和电控系统两个分系统，实现对各个主缸和各个小油缸的联动控制。

2. 顶模系统的创新

与传统爬模系统相比，超高层智能顶模系统实现了五个方面的创新。

（1）平面最少支撑点

如图 9-19 所示，一般设置 3~5 套顶撑结构，通过支撑钢柱与大刚度工作平台连接，形成一个稳定的钢骨架。

（2）低位支撑

低位支撑的特点是"顶撑合一"，有效避免了混凝土早期强度对系统顶升的影响，有效加快了施工速度。

（3）长行程、大吨位

顶模系统使用长行程、大吨位液压双作用油缸（行程 5m，顶升能力 300t，提升能力 30t，顶升速度 100mm/min），一个行程即可顶升一个结构层，在很短时间内即可完成全部顶升工序。

（4）智能化控制

系统的伸缩牛腿以小油缸驱动为动力，小油缸和顶升液压油缸采用一套智能化控制系统，包括液控和电控两个分系统，实现对各个主缸和各个小油缸的联动控制。

（5）空间三维可调模架

模板上部通过导轮连接在钢平台下导轨梁上，如图9-20所示，模板支设及拆除均为有轨作业。配模时考虑墙体平面布置变化、墙体厚度变化、楼层高度变化、墙柱互变等因素，方便施工中模板改造。

图9-19　平面最少支撑点

图9-20　空间三维可调模架

9.4.4　超高层建筑脚手架技术

脚手架是为了保证各施工过程顺利进行而搭设的工作平台。随着我国大量现代化大型超高层建筑体系的出现，扣件式钢管脚手架已不能适应建筑施工发展的需要，大力开发和推广应用新型脚手架是当务之急。其中，附着式升降脚手架和附着式电动施工平台脱颖而出。实践证明，采用新型脚手架不仅施工安全可靠，装拆速度快，而且脚手架用钢量可减少33%，装拆工效提高两倍以上，施工成本可明显下降，施工现场文明、整洁。

1. 附着式升降脚手架

附着式升降脚手架又称爬架，如图9-21所示。这种脚手架需要搭设一定高度并附着于工程结构上，结构施工时依靠自身的升降设备和装置可随结构施工逐层爬升，装修作业时再逐层下降。

附着式升降脚手架主要由架体结构、附着支撑结构、升降动力控制设备组成。

（1）架体结构

架体结构是附着式升降脚手架的主要组成结

图9-21　附着式升降脚手架施工

构，由架体构架、竖向主框架和架体水平梁架等三部分组成。架体构架一般是采用普通脚手架杆件搭设的与竖向主框架和水平梁架连接的部分；竖向主框架垂直于建筑物外立面，与附着支撑结构连接，主要承受和传递竖向和水平荷载；架体水平梁架主要承受架体竖向荷载，并将竖向荷载传递到竖向主框架和附着支承结构的水平结构。

（2）附着支撑结构

附着支撑结构直接与工程结构连接，承受并传递脚手架荷载，是附着式升降脚手架的关键结构，由升降机构及其承力结构、固定架体承力结构、防倾覆装置和防坠落装置组成。

（3）升降动力控制设备

升降动力控制设备由升降动力设备及其控制系统组成。其中控制系统包括架体升降的同步性控制、荷载控制和动力设备的电器控制系统等。

2. 附着式电动施工平台

在建筑施工领域，广泛使用的各种类型脚手架一般存在着使用材料多、搭设时间长、操作平台高度不便于施工操作、施工材料不便于传送、安全施工隐患多等诸多问题，尤其在高层、超高层工程中问题更为突出。工程施工中采用电动吊篮，也存在着操作架体不稳定、架体长度较短、危险性较大等问题。在此背景下附着式电动施工平台应运而生。附着式电动施工平台（图 9-22），是一种大型自升降式高处作业平台，又被称为电动桥式脚手架，它可替代钢、竹、木脚手架及电动吊篮，用于高处工程施工，尤其适用于装修作业。

（1）主要技术内容

附着式电动施工平台设计以架体结构、动力运行、电路控制为基础，通过结构受力分析、

图 9-22 附着式电动施工平台

运行参数设定，在控制安全有效的前提下，对电动桥式脚手架进行总体设计。附着式电动施工平台由架体系统、驱动系统、控制系统三部分组成。架体系统由承重底座、附着立柱、作业平台三部分组成；驱动系统由钢结构框架、减速电动机、防坠器、齿轮驱动组、导轮组、智能控制器等组成；控制系统由低压控制箱通过控制电缆与驱动系统连接。

（2）工程技术特点

1）附着式电动施工平台是靠电动机驱动，采用齿轮齿条传动方式使脚手架工作平台升降的大型施工装备，升降平稳，安全可靠。

2）防坠落、防倾覆、限高行程自动控制、自动调平控制等多种安全保险设计，保障了安装和使用安全。

3）设备操作简单、自动化程度高。同传统落地式脚手架或悬挑脚手架相比，使用材料少，安装、拆卸快，可降低脚手架工程施工成本；同电动吊篮相比更安全、更稳定、更高效。

4）操作舒适，工效高。平台可停靠在任意需要的位置，使操作人员具有舒适的工作姿势，进而降低劳动强度，提高工效。

5）互不干涉，工期有保证。平台不像吊篮需等屋面完工才能开始安装，结构施工时即可自底部开始安装进行装修作业，同其他工序互不干涉，可缩短工期。对既有建筑物的装修改造，不像落地式脚手架会影响建筑物内人员的工作和生活。

6）兼运人料，综合高效。可兼作材料和人员运输，减小塔式起重机和施工电梯的运输压力，综合提高效率。

9.5 超高层钢结构施工

9.5.1 概述

超高层建筑钢结构施工技术是在普通钢结构施工技术基础上发展而来的，随着超高层建筑的发展，为了使超高层建筑能够在外形、功能、结构性能、强度、安全性方面都满足要求，超高层建筑钢结构施工技术取得了飞速发展。超高层钢结构施工技术基于原有技术，在钢结构设计、材料选用、吊装、焊接等技术上取得了突破。从目前国内外的超高层建筑来看，超高层钢结构施工技术已非常成熟，已经有一百多年的历史了。应用了超高层钢结构施工技术的超高层建筑物不胜枚举，著名的有迪拜的帆船酒店、马德里"欧洲之门"等。图 9-23 为当前全球在建最高纯钢结构项目——广商中心。

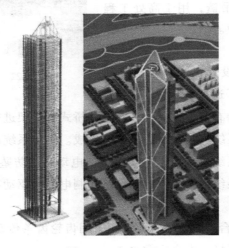

图 9-23 广商中心

9.5.2 超高层建筑钢结构特征

钢材自身的物理特性决定了钢结构具有强度高、抗震、抗冲击效果强的特征。如图 9-24 所示，与其他传统建筑材料相比，同等面积的单位构件相对较轻，运输与安装较为方便，对环境的污染小。同时钢材较高的强度和优良的可塑性，能够提升建筑结构的稳定性，并且钢结构制造工艺简单，制造周期短，能够在施工现场完成装配，可以大幅度地提高施工效率，为建筑后期的改造与加固提供便利。采用钢结构的超高层建筑的抗震性能和稳定性能更加优良，但不容忽视的是，钢结构的耐火性和耐腐蚀性较差，在实际应用时应采取相应的措施来提升钢结构的耐火性和耐腐蚀性，以此来提升超高层建筑的安全性和耐久性。总体来说，钢结构技术空间感强、施工速度快、低成本且环保的优点决定了其在建筑施工中较高的地位，但是其耐高温、耐火性、耐腐蚀性较差的缺点也是研究人员急需突破的方面。

图 9-24　超高层钢结构建筑外观

9.5.3　超高层钢结构施工要求

1）施工前制定钢结构安装的工艺流程。

2）合理划分施工流水区段。

3）确定钢构件安装顺序。

4）在起重机吊装能力允许的情况下，能在地面组拼的结构尽量在地面组拼好再吊装，如钢柱与钢支撑、钢桁架组拼等，可一次吊装就位。

5）安装流水段可按钢结构建筑物平面形状、结构形式、工期、现场施工条件和安装机械的数量等划分。

6）构件安装顺序：平面上应从中间核心区即标准间框架向四周安装；竖向上应由下向上逐件安装。

7）一般构件接头焊接顺序：平面上应从中部对称地向四周焊接；竖向上应根据工艺流程确定焊接顺序。

8）一节柱的各层梁安装完，立即安装楼梯和压型钢板。堆放物不能超过梁板的承载力。

9）钢构件安装和楼盖钢混凝土的施工，两项作业相距不宜超过 5 层；当必须超过 5 层时，应经设计部门验算确定。

9.5.4　超高层钢结构具体构件施工方法

1. 钢管柱施工

钢管柱的施工比较重要，需要进行数据分析。钢管柱的安装要注意管柱的偏移和倾斜数据。每 3 层浇筑一次混凝土，每次浇筑的整体高度约 12m。混凝土的施工原理是运用高低落差产生的压力，对混凝土进行压实，具体做法是：当混凝土浇筑的高度达到 8m 时，在距离混凝土约 4m 高的地方采用向下挤压，释放混凝土内部气泡，以保障混凝土的整体效果；每次浇筑的混凝土体积最好在 0.7m³ 左右。浇筑时还应注意漏斗的内径，一般漏斗采用的尺寸比钢管内径小 100~200mm，这样，混凝土在浇筑时才能及时排出管内空气。图 9-25 为钢管柱施工时柱脚细节图。

2. 钢梁施工

钢梁的施工更为重要，需要对钢梁的外形尺寸、编号、衔接处、连接板等进行反复核查，确定与设计图一致，避免因结构不统一而影响施工进度。钢梁的安装顺序要统一，按照自上而下的顺序进行安装，不能有较大的碰撞，否则会造成螺栓孔错位。

具体安装流程：上层梁装完后再开始装中层梁，中层梁装好后再装下层梁。同时要注意梁螺栓孔、柱牛腿螺栓孔与连接板螺栓孔三孔相对应。如果发生错位，应立即停止螺栓孔的安装，

图 9-25　钢管柱柱脚

对梁、柱牛腿、连接板尺寸及柱进行检查，找出问题，否则强行安装会造成梁柱折损。在安装过程中还需要保证梁上表面与柱牛腿平齐，一般采用千斤顶进行调整。钢梁安装好后需要用冲钉作为定位，冲钉与螺孔的直径要保持一致。用螺栓临时固定时，采用与永久固定的螺栓同直径的普通螺栓，普通螺栓的数量不能过少，至少在螺栓总数量的 1/3 以上（2 只以上）。只有将螺栓临时固定好了，才能拆除吊梁索具。

9.5.5 钢结构施工关键技术

在超高层建筑钢结构施工技术的应用过程中，应着重把握以下关键技术。

1. 螺栓预埋技术

螺栓预埋技术是钢结构建筑施工中的重要技术之一，重点在于确定预埋柱脚螺栓的位置，位置的精准性决定了钢柱安装的准确性。在预埋螺栓位置施工的过程中，需要严格控制基础轴线和标高基准点，一般需要进行 2 次测量：第一次测量在埋设定位后进行；第二次测量在混凝土浇筑完毕后进行。标高偏差保持在 5mm 以内，定位轴线偏差保持在 2mm 以内。

2. 吊装技术

吊装是超高层建筑钢结构施工的重要环节，其操作的规范性会给建筑项目的施工质量带来直接影响。把握好吊装技术施工效果，需要做到以下几点：

1）吊装前要能够全面分析建筑项目施工现场和钢结构的基本情况，确定施工标准、塔式起重机布置以及结构形式，为后续施工作业提供良好的基础。

2）钢结构吊装过程主要分为竖向立体吊装和平面内吊装，二者的吊装顺序存在较大的区别。竖向立体吊装要严格按照先下后上的顺序进行，先完成下层框架梁的吊装工作；中层、上层框架梁的吊装，要一边进行固定作业，一边进行实时测量，直至完成楼盖钢筋混凝土楼板施工作业。平面内吊装需要沿着核心筒进行，吊装和固定好周围设备。

3）在吊装过程中，要合理控制起重机的载重，合理设置载重参数。

3. 焊接技术

构件之间的连接通常需要依靠焊接技术，在焊接技术的应用过程中，应注意以下要点：

1）在焊接平面内钢结构时，要按先中心、后四周的顺序进行扩散焊接；对于竖向结构，焊接作业要严格按上层框架梁、压型钢板支托、下层框架梁、压型钢板支托、焊接检验的顺序进行。钢结构柱与柱的焊接要同时由 2 位焊接人员进行操作，并及时清理好焊缝层，避免焊接途中有杂质产生。

2）焊接作业时会产生大量的热，若焊接冷却速度过慢，则产生钢结构变形的概率也较大。要减少焊接变形问题，合理选择焊接方法，发挥变形工艺、强制约束工艺的优势和作用。进行箱型杆件与工字型杆件焊接时，为了提升焊接效率，可以采用埋弧自动焊工艺。

3）焊接过程中，要想减少焊瘤或裂纹问题，就需要事先对焊条进行检查，把控焊接咬边效果，减少漏焊情况的发生。对焊接质量进行检查时，可以采用超声波探伤等无损检测技术。

4. 预变形技术

超高层建筑中的钢结构多采用不规则造型，施工作业时容易产生三维变形，可以采用预变形技术。预变形技术施工主要包括构件夹固法和反变形法。构件夹固法主要是为了防止中小型构件变形，在固定刚性较好的夹具之后进行焊接，可以使高温带在冷却变化中所产生的收缩变形被夹具强行压平，此工艺技术适用于低碳钢结构施工。反变形法根据生产中已经发生变形的规律，预先把焊件人为地制造变形，事先估计好结构变形的大小和方向，然后在装配时给予一个相反方向的变形，以与焊接变形相抵消。

9.6 | 超高层钢-混凝土组合结构施工技术

9.6.1　钢-混凝土组合结构

钢-混凝土组合结构是由钢材和混凝土两种不同性质的材料经组合而成的一种结构。钢和混凝土两种材料的合理组合，充分发挥了钢材抗拉强度高、塑性好和混凝土抗压性能好的优点，弥补了彼此的缺点。钢-混凝土组合结构用于多层、高层及超高层建筑中的楼面梁、板、柱，屋盖结构中的屋面板、梁、桁架，厂房中的柱、吊车梁，工作平台的梁、板以及桥梁。钢-混凝土组合结构包括组合梁、组合板、组合桁架和组合柱四大类。

钢-混凝土组合结构具有以下优点：

（1）承载力和刚度高

在钢-混凝土组合结构中，钢与混凝土协同工作，共同承受荷载，由于混凝土增大了构件截面刚度，防止了钢构件的局部屈曲，使钢构件的承载力得到了提高，另外，钢的约束作用使核心区混凝土的强度得以提高。

（2）抗震性能好

例如与钢筋混凝土结构相比，钢骨混凝土结构尤其是实腹式钢骨混凝土结构由于钢骨架的存在，使得钢骨混凝土结构具有较大的延性和变形能力，显示出良好的抗震性能。

（3）经济效果好

与钢结构相比，钢-混凝土组合结构用钢量大幅度减少，在承载能力相当的情况下一般可节省钢材 50% 左右，造价可降低 10%～40%，因此具有可观的经济效益。

（4）施工速度快，工期短

钢-混凝土组合结构中的钢骨架在混凝土未浇筑以前便已形成钢结构，且具有相当大的承载力，能够承受一定的构件自重和施工时的活荷载，可以将模板悬挂在钢结构上，加快施工速度，缩短建筑工期。

（5）耐火性和耐腐蚀性好

钢结构耐火性和耐腐蚀性较差，但对于钢-混凝土组合结构来说，由于混凝土的存在，在保证提高承载力的前提下，构件耐火性和耐腐蚀性较钢结构得到提高。

9.6.2 钢-混凝土组合梁板结构

钢-混凝土组合梁板结构是最为简单的组合结构，混凝土承担截面内的压应力，型钢承担截面内的拉应力。

1. 分类

常见的钢-混凝土组合梁板结构有钢-混凝土组合梁、压型钢板组合楼板。

（1）钢-混凝土组合梁

钢-混凝土组合梁是在钢结构和混凝土结构基础上发展起来的一种新型结构形式。它主要通过在钢梁和混凝土翼缘板之间设置剪力连接件，防止两者在交界面处掀起及发生相对滑移，使之成为一个整体而共同工作。钢梁与混凝土翼缘板组合形式如图 9-26 所示。

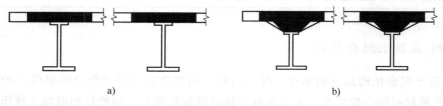

图 9-26　钢梁与混凝土翼缘板组合形式

a）不设板托的组合梁　　b）设板托的组合梁

（2）压型钢板组合楼板

压型钢板组合楼板如图 9-27 所示，是指压型钢板不仅作为混凝土楼板的永久性模板，而且作为楼板的下部受力钢筋参与楼板的受力计算，与混凝土一起共同工作形成组合楼板。

2. 优势

近年来，钢-混凝土组合梁板结构在我国城市立交桥梁及建筑结构中已得到了越来越广泛的应用，并且正朝着大跨方向发展。钢-混凝土组合梁板结构在我国的应用实践表明，它兼有钢结构和混凝土结构的优点，具有显著的技术经济效益和社会效益，适合我国国情，是未来结构体系的主要发展方向之一。

钢-混凝土组合梁板结构同钢筋混凝土结构相比，可以减轻结构自重，减小地震作用的影响，减小截面尺寸，增加有效使用空间，减少支模工序，节省模板，缩短施工周期，增加梁的延性等。同钢结构相比，可以减少用钢量，增大刚度，增加稳定性和整体性，增强结构抗火性和耐久性等。

3. 施工

钢-混凝土组合梁结构施工中，钢结构部分施工要求和工艺几乎与普通钢结构施工完全相同，混凝土结构部分施工要求和工艺与普通混凝土施工完全相同，因此可参照对应部分施工要求与工艺进行钢-混凝土组合梁结构的施工。

压型钢板组合楼板施工如图 9-28 所示，楼板底部的压型钢板可作为浇筑混凝土的模板部分，但由于钢板厚度较小，施工时需要根据实际情况在压型钢板下做好支撑，避免挠度过大。支撑拆除时，也需要根据组合楼板的跨度和施工现场混凝土强度大小确定。

图 9-27　压型钢板组合楼板

图 9-28　压型钢板组合楼板施工

9.6.3　钢管混凝土结构

钢管混凝土是指在钢管中填充混凝土使钢管及其核心混凝土共同承受外荷载作用的结构构件，按截面形式不同，可分为圆钢管混凝土，方、矩形钢管混凝土和多边形钢管混凝土等。

1. 特点

（1）承载力高

在钢管中填充混凝土形成钢管混凝土后，钢管约束了混凝土，在轴心受压荷载作用下，混凝土三向受压，可延缓其受压时的纵向开裂。

（2）塑性和韧性好

将混凝土灌入钢管中形成钢管混凝土，核心混凝土在钢管的约束下不但在使用阶段改善了它的弹性性质，而且在破坏时具有较大的塑性变形，此外，这种结构在承受冲击荷载和振动荷载时也具有很大的韧性。

（3）施工方便

与钢筋混凝土相比，钢管混凝土结构施工时没有绑扎钢筋、支模和拆模等工序。钢管内一般不再配置受力钢筋，混凝土浇灌更为方便，密实度更容易保证。

（4）耐火性较好

由于组成钢管混凝土的钢管和其核心混凝土之间具有相互贡献、协同互补和共同工作的优势，因此钢管混凝土结构具有较好的耐火性及可修复性。

（5）经济效果好

钢管混凝土可以很好地发挥钢材和混凝土两种材料的特性和潜力，使它们的优点得到更为充分和合理的发挥，因此具有较好的经济效果。

2. 施工

（1）钢管制作

按照设计施工要求，由工厂提供的钢管应有出厂合格证、出厂证明书或试验报告单。

卷制钢管前，应根据要求将板端仔细开好坡口。为满足钢管拼接后的轴线要求，钢管坡口端应与管轴严格垂直。卷板过程中，应保证管端平面与管轴线垂直。

当采用滚床卷管和手工焊接时，宜用直流电焊机进行反向施工。按设计图要求，对于重要焊接部位，焊缝焊接质量不低于二级。

（2）钢管柱组装

钢管柱的肢管和各种腹板的组装应严格按施工工艺设计要求进行。

肢管对接时应保证焊后管肢的平直。焊接时除控制几何尺寸外，还应特别注意焊接变形对肢管的影响。采用分段反向焊接顺序，分段施焊要尽量保持对称。为补偿收缩影响，肢管对接间隙应适当放大 0.5~2.0mm 以抵消变形，具体数据可根据试焊后的情况确定。

焊接前，可将附加筋焊于钢管外壁，做临时固定联焊。固定点间的距离宜取 300mm 左右，固定点不得少于 3 点。钢管对接焊接过程中如发现点焊定位处焊缝出现微裂缝，则焊缝必须全部铲除，重新补焊。

对于重要受力肢管，为确保连接处的焊接质量，可在管内接缝处附加衬管。衬管宽为 20mm、厚度为 3mm，与管内壁保持 0.5mm 的膨胀间隙，以确保焊缝根部的质量，肢管与腹杆连接尺寸和角度必须准确。

必须确保钢管构件中杆件的间隙，特别是腹杆与肢管连接处的间隙应按板展开图要求进行放样。焊接时，应根据间隙大小选用适当直径的焊条。肢管与腹杆焊接时，焊接次序应考虑焊接变形的影响。

在各工种之间，或每个工序之间，必须按设计图进行自检和互检，并在钢管杆件上打上各自的记号。

钢管柱组装后，应按吊装平面布置图就位，在节点处用垫木支平。吊点处应有明显标记。

（3）钢管柱吊装

钢管柱组装后，为了减小安装时在吊装荷载作用下的变形，应根据施工方案选用起重机。吊点的位置应根据钢管柱本身的强度和稳定性进行计算；吊装钢管柱时，应将管上口包封，以防止异物落入管内。

（4）管内混凝土的浇灌

混凝土配合比应根据混凝土设计等级计算，并通过试验后确定。除满足强度指标外，还要满足混凝土坍落度的要求。

浇灌混凝土前，应先浇灌一层强度等级不低于混凝土的水泥砂浆找平，厚度为 10~20cm。

管内混凝土浇灌采用抛落振捣的方式，在混凝土内部插入振捣器，一次振捣时间约 30s，一次浇灌高度不应超过振捣器工作的有效范围。

钢管内的混凝土浇灌工作宜连续进行，必须停歇时，间歇时间不应超过混凝土的终凝时间。留施工缝时，应将管口封闭，防止异物、水和油类等落入。

（5）钢管柱端焊接

钢管内的混凝土浇灌到钢管顶端后，可以使混凝土稍微溢出后再将留有排气孔的端板紧压在管端，随即进行点焊，此时应让混凝土从端板上的气孔中溢出，待混凝土达到 50% 设计强度后，再将端板补焊达到设计要求。有时也可将混凝土浇灌到钢管顶部（稍低于管口），暂时不加端板，等混凝土达到 50% 设计强度后，再用同强度等级的水泥砂浆填满，按上述规定一次焊完端部封板。

（6）质量要求

钢管制作除应满足《钢结构工程施工质量验收标准》（GB 50205—2020）的规定以外，尚应满足组合结构自身的具体要求。

钢管柱吊装允许偏差必须满足设计图的要求。

钢管中的混凝土按《混凝土结构工程施工质量验收规范》（GB 50204—2015）的规定制作试块，标准养护 28d，然后测定抗压强度。

第 10 章
装配式建筑施工技术

装配式建筑是指预制部品部件在工地装配而成的建筑。具体来说，装配式建筑是指把传统建造方式中的大量现场作业转移到工厂中进行，在工厂加工制作好建筑用构件和配件（如楼板、墙板、楼梯、阳台等），运输到施工现场，通过可靠的连接方式在现场装配安装而成的建筑。根据装配式建筑主体结构材料，可分为预制装配式混凝土结构、钢结构等。装配式建筑以标准化设计、工厂化生产、装配化施工、信息化管理、智能化应用为特征，是建筑工业化生产方式的主流载体。

装配式建筑可以克服传统建造方式周期长、生产效率低、工程质量安全低等弊端，是一种环保、节能、高效的生产方式，但现阶段也存在着生产成本高、预制率低等一系列发展瓶颈。

10.1 预制装配式混凝土建筑施工技术

10.1.1 预制构件定位吊装技术

在装配式建筑结构施工中预制构件吊装属于重要施工工序，能够直接影响装配式建筑施工质量和周期。

1. 预制构件吊装关键步骤

（1）吊点设置

在浇筑混凝土之前，需合理布置起吊点，并预埋吊钉或吊环，之后进行起吊工作。对于起吊点位置的确定，首先找到预制构件的形心，根据重心位置和起吊高度，确定吊钩合力作用点的方向，从而合理设置吊钉预埋位置，并建立相关数据模型，最终确定吊点位置，预埋吊钩。

（2）吊装系统设计

施工前应对所有预制构件做分类统计，测算最重构件，以此为基础选择相应的起重设施。预制构件吊装前，应根据构件的单件重量、形状、安装高度、吊装条件来确定机械型号以及配套吊具，便于安装与拆卸。吊链型号也需要根据预制构件质量及相应吊装构配件的参数进行设计计算。

对于平窗、凸窗外墙预制构件，采用一字型吊梁起吊，吊链采用两爪吊链，吊链与吊梁水平夹角 α 不宜小于 60°，确保预制构件在起吊过程中能够垂直起吊，保证吊装过程的稳定性和安全性，如图 10-1a 所示。

对于阳台预制构件，采用口字型吊梁起吊，吊链采用四爪吊链，吊链与吊梁的夹角同样不宜小于 60°，确保阳台预制构件垂直起吊，保证吊装稳定性和安全性，如图 10-1b 所示。

楼梯预制构件为斜型结构，为确保楼梯预制构件垂直起吊，使楼梯在吊装过程中呈现就位时的角度，一般采用四爪吊链起吊，四条吊链为两长两短，吊链与楼梯踏步面的夹角不小于 60°，如图 10-1c 所示。

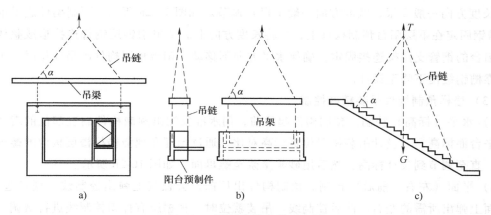

图 10-1　预制构件吊装示意图

a）平窗、凸窗外墙预制构件吊装示意图　b）阳台预制构件吊装示意图　c）楼梯预制构件起吊示意图

2. 预制构件吊装精度控制

预制构件在运装车起吊以及现场安装起吊时，常由于吊装误差偏大，导致预制构件之间拼缝宽度不一致、相邻预制构件的平整度差、垂直度差等，从而需要额外增加工作量进行调整、修补，影响工程项目的质量、进度和成本。所以预制构件现场安装时对吊装精度要求非常高，主要由塔式起重机起吊，并辅以其他工具、设备进行精度控制。预制构件吊装就位前，需对预制构件水平度、垂直度及平面位置进行精细调节，保证预制构件准确就位。

（1）平窗、凸窗预制构件吊装精度控制

1）水平度（标高）控制。平窗、凸窗预制构件吊装就位时，用水准仪测出预制构件搁置部位的楼板面标高，与设计吊装搁置位置标高对比，通过设置于预制构件底部的钢垫板进行水平调节，直至调节到设计标高。如果预制构件在矫正过程中，水平度仍不能满足要求，则需通过千斤顶进行调节。

2）垂直度控制。预制构件上部通过 2 根斜拉杆（一般设置于预制构件重心点偏上位置）与楼板连接，进一步根据具体要求，在预制构件下部设置 2 个 L 形角码，用螺栓使其与现浇楼板连接固定。

3）平面（左右、前后）控制。预制构件出厂前，会在其上弹出控制线。现场起吊前，在楼面上弹出所需的左右、前后控制线。吊装就位时，根据所有标识控制线进行微调，从而保证预制构件在设计位置准确就位。

（2）阳台预制构件吊装精度控制

1）水平度（标高）、垂直度控制。阳台预制构件水平度主要通过钢管支撑架的调节杆来进行调节。预制构件就位前，先将阳台预制构件上搁置的钢管支撑架顶部调节杆预调至设计高度，如水平度不满足要求，继续调整钢管支撑架，直至水平度满足要求。因阳台为水平构件，水平度调好后，垂直度自然满足要求。

2）平面（左右、前后）控制。阳台预制构件左右、前后控制主要通过阳台外侧 3 根槽钢（长度方向一般 2 根，宽度方向一般 1 根）调节。如图 10-2a 所示，预制构件起吊前，将 3 根槽钢固定在下层阳台预制构件上，并将长度方向上的 2 根槽钢用钢管连接形成整体，然后与阳台的钢管支撑架连接固定，确保水平方向不移动。阳台预制构件起吊就位时，阳台两面紧靠槽钢缓慢下降至设计位置。

（3）楼梯预制构件吊装精度控制

1）水平（标高）控制。预制构件起吊前，用水准仪测出预制构件搁置部位的现浇楼梯休息平台面标高，与设计吊装搁置位置标高对比，通过预埋在现浇楼梯楼层板内的螺栓进行调节，直至调节到设计标高，然后用砂浆坐浆至螺母面，如图 10-2b 所示。

2）平面（左右、前后）控制。预制构件出厂前，会在其上弹出控制线。现场起吊前，在楼面上弹出所需的左右、前后控制线。吊装就位时，根据所有标识控制线进行微调，从而保证预制构件在设计位置准确就位。

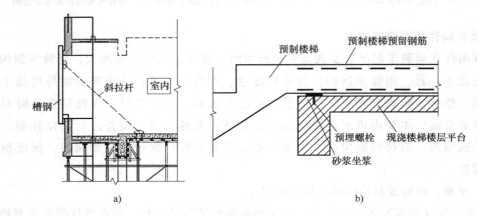

图 10-2　构件精度控制

a）阳台精度控制　b）楼梯精度控制

3. 吊装作业安全管理对策建议

1）吊装模数化，提升吊装预制构件可吊性，全面确保吊装可靠性，并且可以简化施工人员的工作量，实现标准化作业，提升安全性。

2）优化吊装工序，全面优化和改善吊装构件路径和顺序，解决时间耗费问题，提高工作效率。

3）优化构件种类，全面实现通用化和简单化预制构件。

4）通过建立装配式建筑施工定时定量分析制度进行吊装流水段划分。

10.1.2 预制构件关键节点连接技术

对装配式建筑结构而言，可靠的连接方式非常重要，是结构安全的最基本保障。装配式混凝土结构连接方式包括以下五种形式：钢筋套筒灌浆连接、浆锚搭接连接、后浇混凝土连接、螺栓连接、焊接连接。下面将依次介绍这五种连接方式。

1. 钢筋套筒灌浆连接

钢筋套筒灌浆连接是指在预制混凝土构件预埋的金属套筒中插入钢筋并灌注水泥灌浆料而实现的钢筋连接方式。

连接套筒包括全灌浆套筒和半灌浆套筒两种形式。全灌浆套筒是指构件两端均采用灌浆方式与钢筋连接，如图 10-3 所示；半灌浆套筒是指构件一端采用灌浆方式与钢筋连接，而另一端采用非灌浆方式与钢筋连接。

图 10-3　全灌浆套筒

钢筋从套筒两端开口插入套筒内部，钢筋与套筒之间填充高强度微膨胀结构性灌浆料，借助灌浆料的微膨胀特性及套筒的围束作用，增强灌浆料与钢筋、套筒之间的摩擦力，进而实现钢筋应力传递。钢筋套筒灌浆连接主要用于装配式混凝土结构的剪力墙、预制柱的纵向受力钢筋的连接，也可用于叠合梁等后浇部位的纵向钢筋连接，如图 10-4 所示。

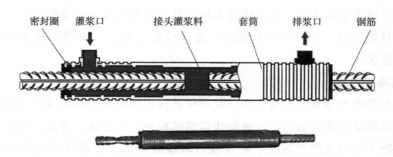

图 10-4　柱与叠合梁钢筋套筒灌浆连接

采用钢筋套筒灌浆连接的混凝土预制构件设计时应符合下列规定：

1）接头连接钢筋的强度等级不应高于规定的连接钢筋强度等级。

2）连接钢筋的直径规格不应大于灌浆套筒规定的连接钢筋直径规格，且不宜小于灌浆套筒规定的连接钢筋规格一级以上。

3）构件配筋方案应根据灌浆套筒外径、长度及灌浆施工要求确定，钢筋插入灌浆套筒的锚固长度应符合灌浆套筒参数要求。

2. 浆锚搭接连接

浆锚搭接连接是基于黏结锚固原理进行连接的方法，在竖向结构构件下段范围内预留出竖向孔洞，孔洞内壁表面为螺纹状粗糙面，周围配有横向约束螺旋箍筋，将下部预制装配式构件预留钢筋插入孔洞内，通过灌浆孔注入水泥灌浆料，将上下构件连接成一体的连接方式。

浆锚搭接预留孔洞有两种成型方式，如图10-5所示。

1）预埋螺旋箍筋做金属内模，构件达到一定强度后旋出内模。

2）预埋金属波纹管做内模，完成后不抽出。

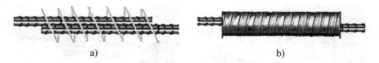

a)   b)

图 10-5 浆锚搭接预留孔洞方式

a）螺旋箍筋成孔 b）波纹管成孔

金属内模旋出时容易造成孔壁损坏，也比较费工，而金属波纹管方式可靠简单。浆锚搭接连接技术的关键在于孔洞的成型技术、灌浆料的质量以及对被搭接钢筋形成约束的方法等各个方面。《装配式混凝土结构设计规程》（DB 21/T 2572—2019）要求纵向钢筋采用浆锚搭接连接时，对预留孔成孔工艺、孔道形状和长度、构造要求、灌浆料和被连接钢筋，应进行力学性能以及适用性的试验验证。直径大于20mm的钢筋不宜采用浆锚搭接连接。直接承受动力载荷构件的纵向钢筋不应采用浆锚搭接连接。房屋高度大于12m或超过3层时，不宜使用浆锚搭接连接。

与钢筋套筒灌浆连接技术相比，钢筋套筒灌浆连接技术更加成熟，适用于较大直径钢筋的连接，广泛应用于装配式混凝土结构剪力墙、柱等的纵向受力钢筋的连接。浆锚搭接连接适用于较小直径的钢筋（$d \leqslant 20mm$）连接，连接长度较大，不适用于直接承受动力荷载构件的受力钢筋连接。

3. 后浇混凝土连接

后浇混凝土是指预制构件安装后在预制构件连接区域或叠合部位现场浇筑的混凝土。现浇混凝土与后浇混凝土的区别为：在装配式建筑结构中，在基础、首层、裙房、顶层等部位现场浇筑的混凝土称为现浇混凝土；在连接区域或叠合部位现场浇筑的混凝土称为后浇混凝土。

后浇混凝土连接是装配式混凝土结构中非常重要的连接方式，基本上所有的装配式混凝土结构建筑都会有后浇混凝土。预制混凝土构件与后浇混凝土的接触面必须做成粗糙面或键槽面（键槽是指预制混凝土构件表面规则且连续的凹凸构造，可起到预制构件和后浇混凝土共同受力的作用），或两者兼有，以提高混凝土抗剪能力。平面、粗糙面和键槽面混凝土抗剪能力依次增强，粗糙面抗剪能力是平面的 1.6 倍，键槽面抗剪能力是平面的 3 倍。

4. 螺栓连接

螺栓连接是一种用螺栓和预埋件将预制构件与预制构件或预制构件与主体结构进行连接的连接方式。螺栓连接属于干法连接，而前面介绍的三种连接方式都属于湿法连接。在装配式混凝土结构中，螺栓连接仅用于外挂墙板和楼梯等非主体结构构件的连接。

5. 焊接连接

焊接连接是指在预制混凝土构件中预埋钢板，通过将构件之间的预埋钢板进行焊接连接来传递构件之间作用力的连接方式。焊接连接在装配式混凝土结构中仅用于非结构构件的连接。

10.1.3 混凝土叠合板拼接技术

1. 混凝土叠合楼板技术

混凝土叠合楼板技术是指将楼板沿厚度方向分成两部分，底部是预制底板，上部是后浇混凝土叠合层。配置底部钢筋的预制底板作为楼板的一部分，在施工阶段作为后浇混凝土叠合层的模板承受荷载，与后浇混凝土层形成整体的叠合混凝土构件。

混凝土叠合楼板结构的产生最初是为了解决大型预制构件安装或现浇结构高处支模比较复杂的施工问题，后经发展成为现代混凝土结构的预制和现浇施工工艺与结构设计方法相结合的楼板。混凝土叠合楼板结构一般是指在预制的钢筋混凝土或预应力混凝土梁（板）上后浇混凝土所形成的二次浇筑混凝土结构，按其受力性能可以分为一次受力叠合构件和二次受力叠合构件两类。

2. 混凝土叠合梁板技术

对于混凝土叠合梁板结构，若施工时预制梁板吊装就位后，在其下设置可靠支撑，则施工阶段的荷载将全部由支撑承受，预制梁板只起到叠合层现浇混凝土模板的作用，待叠合层现浇混凝土达到设计强度后再拆除支撑，由两次浇筑所形成的叠合层能够承受使用期间的全部荷载作用，整个截面的受力是一次发生的，因此构成了一次受力叠合构件。若施工时预制梁板吊装就位后，直接以预制部分的钢筋混凝土或预应力混凝土梁（板）作为现浇层混凝土的模板并承受施工荷载，待其上现浇层混凝土达到设计强度后，再由预制部分和现浇部分形成的叠合层承受使用荷载，叠合层的应力状态是由两次受力产生的，因此构成了二次受力叠合构件。一次受力叠合构件除在必要时需做预制与现浇混凝土的界面-叠合面抗剪验算外，其余设计计算方法与普通混凝土结构的相同。叠合板安装过程如图 10-6 所示。

图 10-6 叠合板安装过程

10.2 | 装配式钢结构建筑施工技术

10.2.1 钢柱与钢梁安装技术

1. 钢柱安装

（1）断面形式选择

钢柱常见断面形式如图 10-7 所示，应根据工程需要进行选择。

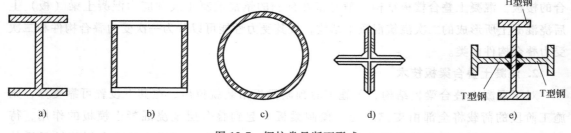

图 10-7 钢柱常见断面形式

a）宽翼缘 H 型钢 b）箱形钢管 c）圆钢管 d）角钢 e）H 型钢-T 型钢

（2）吊点选择

1）吊点位置及吊点数根据钢柱形状、断面、长度、起重机性能等具体情况确定。

2）对细长钢柱，为防止钢柱变形，可采用两点或三点起吊。

3）当不采用焊接吊耳，直接在钢柱上用钢丝绳绑扎时要注意：①在钢柱四角做包角以防钢丝绳被割断；②为防止 H 型钢柱局部受挤压破坏，吊装时绑扎点处可加一张加强肋板；吊装格构柱时，在绑扎点处应加支撑杆。

（3）起吊方法

重型工业厂房的大型钢柱又重又长，根据起重机配备和现场条件，可采用单机、二机、三机等进行起吊。以下仅介绍多高层钢结构钢柱吊装方法。

框架结构柱截面一般为方形或矩形，为了预制和吊装方便，各层柱截面应尽量保持不变。荷载变化常以改变混凝土强度等级或配筋来协调。柱的预制长度常由所选起重机型号而定。对于4~5层框架结构，一般采用履带式起重机进行吊装，构件通常采用一节到顶的方案。此时，应注意柱与柱的接头宜设在弯矩较小的地方或柱节点处。当采用塔式起重机进行吊装时，柱长以1~2层楼高为宜。

框架柱长细比较大，为防止吊装过程中产生裂缝或断裂，吊装时必须根据柱子的长度合理选择吊点位置和吊装方法。当柱子长度小于12m时，常采用一点直吊绑扎；当柱子长度大于或等于12m时，可采用两点绑扎，并且必要时须进行吊装验算（吊装应力和抗裂度验算）；当柱子较长或重量较大时，可采用三点绑扎和起吊。柱子的起吊方法与单层钢结构钢柱的吊装方法基本相同。

（4）钢柱校正

为使高层及超高层钢结构安装质量达到最优，高层及超高层钢结构钢柱校正主要控制钢柱的水平标高、十字轴线位置和垂直度。测量是安装的关键工序，在整个校正过程中，以测量为主。

1）高层及超高层钢结构柱基标高调整、首层柱垂偏校正与单层钢结构钢柱校正方法相同。不同的是高层及超高层钢结构地下室部分钢柱都是韧性钢柱，钢柱的周围都布满了钢筋，调整标高、对线找垂直时，要适当地将钢筋梳理开，才能进行工作，工作起来较困难。

2）柱顶标高调整和其他节框架钢柱标高控制可以依据两种标高：一种是相对标高，另一种是设计标高，通常按相对标高调整和控制。钢柱吊装就位后，用大六角高强度螺栓固定连接，即上下耳板不夹紧，通过起重机起吊，撬棍微调柱间间隙。

3）第二节柱纵横十字线校正。为使上下柱不出现错口，尽量做到上下柱十字线重合，如有偏差，在柱的连接耳板的不同侧面夹入垫板（垫板厚度0.5~1.0mm），拧紧大六角高强度螺栓，钢柱的十字线偏差每次调整3mm以内，若偏差过大，则分2~3次调整。

4）第二节钢柱垂偏校正。重点对钢柱的有关尺寸进行预检，对影响垂直的因素预先控制。

5）钢柱偏差与柱子的长细比、温度差成正比，且与其断面形式和钢板厚度有直接关系。

6）标准柱的垂偏校正。采用三台经纬仪对钢柱及钢梁安装跟踪观测。采用无缆风绳校正，在钢柱偏斜方向的一侧打入钢楔或升千斤顶。在保证单节柱垂直度偏差不超标的前提下，将柱顶轴线偏移控制到零，最后拧紧临时连接耳板的大六角高强度螺栓至额定扭矩值。临时连接耳板的螺栓孔应比螺栓直径大4.0mm，利用螺栓孔扩大足够的余量调节钢柱制造误差。

（5）钢柱安装顺序

1）根据国内外高层及超高层钢结构安装经验，为确保整体安装质量，在每层都要选择一个标准框架结构体（或剪力筒），简称安装单元，依次向外扩展安装。

2）安装单元是指建筑物核心部分，是由几根标准柱组成的不可变的框架结构，便于其他柱安装及流水段的划分。

2. 钢梁安装

（1）施工准备

1）钢梁准备：

① 按计划准时将要吊装的钢梁运输到施工现场，并对钢梁的外形几何尺寸、制孔、组装、焊接、摩擦面等进行全面检查，确定钢梁合格后在钢梁翼缘板和腹板上弹上中心线，将钢梁表面污物清理干净。

② 检查钢梁在装卸、运输及放置时有无损坏或变形。损坏或变形的构件应予以矫正或重新加工。被碰损的防锈涂料应补涂，并再次检查。

③ 钢结构构件进场后都要进行验收，只有各项验收指标合格并报送项目经理审批合格的构件才能应用于工程中。

2）机具准备：吊装索具、垫木、垫铁、普通扳手、撬棍、扭矩扳手、复检合格的高强度螺栓、检查合格的钢丝绳。

（2）吊装前准备

1）吊装前必须对钢梁定位轴线、标高、编号、长度、截面尺寸、螺孔直径及位置、节点板表面质量、高强度螺栓连接处的摩擦面质量等进行全面复核，符合设计施工图和规范规定后，才能进行附件安装。

2）用钢丝刷清除摩擦面上的浮锈，保证连接面平整，无毛刺、飞边、油污、水、泥土等杂物。

3）梁端节点采用栓焊连接，应将腹板的连接板用一螺栓连接在梁的腹板相应位置处，与梁齐平且不能伸出梁端。

4）节点连接处用的螺栓按所需数量装入帆布包内挂在梁端节点处，一个节点用一个帆布包。

5）在梁上装溜绳、扶手绳（待钢梁与柱连接后，将扶手绳固定在梁两端的钢柱上）。

（3）钢梁安装

钢梁零件运至现场安装时，安装平台应平整。组拼时应保证钢梁总长及起拱尺寸满足要求。安装前，必须对钢梁的编号、正反方向、挂线耳板表面质量等进行全面复核，符合施工图和规范规定。

钢梁的总体安装顺序随钢柱的安装顺序进行，相邻钢柱安装完毕后，及时吊拼连接钢梁使已安装的构件及时形成稳定的框架，要注意钢梁的轴线位置和正反方向。安装时用冲钉将钢梁的孔打紧逼正，再用螺栓连接紧固。钢梁安装前，须对柱子中心线进行复测。由于钢梁的跨度较大，为了避免起吊变形，屋架采用4个吊点均布绑扎。对于钢梁吊点的选择，除应保证平面刚度外，还要考虑：①吊钩悬挂点应与钢梁的重心在同一垂直线上；②吊点的选择应使桁架梁下弦处于受拉状态。构架梁吊装前，应在桁架梁上弦拉设水平安全绳。钢梁起吊时，在端部拴一绳索，方便就位。

10.2.2 装配式钢结构楼板体系施工技术

1. 常见装配式钢结构楼板形式

（1）叠合楼板

叠合楼板是由预制板和现浇钢筋混凝土叠合层组成的装配整体式楼板。预制板既是楼板结构的组成部分之一，又是现浇钢筋混凝土叠合层的永久性模板，现浇钢筋混凝土叠合层内敷设水平设备管线。叠合楼板适用于对整体刚度要求较高的高层建筑和大开间建筑，常见跨度一般为 4~6m。

（2）钢筋桁架楼承板

钢筋桁架楼承板一般分为可拆卸底模和不可拆卸底模。

1）不可拆卸底模钢筋桁架楼承板是以钢筋为上弦、下弦及腹杆，通过电阻点焊连接而成的钢筋桁架与底模（一般为压型镀锌薄钢板）通过电阻点焊连接成整体的组合承重板。

2）可拆卸底模钢筋桁架楼承板是以钢筋为上弦、下弦及腹杆，通过电阻点焊连接而成的钢筋桁架通过连接件、卡扣、螺栓固定在底模（如竹胶膜、复合模板、木塑板等）上组成的组合承重板。

（3）现浇混凝土楼板

现浇混凝土楼板是混凝土结构体系中最常见的楼板形式之一。现浇混凝土楼板是指在现场依照设计位置进行支模、绑扎钢筋、浇筑混凝土，经养护、拆模制作而成的楼板。

2. 叠合楼板施工

（1）混凝土叠合楼板的选用

1）对叠合楼板进行承载能力极限状态和正常使用极限状态设计，根据现行国家规范和标准以及原设计图板厚和配筋，进行二次深化设计。

2）单向板底板间采用分离式接缝的，可在任意位置拼接。单向板底板间采用整体式接缝的，接缝位置宜在叠合楼板次要受力方向上且受力较小处。

3）端部支撑搁置长度应符合设计或现行国家标准要求，并不小于 10mm。

4）叠合楼板样式及接缝形式如图 10-8、图 10-9 所示。

（2）混凝土叠合楼板进场检查

1）钢筋桁架允许偏差需符合表 10-1 规定。

表 10-1　钢筋桁架允许偏差

检查项目	设计长度	设计高度	设计宽度	上弦焊点间距	伸出长度	理论质量
允许偏差	±5mm	±3mm	±5mm	±2.5mm	0~2mm	±0.04m

2）底板与后浇混凝土叠合层之间的结合面应做成凹凸的、深度不小于 4mm 的人工粗糙面，粗糙面的面积不小于结合面的 80%。

3）底板尺寸允许偏差需符合表 10-2、表 10-3 规定。

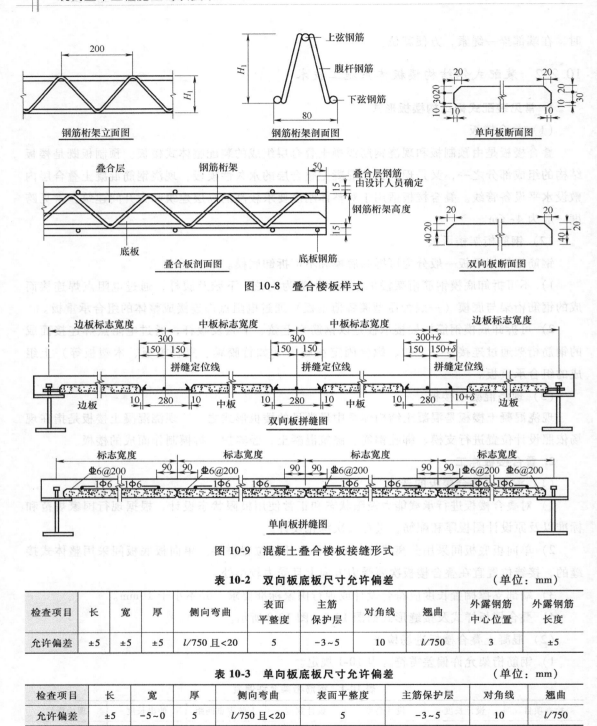

图 10-8　叠合楼板样式

图 10-9　混凝土叠合楼板接缝形式

表 10-2　双向板底板尺寸允许偏差　　　　　（单位：mm）

检查项目	长	宽	厚	侧向弯曲	表面平整度	主筋保护层	对角线	翘曲	外露钢筋中心位置	外露钢筋长度
允许偏差	±5	±5	±5	$l/750$ 且 <20	5	−3～5	10	$l/750$	3	±5

表 10-3　单向板底板尺寸允许偏差　　　　　（单位：mm）

检查项目	长	宽	厚	侧向弯曲	表面平整度	主筋保护层	对角线	翘曲
允许偏差	±5	−5～0	5	$l/750$ 且 <20	5	−3～5	10	$l/750$

注：l 为底板长度。

4）底板进场可不做结构性能试验，施工单位相关人员或监理单位相关人员应入驻制作厂监督生产过程。当不入驻制作厂时，底板进场时，监理单位相关人员和施工单位相关人员共同对底板的钢筋、混凝土强度进行实体检验。

（3）混凝土叠合楼板的堆放

场地应平整夯实，堆放时板与地面之间应有一定的空隙，并设排水设施，板两端（至板端200mm）及跨中位置均应设置垫木，垫木间距不大于1.6m，垫木的长、宽、高均不小于100mm，垫木应上下对齐。不同板号应分别堆放，堆放高度不宜多于6层。堆放时间不宜超过2个月。

（4）混凝土叠合楼板施工工艺流程

梁上检查标高，弹安装线→底板支撑安装→叠合楼板底板安装、校正→焊梁上栓钉→板上部钢筋绑扎→板缝模板安装（吊模）→底板表面清理→叠合层混凝土浇筑、养护→达到强度拆除模板支撑。

（5）混凝土叠合楼板施工均布荷载要求

荷载不均匀时，单板范围内折算均布荷载不宜大于$1.5kN/m^2$，否则应采取加强措施。施工中应防止底板受到冲击，施工均布荷载不包括底板及叠合层混凝土自重。

（6）叠合楼板支撑要求

底部支撑设立撑和横木，支撑强度、稳定性和数量由计算确定，支撑应设扫地杆。当轴跨$L<4.5m$时，跨内设置不少于一道支撑；当轴跨$4.5m \leqslant L<5.5m$时，跨内设置不少于两道支撑。多层建筑中各层立撑应设置在一条竖直线上，并根据进度、荷载传递要求考虑连续设置支撑的层数。支撑拆除时，混凝土叠合层的混凝土强度不宜低于设计强度。

（7）叠合楼板底板吊装

吊装叠合楼板底板时应慢起慢落，并避免与其他物体相撞，保证起重设备的吊钩位置，使吊具与构件重心在垂直方向上重合，吊索与构件水平夹角不宜小于60°，不应小于45°，当吊点数量为6点时，应采用专用吊具，吊具应具有足够的强度和刚度。

预制叠合楼板4个角均设有预埋吊装件，便于快速安装。板四周有端部伸出大厚度侧翅结构及连接钢筋，使楼板端部成为承重端头结构，确保有效搁承重段长度，楼板搁置在预制梁两侧边搁置空间上（搁置空间上预留10mm侧翅），预制板安装搁置完成、相邻楼板伸出的钢筋焊接固定及面层钢筋绑扎后，浇筑填充混凝土形成整体结构，提高连接区强度，同时使其具有现浇楼板的高抗震性和防渗水性（图10-10）。

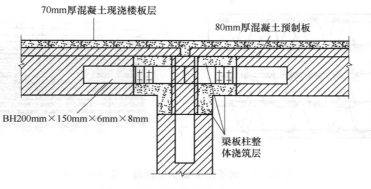

图 10-10　叠合楼板安装示意

（8）叠合楼板底板安装允许偏差要求

叠合楼板底板安装尺寸允许偏差要求符合表 10-4 规定。

表 10-4 叠合楼板底板安装尺寸允许偏差 （单位：mm）

项目	相邻两板底高差	板的支撑长度偏差	安装位置偏差
允许偏差	高级≤2 中级≤4 有吊顶或抹灰≤5	≤5	≤10

3. 钢筋桁架楼承板施工

（1）常见钢筋桁架楼承板特点

不可拆卸钢筋桁架楼承板是一种免拆模板，它与混凝土一起形成建筑组合楼板，一般适用于有吊顶的建筑住宅。可拆卸钢筋桁架楼承板底部模板可拆除，可周转使用，节能环保。

（2）钢筋桁架楼承板规范要求

钢筋桁架楼承板组合楼板施工应符合《建筑工程施工质量验收统一标准》（GB 50300—2013）、《混凝土结构工程施工质量验收规范》（GB 50204—2015）、《组合楼板设计与施工规范》（CECS 273—2010）、《钢筋桁架楼承板》（JG/T 368—2012）等现行国家规范的要求。

（3）钢筋桁架楼承板配板要求

装配式钢筋桁架楼承板必须严格按照二次深化设计排板图装配。装配式钢筋桁架楼承板及其混凝土楼板的施工，必须编制专项施工方案。

（4）钢筋桁架楼承板堆放

经检验合格的各种材料应堆放于装配现场附近，并有明确的标记。堆放应考虑起重机的操作范围、钢筋桁架与模板的变形以及安全。露天堆放时，对钢筋桁架必须采取防止生锈的措施，模板应下垫方木、边角对齐堆放在平整的地面上，板面不得与地面接触。

遵循相同规格同垛堆放的原则。堆放时两张板正反倒扣为一组，堆放在平整方木上。如需打包堆放，则应在顶部、底部设置 U 形撑条。堆叠高度不超过 1.2m，且不超过 7 组。采用薄钢板包扎，捆扎点间距不超过 2m，每捆不少于 2 点。如需叠放，应采用缆绳将各捆之间有效连接，防止倒塌。为防止变形，堆放不得超过 3 层（图 10-11）。

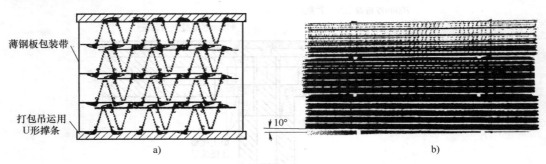

图 10-11 钢筋桁架楼承板打包和堆放示意图
a）打包 b）堆放

（5）钢筋桁架楼承板的进场验收

除应检查型号与设计排板图是否相符外，还应检查出厂合格证、外观质量尺寸偏差和焊接质量。

（6）钢筋桁架楼承板组合楼板施工顺序

施工计划→构件进场、检验→施工准备（梁上弹线、支托焊接等）→楼承板安装→搭设临时支撑→栓钉焊接→管线敷设、边模板安装→钢筋绑扎→隐蔽验收→混凝土浇筑、养护→临时支撑拆除。

（7）钢结构中装配式钢筋桁架楼承板安装

1）楼承板铺设前，根据楼承板排板图和楼承板铺设方向，在支座钢梁上绘制第一块楼承板侧边不大于 20mm 的定位线，在楼承板起始端的钢梁翼缘上绘制钢筋桁架起始端 50mm 基准线（点）。

2）钢柱处，楼承板模板按设计图在工厂切去与钢柱碰撞部分。楼承板模板与支承角钢采用封边条的方式连接。封边条与模板用拉铆钉固定，封边条与支承角钢用点焊固定。

3）对准基准线，安装第一块楼承板。严格保证第一块楼承板模板侧边与基准线重合，空隙采用堵缝措施处理。

4）放置钢筋桁架时，先确定一端支座为起始端，钢筋桁架端部伸入钢梁内的长度应符合设计图要求，且不小于 50mm。钢筋桁架另一端伸入梁内长度不小于 50mm。钢筋桁架两端的腹杆下节点应搁置在钢梁上，搁置长度不小于 20mm，无法满足要求时，应设置可靠的端部支座。铺设时楼承板随铺随点焊，将支座竖筋与钢梁点焊。

5）连续板中间钢梁处，钢筋桁架腹杆下节点应放置于钢梁上翼缘，下节点距离钢梁上翼缘边不小于 10mm，无法满足要求时，应设置中间支座。

6）楼承板模板与框架梁四周的缝隙可采用收边条堵缝。收边条一边与模板按间距 200mm 拉铆钉固定，另一边与钢梁翼缘点焊。

4. 现浇混凝土楼板施工

（1）现浇混凝土楼板模板安装

1）现浇混凝土模板安装施工顺序：搭设支架→安装横纵钢（木）楞→调整楼板下皮标高及起拱→铺设模板→检查模板上皮标高、平整度。

2）支架搭设前，首层是土壤地面时应平整夯实，无论首层是土壤地面还是楼板地面，在支撑下均宜铺设通长脚手板，并且楼层间的上下支座应在一条直线上。支架的支撑（碗扣式）应从边跨的一侧开始，依次逐排安装，同时在支撑的中间及下部安装碗扣式纵横拉杆，在上部安装可调式顶托。支柱和龙骨间距按模板设计确定，一般情况下，支撑的间距为 800~1200mm，主龙骨的间距为 800~1200mm，次龙骨的间距为 300mm。

3）支架搭设完毕后，要认真检查板下龙骨与支撑的连接及支架安装的牢固与稳定；根据给定的水平标高线，认真调节顶托的高度，将龙骨找平，注意起拱高度（当板的跨度等于或大于 4m 时，按跨度的 1/1000~3/1000 起拱），并留出楼板模板的厚度。

4）铺设竹胶板。

5）铺设完毕后，用靠尺、塞尺和水平仪检查模板的平整度与底标高，并进行必要的校正，安装、检查均应满足现行规范的要求。

（2）阳台施工

根据施工图将阳台的水平位置控制线及标高弹出，并对位置控制线及标高进行复核。预制阳台支撑采用碗扣架搭设，根据阳台板的标高位置线将支撑体系的顶托调至合适位置处。为保证阳台支撑体系的整体稳定性，需要设置拉结点将阳台支撑体系与外墙板连成一体。

预制阳台采用预埋的 4 个吊环进行吊装，确认卸扣连接牢固后缓慢起吊。待预制阳台板吊装至作业面上 500mm 处略停顿，根据阳台板安装位置控制线进行安装。阳台吊装就位后根据标高及水平位置线进行校正。

（3）楼梯施工

熟悉施工图，检查核对构件编号，确定安装位置，根据吊装顺序编号。

根据施工图弹出楼梯安装控制线，对控制线及标高进行复核。预制楼梯板吊装示意图如图 10-12 所示。

待楼梯板吊装至作业面上 500mm 处略做停顿，根据楼梯板方向进行调整，就位时要求缓慢操作，不应快速猛放，以免造成楼梯板振折损坏。楼梯板基本就位后，根据控制线，利用撬棍微调、校正。梯段校正完毕后，将梯段预埋件与结构预埋件焊接固定。楼梯板焊接固定后，在预制楼梯板与休息平台连接部位采用灌浆料进行灌注。

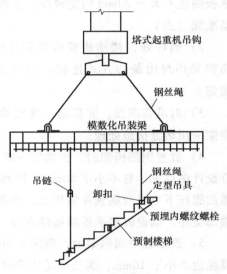

塔式起重机吊钩

钢丝绳

模数化吊装梁

吊链
钢丝绳
定型吊具
卸扣
预埋内螺纹螺栓
预制楼梯

图 10-12　预制楼梯板吊装示意图

（4）板钢筋绑扎

1）工艺流程：清理模板杂物→在模板上弹出主筋、分布筋间距线→先放主筋后放分布筋→下层筋绑扎→上层筋绑扎→放置马凳筋及垫块。

2）绑扎钢筋前应修整模板，将模板上的垃圾杂物清扫干净，在平台底板上用墨线弹出控制线，并用红油漆或粉笔在模板上标出每根钢筋位置。

3）按弹好的钢筋间距，先排放受力主筋，后放分布筋，预埋件、电线管、预留孔等同时配合安装并固定。待底排钢筋、预埋管件及预埋件就位后交质检员复查，再清理场面后，方可绑扎上排钢筋。

4）钢筋采用绑扎搭接，下层筋不得在跨中搭接，上层筋不得在支座处搭接，搭接处应在中心和两端绑牢。

5）在板钢筋网绑扎施工时，四周两行交叉点应每点扎牢，中间部分每隔一根相互呈梅花式扎牢，作为双向主筋的钢筋必须全部相互交叉扎牢，相邻绑扎点的钢丝扣要呈八字形绑扎（左右扣绑扎）。下层 180°弯钩钢筋的弯钩向上；上层 90°弯钩钢筋的弯钩朝下。对于顶板，为保证上下层钢筋位置的正确和两层间距离，上下层钢筋之间用马凳筋架立，马凳筋高度=板厚-2倍钢筋保护层厚-2倍钢筋直径，可先在钢筋车间焊接成型，马凳筋间距为1000mm。

6）板按1m的间距放置垫块，板底及两侧每隔1m垫上两块砂浆垫块。

（5）现浇板模板支撑

楼板模板采用钢管脚手架支撑，纵横间距为800～1200mm（根据厚度及高度调整），步距1200～1500mm，采用可调上下托。底部扫地杆与立杆以扣件连接，扫地杆距地面200mm。满堂脚手架搭好后，根据板底标高铺设φ48钢管主龙骨，50mm×100mm次龙骨间距不大于300mm，然后铺放多层木模板，多层木模板采用硬拼缝，多层板与墙连接时，先在多层板侧粘海绵胶条再紧靠墙面。

10.2.3　围护系统施工技术

1. 外围护墙板系统的施工

外围护墙板系统是指安装在主体结构上，由外墙墙板、墙板与主体结构连接节点、防水密封构造等组成的，具有规定的承载能力，适应主体结构位移能力，防水、保温、隔声和防火性能的整体系统。

装配式钢结构建筑的外围护墙板系统主要由装配式外墙板、外门窗和屋面板及其他部品部件组合而成。《高层建筑混凝土结构技术规程》（JGJ 3—2010）规定，房屋的顶层屋面应采用现浇楼盖结构。

装配式钢结构建筑的外围护系统宜采用工业化生产、装配化施工的部品，并应按非结构构件部品设计。外墙围护系统立面设计应与部品构成相协调，减少非功能性外墙装饰部品，并应便于运输、安装及维护。

（1）总体施工安装

1）一般规定。外围护墙板系统复合墙体在施工前应编制专项施工技术方案，并应进行技术交底和培训。

应核对进入施工现场的主要原材料的技术文件，并对原材料进行抽样复检，复检合格后方可使用。复合墙体施工应在主体结构工程验收合格后进行。

2）运输与码放。主要包含工程构件与材料的运输、进场堆放要求和防护措施。

3）施工准备。施工前进行基层清理、定位放线。先施工主体结构、后安装外挂墙板，外挂墙板安装前应对已建主体结构进行复测，并按实测结果对墙板设计进行复核。施工测量除应符合《工程测量标准》（GB 50026—2020）外，还应符合不同墙体种类的测量规定。对存在的问题应与施工、监理、设计单位进行协调解决。施工机具进场应出具产品合格证、使用说明书等质量文件，施工机具应由专人管理和操作，并应定期进行维护。复合墙体，安装前应进行面层清理和质量检验。对预埋件、吊挂件以及连接件的位置和数量进行复查验收。

4）安全技术措施。外挂墙板的安全施工应符合《建筑施工高处作业安全技术规范》（JGJ 80—2016）、《建筑机械使用安全技术规程》（JGJ 33—2012）、《施工现场临时用电安全技术规范》（JGJ 46—2005）的有关规定。

（2）外挂墙板施工安装

外挂墙板采用外挂式施工工艺安装于主结构外部，包含预制混凝土外挂墙板、玻璃纤维增强水泥板外挂墙板和FK轻型预制外挂墙板等，本节主要对预制混凝土外挂墙板施工安装进行具体介绍。

1）一般规定。外挂墙板的施工安装应符合《预制混凝土外挂墙板应用技术标准》（JGJ/T 458—2018）、《装配式混凝土建筑技术标准》（GB/T 51231—2016）、《钢结构工程施工规范》（GB 50755—2012）、《混凝土结构工程施工质量验收规范》（GB 50204—2015）的规定。

外挂墙板系统的施工组织设计应包含外挂墙板的安装施工专项方案和安全专项措施。在安装前，应选取有代表性的墙板构件进行试安装，并应根据试安装结果及时调整施工工艺、完善施工方案。外挂墙板的施工宜建立首段验收制度。

2）运输与码放。

① 外挂墙板运输前应根据工程实际条件制定专项运输方案，确定运输方式、运输线路、构件固定及保护措施等。对于超高或超宽的板块应制定运输安全措施。

② 外挂墙板码放场地地基应平整坚实，水平叠层码放时每垛板的垫木要上下对齐，垫木支点要垫实，平面位置及码放层数合理。外挂墙板竖放时要采用专用插放架存放。

③ 外挂墙板码放时应制定成品保护措施，在装饰面层处，垫木外表面应用塑料布包裹隔离，并用苫布覆盖，避免雨水及垫木污染外挂墙板表面。对于面砖、石材饰面的外挂墙板，构件应饰面层朝上码放或单层直立码放（图10-13、图10-14）。

图 10-13　外挂墙板构件水平放置

图 10-14　外挂墙板构件竖向放置

3）施工准备。施工测量应符合以下规定：①安装施工前，应测量放线、设置构件安装定位标识；②外挂墙板测量应与主体结构测量相协调，外挂墙板应分配、消化主体结构偏差造成的影响，且外挂墙板的安装偏差不得累积；③应定期校核外挂墙板的安装定位基准。

外挂墙板储存时应按安装顺序排列并采取保护措施，储存架应有足够的承载力和刚度。

4）构件安装。在外挂墙板正式安装之前应根据施工方案要求进行试安装，经过试安装检验并验收合格后方可进行正式安装。

在钢结构建筑中，外挂墙板与主结构采用点支撑方式连接。点支撑外挂墙板与主体结构的连接节点施工应符合现行国家标准《钢结构工程施工规范》（GB 50755—2012）的有关规定，并应符合其他有关规定。

外挂墙板安装尺寸允许偏差及检验方法应符合表 10-5 的要求。

表 10-5 外挂墙板安装尺寸允许偏差及检验方法

序号	项目	尺寸允许偏差/mm	检验方法
1	接缝宽度	±5	尺量检查
2	相邻接缝高	3	尺量检查
3	墙面平整度	2	2m 靠尺检查
4	墙面垂直度（层高）	5	经纬仪或吊线钢尺检查
5	墙面垂直度（全高）	$\leqslant H/2000$ 且 $\leqslant 15$	经纬仪或吊线钢尺检查
6	标高（窗台、层高）	±5	水准仪或拉线钢尺检查
7	标高（窗台、全高）	±20	
8	板缝中心线与轴线距离	5	尺量检查
9	预留孔洞中心	对角线 10	尺量检查

注：H 为建筑层高或构件分块高度。

5）板缝防水施工。外挂墙板接缝防水施工应符合《预制混凝土外挂墙板应用技术标准》（JGJ/T 458—2018）的规定。板缝防水施工 72h 内要保持板缝处于干燥状态，禁止冬季气温低于 5℃或雨天进行板缝防水施工。

6）安全技术措施。安全施工应符合下列规定：①外挂墙板起吊和就位过程中宜设置缆风绳，通过缆风绳引导墙板安装就位；②遇到雨、雪、雾天气，或者风力大于 5 级时，不得进行吊装作业。

2. 内装隔墙及墙面系统的施工

（1）施工准备

1）装配式隔墙及墙面部品应符合设计图要求，按照所使用的部位做好分类选配工作。其中条板隔墙安装应符合现行行业标准《建筑轻质条板隔墙技术规程》（JCJ/T 157—2014）的有关规定。

2）隔墙及墙面部品安装前应按设计图要求做好定位控制线、标高线、细部节点线等，放线应清晰，位置要准确，且要通过验收。

3）装配式隔墙安装前应检查结构预留管线接口的准确性。

4）装配式隔墙空腔内填充材料的性能和密实度等指标应符合设计要求。

5）装配式隔墙及墙面施工前应做好交接检查记录。

（2）施工步骤

装配式隔墙施工流程如图 10-15 所示。装配式墙面施工流程如图 10-16 所示。

（3）施工要点

1）安装轻钢龙骨时，沿顶及沿地龙骨和边框龙骨应与结构体连接牢固，并应垂直、平整、位置准确，龙骨与结构体采用塑料膨胀螺栓或自攻螺钉固定，固定点间距不应大于 600mm，

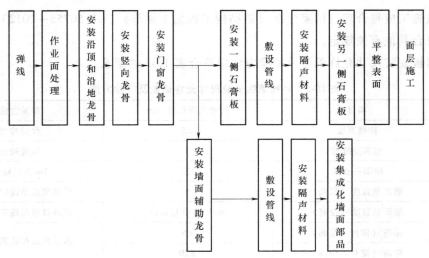

图 10-15　装配式隔墙施工流程

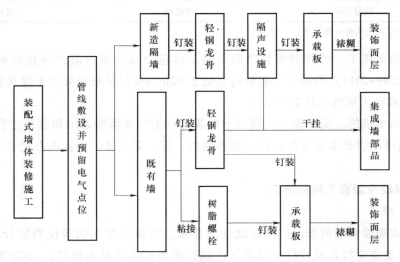

图 10-16　装配式墙面施工流程

第一个固定点距离端头不大于 50mm，龙骨对接应保持平直，如图 10-17 所示。

2）竖向龙骨安装于沿顶及沿地龙骨槽内，安装应垂直，龙骨间距不应大于 400mm。沿顶及沿地龙骨和竖向龙骨宜采用龙骨钳固定。门窗洞口两侧及转角位置宜采用双排口对口并列形式加固竖向龙骨。

3）装配式隔墙内水电管路敷设完毕且经隐蔽验收合格后，应向隔墙内填充材料，并保证密实无缝隙，尽量减少现场切割。

图 10-17　轻钢龙骨施工

4）装配式墙面施工前应按照设计图对需要挂重物的部位进行加固。

（4）装配式墙面施工要点

1）装配式墙面应按设计连接方式与隔墙（基层墙）连接牢固。

2）设计有防水要求的装配式墙面，穿透防水层部位应采取加强防水措施。

3）装配式墙面与门窗套口、强弱电箱及电气面板等交接处应密封。

4）装配式墙面上的开关面板、插座面板等后开洞部位，位置应准确，不应安装后再二次开洞。

5）装配式墙面施工完成后，应对特殊加强部位的功能性进行标识。

10.3 | 装配式建筑机电一体化安装技术

机电一体化是施工机械的发展方向，也是实现施工自动化的重要基础。现代装配式建筑一般多为智能化、现代化建筑。建筑面积巨大，自动化、电气化程度高，配套设备系统安装复杂，工程安装过程中稍有不慎极易留下事故隐患，危及建筑安全及其中人员生命财产安全。建筑机电一体化安装工程贯穿整个建筑工程。只有对建筑机电一体化安装工程的设计、组织、合同、施工进度、质量和安全进行科学管理，才能按时、按质完成建筑机电一体化设备安装工程，为用户提供安全、高效、经济、舒适的生活和工作环境。在建筑设备自动化安装工程中，电动机的安装调试是建筑设备安装调试的关键环节，因为风机、水泵、电梯等设备的核心动力部件都是电动机。建筑物智能要求的提高势必导致电气设备系统日趋复杂，对其安装施工提出了更高、更新的要求。

10.3.1 机电管线预埋

1. 预埋部位

机电管线在主体结构预埋部位见表 10-6。

表 10-6 机电管线在主体结构预埋部位

主体构件种类	构件名称	预埋部位	施工内容
水平构件预埋	混凝土叠合楼板	预埋层预埋	预制厂管线敷设预埋
		现浇叠合层预埋	现场管线敷设预埋
	钢筋桁架楼承板	现浇层预埋	现场管线敷设预埋
	现浇混凝土楼板		现场管线敷设预埋
围护结构墙体（内墙）	轻钢龙骨类墙体	墙体芯料中	现场管线敷设预埋
	条板类墙体	条板孔中或墙体内	现场管线敷设预埋
	砌块、砖	墙体内	现场管线敷设预埋
围护结构墙体（外墙）	轻钢龙骨类墙体	墙体芯料中	现场管线敷设预埋
	条板类墙体	墙体内或附加墙体内	现场管线敷设预埋
	外挂大板类	墙体内（减少或避免在外墙）	预制厂管线敷设预埋

预埋在构件内部的机电管线为主要电气（强电、弱点）管线，其他机电管线（如给水管线和排水管线）的预埋一般通过预留洞口、安装墙体托架的方式施工。

2. 装配式装修管线预埋

装配式整体建筑进行装配式装修时，一般采用管线分离的预埋方式，管线预埋布置应由专业单位进行二次深化设计。管线预埋位置一般为架空龙骨地面夹层、墙面板龙骨夹层和吊顶龙骨夹层。

10.3.2 设备系统施工安装

1. 设备系统安装固定架

应预先编写安装固定方案，方案中应确定安装托架位置、数量、龙骨加固方式。

（1）楼板管道托架

1）管道托架一般安装在楼板底部，采用吊架安装，常见装配式楼板（混凝土叠合楼板、钢筋桁架楼承板、现浇混凝土楼板）安装托架固定件钻孔时，严禁钻孔深度超深，防止破坏楼板上部或楼板内部预埋管线。

2）当公共区域管道数量较多、托架安装相对密集时，应尽量减少楼板中预埋管线数量或避免预埋管线，以防止安装托架破坏预埋管线。

（2）墙体管道托架

1）条板类墙体。管道托架应与钢梁、钢柱连接固定，并应有单独加固措施和方案。对消防管道、通风管道等自重较大的管道，应进行固定架受力验算。

2）轻钢龙骨类墙体。管道托架应直接与龙骨相连固定，封面板时钻孔预留托架并封堵即可（图 10-18、图 10-19）。

3）砌体、砌块类墙体。安装方式可参考现行规范和图集。

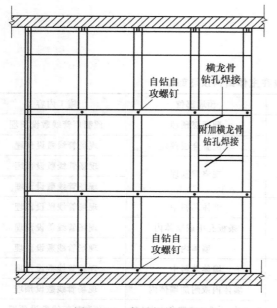

图 10-18　龙骨焊接托架

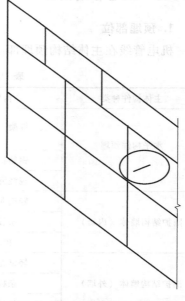

图 10-19　面板安装预留托架

2. 设备系统安装预留孔洞

1）无论是楼板预留孔洞还是墙体预留孔洞，均应在施工前，墙体或楼板二次深化设计时，将机电管线预留孔洞位置尺寸确定完毕，充分考虑施工中是否合理。

2）如需要现场开洞，应编制施工方案、孔洞加固方案和孔洞预留方案，并经主体设计部门同意。

3. 集成设备系统机电施工

常见的住宅集成设备系统分为：集成卫生间、整体厨房、室内新风系统等。

（1）集成卫生间机电施工

集成卫生间产品本身电气系统、给水系统、排水系统、供热系统均已配套安装完成，一般安装前只需按产品说明和施工图预留各类机电管线安装接点即可。

1）电气系统。留连接接线即可，零线（N）、火线（L）、地线接线（E），插座线为 BC3×4mm^2，灯线为 BV2×2.5mm^2。各电源线路接线接头与接头绕线需绕 5~6 圈，绕圈结束后先用防水胶布包好，再穿 PVC（聚氯乙烯）套管。PVC 套管要固定牢固，其穿线应达到集成卫生间插座、电器接口位置。接线符合国家标准，零、火、地线无错误，逐户用测线仪进行核对，符合验收标准方可使用。

2）给水系统。根据不同集成卫生间产品样式，预留相应给水接点。给水系统竖向管道一般按左热右冷设置，顶板以上管道一般按上热下冷系统对接，间距为 50~100mm。

3）排水系统。横向排水管系统按横向排水管系统图配管，横向排污管道坡度为 1.2%，并用管卡将排污管道按规范标准固定在防水盘加强筋上。各排水系统接口承插到位，PVC 胶水涂抹均匀，密封严实，系统无漏点。

4）供热系统。供水、回水管线直接与集成卫生间整体浴室内部的供热管线连接。

（2）整体厨房机电施工

与整体厨房相关的管路有燃气管、给水管、排水管、通风管、电气管等。对应产品一般有燃气灶、洗涤池、排油烟机、冰箱、洗碗机、消毒柜、微波炉和烤箱等。整体厨房的机电施工根据整体厨房的深化设计图要求和位置为厨房设备提供接点即可。

（3）室内新风系统机电施工

1）室内新风系统主机是新风系统的动力源，为主机送电可采用管线分离方式或预埋方式。

2）管道和主机一般为吊架安装，能满足不同楼板形式安装要求即可。

3）进风器需在墙体预留孔洞，宜在墙体或楼板二次深化设计时提出，并在施工图中明确位置。如需现场施工，应与墙体单元配合完成。

10.3.3 管线与集成设备安装施工验收

1. 管线安装施工验收

1）机电管线预埋、安装施工验收均按现行国家标准执行。

2）装配式建筑机电预埋管线施工验收时合格率宜达到 100%。如机电预埋管线出现堵塞、路径错误、遗漏等现象，对装配式建筑楼板、墙体等部品部件维修相对常规结构维修要困难，需专业人员进行维修，特殊部位可能还会影响构件性能。

3）对于采用管线分离施工方法的工程，应减少或避免在部品部件内预埋管线。施工验收时，除应满足现行国家标准规范，还应满足以下要求：同专业不同系统、不同专业均应用不同颜色、不同材质管线进行施工，如电气专业中强电、弱电、消防等；不同专业管线交叉时应采取防护措施。

4）管线敷设最终位置应绘制竣工图备案，以方便后期拆改以及管线维修更换。

2. 集成设备系统安装验收

1）集成化厨、卫预制系统验收二次深化设计要求。建筑给水系统依据设计节点段施工图，进行预制、加工、装配成组，并进行相关吹扫和压力检验，提供合格检验记录，并留存竣工图；排水系统应依据设计节点段施工图，进行预制、加工、装配成组，设置固定支架或支撑将管线固定，渗漏检验需提供合格检验记录，并留存竣工图；采暖系统主线路供、回水采用水平同层敷设管路设计时，应考虑在施工安装快捷方便的条件下，采用装配式预制设计，控制节点段达到合理使用要求。当水平敷设相关管路采取多排多层设计时，应采取模块化预制，把支吊架同管路装配为整体模块化，相关吹扫和压力检验需提供合格检验记录，并留存竣工图。

2）设备安装预留洞、预埋件验收二次深化设计要求。预制构件上预留的孔洞、套管、坑槽应选择在对构件受力影响最小的部位，并在深化设计图中标注清楚。穿越预制墙体的管道应预留套管，穿越预制楼板的管道应预留孔洞，穿越预制梁的管道应预留套管，并应在墙体深化图中标注清楚。现场施工时应与专业施工人员沟通交流，必要时施工图调整需经设计同意。集热器、储水罐等的安装应考虑与建筑实行一体化，做好预留预埋。

10.4 装配式建筑新体系发展与应用

10.4.1 SSGF 体系

1. SSGF 体系内容

住宅产业化就是将建筑设计标准化、部品部件工厂化、现场施工装配化、土建装修一体化，利用现代科学技术、先进的管理方法和工业化的生产方式，将建造生产全过程连接为一个完整的产业系统。SSGF 以 Sci-tech 科技创新、Safe&share 安全共享、Green 绿色可持续、Fine&fast 优质高效为四大核心理念，以装配、现浇、机电、内装等工业化为基础，整合 19项新建造科技，能有效缩短建筑工期 6~8 个月，快速打造高品质社区。SSGF 建造工法在沿用传统优势建造方法的基础上，积极引用新型材料、新工艺、新方法，合理安排现场工序穿插，优化成本架构。

2. SSGF 建造工法内容

SSGF 建造工法就是从施工工艺、施工措施和施工组织管理三个方面出发来实现快速建造出质优价廉的建筑物的目标，主要包括八项施工工艺、三项施工措施和一项施工组织管理。

（1）施工工艺

1）全现浇混凝土外墙。全现浇混凝土外墙即所有外墙均由混凝土现浇而成。结构整体刚度显著增大，墙体设置合理，可有效抵抗地震作用，提高房屋的整体抗震能力。同时，外墙一次成型，减少渗漏等质量隐患，可实现结构自防水。

2）预制墙板。预制墙板是由工厂生产，然后运送至工地并现场拼装的。墙板的一侧设有连接凹槽，另一侧设有连接凸筋，墙板顶端的两侧设有连接件，墙板的底部设有平衡基板，平衡基板的 4 个角设有互相连接的底部连接件。工厂化生产可有效保证墙板平整度，后期可不进行抹灰处理，以避免抹灰层空鼓及开裂。因为墙板是拼接的，所以可取消湿作业，为后期穿插作业提供了条件，可显著提高施工效率。

3）预制 PC 构件。预制 PC 构件主要应用于承台模、地梁模、PC 保温屋面板、PC 路面铺贴及代替石材用作园区景观板等。PC 构件由强度为 C15 或 C20 的轻质混凝土浇筑而成，板内配置双层钢丝网。PC 构件采取整体吊装，相互之间采用榫卯连接或者螺栓连接，构件安装好可进入下一道工序，减少了烦琐的砌筑工序，节约了工期。当用作屋面板时，屋面 PC 砖将隔热层及保护层合二为一，十分便于维修。

4）高精度地面。混凝土浇筑阶段，根据楼面面积大小配备 3 个收面工人进行收面，同时配备 2~3 个专业实测人员，与收面工人进行配合，直至楼面平整度、水平度误差控制在 3mm 以内，最终达到房间可直接在混凝土表面铺贴木地板的要求，户内客厅、走道及公共区域地面采用薄贴工艺。对混凝土浇筑的精准控制是管控重点。高精度地面可免除二次砂浆找平，大幅减少砂和水泥的用量，节能环保。

5）高压水枪拉毛。因为外墙采用铝合金模板，内墙由工厂预制而成，墙体的平整光滑度很高，所以外饰面不能和墙体很好地黏结起来。利用水力切割技术，通过高压水在混凝土基面、内墙板上拉出粗糙面，实现表面快速拉毛（图 10-20）。高压水枪拉毛能减少因基层残余浮浆、脱模剂等产生的饰面空鼓质量隐患，大幅提高墙砖黏结力和墙砖铺贴质量。

6）PVC 墙纸。墙面先处理好并刮完腻子，再刷基层膜，最后贴墙纸。PVC 墙纸材料主要成分为纸基和 PVC。PVC 墙纸具有耐腐蚀、防霉变、防老化、不易褪色等优点，因此，可用于天气潮湿的南方地区以防止墙体霉变。与预制墙板一起使用可有效降低墙体开裂的风险，提升整体装饰品质，而且施工简单。

7）自愈合防水。自愈合防水是一项主动防水的被动技术，通过在混凝土表面附着特有的自愈合防水材料，从而实现混凝土结构自防水。自愈合防水材料能在水的作用下生长为晶体，从而能使带缝工作的混凝土变得密不透水。自愈合防水一方面能实现结构自防水，并延长防水使用寿命；另一方面可缩短施工工期，减少施工步骤和工序，有效避免交叉作业。

8）整体卫浴。整体卫浴（图 10-21）就是卫浴各部分由工厂预制，然后运送至现场吊装安装。其中卫浴底盘高度仅需 50~200mm，可使复式公寓的卫生间净高增加，有效提升居住品质。而且，卫浴底盘一体成型，具有良好的防水性能。

图 10-20　拉毛后墙面

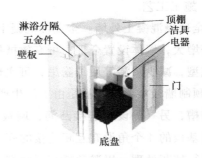

图 10-21　整体卫浴

（2）施工措施

1）铝合金模板。铝合金模板（图 10-22）是指把工厂化生产的铝合金子块模板拼接为整体模板系统。铝合金模板可实现免抹灰，以避免抹灰产生的空鼓、开裂等质量通病及隐患。铝合金耐磨性能极大提高了模板周转次数，可显著减少现场建筑垃圾，施工场地能保持整洁明亮。整体模板是由子块模板拼接而来的，操作简易，可减少人力投入和对工人技术的依赖，有效提高整体工作效率。当房屋超过 22 层时，铝合金模板租赁单价低于传统模板。

2）升降脚手架。升降脚手架又称爬架（图 10-23），即脚手架一次组装完成后一直用到施工完毕，它能沿着建筑物上爬或下降。升降脚手架类型有：钢管升降脚手架、半钢式升降脚手架、全钢式升降脚手架。升降脚手架外围的封闭性良好，杜绝了高处坠物，提高了施工的安全性。架体一次组装完成后一直用到施工完毕，架体周转重复使用率高，节约大量的人力、物力，明显加快施工进度，有助于安全文明施工与穿插施工。

图 10-22　铝合金模板

图 10-23　升降脚手架

3）楼层截水系统。楼层截水系统就是把楼层干湿分区，将楼层所有干区水源引流至湿区的收集池（设置在楼梯转换平台），再通过管道排走。同时，楼层所有预留洞口（水电井、烟道、风井）用砂浆围边，表面盖模板，并刷上统一安全警示颜色；所有预留管口需加盖帽。楼层截水系统应与主体结构同步施工，通过该系统对施工用水和雨水进行封堵及引流，以此实现穿插施工作业。楼层截水系统可确保楼面整洁、楼层内无积水、外墙无污染，并可实现积水收集再次利用。

（3）施工组织管理

施工组织管理主要是指全穿插施工体系，全穿插施工体系将建筑各工序进行拆分后，通过施工前合理策划，实现主体、装修、地下室、园林、外墙面穿插施工，在保障单个工序合理工期的同时缩短整体建造周期 6~8 个月，主体封顶后 180d 达到装修交付要求，减少开裂、渗漏、脱落等质量隐患，实现了节能环保的建造方式。

10.4.2　SPCS 技术体系

1. SPCS 技术体系概述

S 是指三一集团，PC 是指预制混凝土，S 是指 system，SPCS 就是指三一集团的装配式混凝土技术体系。SPCS 技术体系的竖向连接方式为通过搭接钢筋伸入上部空腔构件，然后空腔内整体现浇，连成整体（图 10-24）。这种"空腔+搭接+现浇"的竖向连接方式是一种工业化现浇的过程，它既保留了传统现浇的做法，整体安全，防水性能好，品质高，又用工业化生产的方式，提升了生产效率，降低了建造成本。另外根据规范中的要求，采用超声检测方法对混凝土质量进行检测可操作性较强，对现场要求较低，不需要增加过多的现场工作量。同时，针对检测不合格部位的修补也比较容易操作。

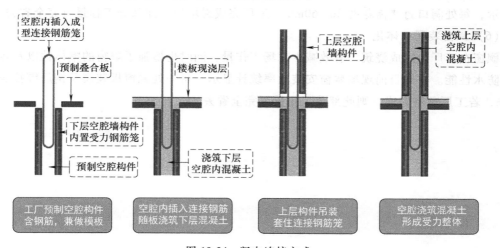

图 10-24　竖向连接方式

SPCS 技术体系经历了 SPCS1.0 时代生产建筑工业化装备，但只有装备远远不能够支撑起建筑工业化；在 SPCS2.0 时代，三一集团重点研发了装配式建筑整体叠合"空腔+搭接+现浇"的结构专利，形成 CECS（中国工程建设标准化协会标准）及 SPCS+PKPM 设计软件；目前已经进入 SPCS3.0 时代，称之为"1225231"业务模式，即 1 个方案、2 类标准、2 类工业建材、5 类装备、2 项工程能力、3 类软件、1 个平台。

2. SPCS 技术体系特点

SPCS 技术体系问世之后，在实践过程中不断地迭代、创新，推出了以下极具新意的做法，这些做法能够有效地减少现场作业量，增强建筑整体性。

（1）端部暗柱一体化

将暗柱与墙板整体预制，增强结构整体性，同时也减少了现场的支模量。

（2）墙板减重技术

为减轻墙板的质量，在墙板内部设置空腔，通过密目钢丝网在墙板中制作成环带，混凝土浇筑完成后，可在墙板内部形成密闭空腔，能有效减轻墙板质量。实测数据显示，通过该方案可成功减轻墙板重量的 10%~20%。

（3）现场模板夹具化技术

通过定制化工业安装，快速完成现场拼缝封堵。空腔墙底部采用定制化夹具，安装速度是使用模板封堵的 2~3 倍。

（4）转角构件预制

转角处采用预制构件，以减少现场的模板量，同时成型效果更加优异。若按照主流装配式体系，转角部位现场进行支模，假设一栋楼装配层有 27 层，层高为 3m，可进行预制的转角墙为 10 处，转角部位均按 500mm×600mm×200mm 的直角考虑，那么与转角采用预制构件的装配式体系相比，该楼栋增加的模板工程量超过 700m²，同时增加近 50% 的人工。

（5）构件内框工厂封堵

洞口侧边在工厂完成封堵，成型效果良好，同时减少现场支模量。根据现场实际统计情况显示，每处洞口封堵需花费 30~60min，工厂完成封堵后，此部分工程量可完全省去。

（6）飘窗装配一体化

飘窗在工厂内完成浇筑，有效减少现场工作量，同时也增强了飘窗的整体性以及转角部位的防水性能。根据目前现场飘窗安装效率统计显示，每一处飘窗板装模及钢筋绑扎需花费 1~2h，若工厂预制完成，则此部分工作量可完全省去。

第 11 章
桥梁结构施工技术

桥梁是供行人、车辆、渠道、管线等跨越河流、山谷或其他交通线路的架空构筑物。我国桥梁的发展经历了古代桥梁、近代桥梁和现代桥梁的历程。桥梁分为上部结构和下部结构：上部结构是指桥跨部分，下部结构则包含桥墩、桥台和基础。由于这两个部分在外部环境、结构形式以及建筑材料等方面存在巨大差异，因此在相关施工技术、施工工艺、施工设备、施工组织等方面也表现出完全不同的特征。本章首先从桥梁测量放样、基础施工和墩台施工三部分简要介绍了桥梁下部结构施工方法。又从桥梁受力体系分类出发，探讨了梁桥、连续刚构桥、拱桥、斜拉桥、悬索桥等桥梁形式的施工方法。

11.1 桥梁下部结构施工

11.1.1 桥梁测量放样

桥梁工程建设逐步向高精、细化、高质量化的方向发展，由此更加凸显出施工放样测量技术的重要性。合理做好测量放样工作能够给后续施工提供可靠的参照基准，进而保证桥梁结构的施工质量。

1. 平面控制测量

桥位平面控制网可采用三角网测量、导线测量和 GNSS（全球导航卫星系统）测量等方法。

1）三角网测量。三角网测量主要包括角度测量和边长测量，不同等级的三角网具体技术指标遵守相关要求。角度测量一般采用方向观测法，观测时应选择距离适中、通视良好、成像清晰稳定、竖直角仰俯小、折光影响小的方向为零方向；三角测量网的基线丈量，目前多采用高精度的基线光电测距仪。三等以下则可用全站仪观测，也可用钢尺精密量距。

2）导线测量。在地面上选择一系列控制点，将相邻点连成直线构成折线，进而形成导线网。在控制点上，用精密仪器依次测定所有折线的边长和转折角，根据解析几何的知识计算各点的坐标。导线测量分为四个等级。

3）GNSS 测量。采用 GNSS 测量控制网或者导线测量控制网时，网的设置精度和作业方法应遵守我国现行相关规范规定。

2. 水准测量

水准测量应遵守相关规定，水准测量等级应根据桥梁规模确定，见表 11-1。水准测量精度计算应遵守相关规范规定，二、三等水准测量与国家水准点附合时应进行正常水准面不平行修正，水准路线跨越江河时应采用跨河水准测量方法校测，跨河水准测量方法应遵守我国现行相关规范规定。

表 11-1 水准测量的主要技术要求

等级	每公里高差中数中误差/mm		水准仪精度等级	水准尺	观测次数		往返较差、附合或环线闭合差/mm
	偶然中误差 M_Δ	全中误差 M_W			与已知点的联测	附合或环线	
二	±1	±2	DS1	钢瓦	往返各一次	往返各一次	$\pm 4L^{1/2}$
三	±3	±6	DS1	钢瓦	往返各一次	往一次	$\pm 12L^{1/2}$
			DS3	双面		往返各一次	
四	±5	±10	DS3	双面	往返各一次	往一次	$\pm 20L^{1/2}$
五	±8	±16	DS3	单面	往返各一次	往一次	$\pm 30L^{1/2}$

注：L 为往返测段、附合或环线的水准路线长度，单位为 km。

3. 墩台定位及其轴线测设

桥梁墩台定位是指在桥梁施工测量工作中准确定出桥梁墩台中心位置和纵横轴线。如果墩位在干涸或浅水河床上，可用直接定位法；如果墩位处于水深急流部位，则采用角度交会法。

11.1.2 桥梁基础施工

桥梁基础主要是指承台及承台以下的部分。根据桥梁基础的形式进行分类，大致可以分为扩大基础、桩基础、沉井基础、地下连续墙基础等几大类。建设时可根据不同的水文、地质情况，灵活运用多种组合基础形式，以适应各类桥梁建设的需要。

1. 扩大基础施工方法

（1）基坑开挖

根据地质情况及周围环境等确定开挖方式、开挖形状以及是否设围堰。开挖基坑时常采用机械与人工相结合的施工方法，在机械挖土的情况下，当挖至距设计标高约 0.3m 时，应采用人工开挖修整，以保证地基土结构不被扰动破坏。

（2）基坑处理

基坑开挖至设计标高后，按地质情况采取相应的处理措施，如对于一般性能良好的未风化岩石地基，应清除岩面上的松碎石块、淤泥和苔藓等，并将倾斜岩面凿平或凿成台阶。

（3）桥梁地基检验

桥梁地基检验可采用直观或触探方法，必要时可进行土质试验。对于大、中桥和地基土质复杂的桥梁，一般采用触探和钻探（钻深至少 4m）方法取样做土质试验，或按设计要求进行荷载试验。

（4）基础砌筑

基础开挖完毕并进行处理后，即可砌筑基础。砌筑时，应自最外边开始，砌好外圈再砌筑腹部。基础一般采用片石砌筑。石料在砌筑前应浇水湿润，表面清洁。当地基为土质时，石料可直接铺于地基上；当地基为岩石时，则应铺坐灰浆再砌石块。砌筑时，宜分层砌筑，且轮流丁放或顺放，并用小石子填塞缝隙，灌以砂浆。

（5）基础浇筑

1）片石混凝土。片石混凝土基础浇筑时，先铺筑一层 100~150mm 厚混凝土打底，再铺填片石，然后摊铺混凝土并用插入式振动器振捣，每层厚度为 200~250mm。浇捣后再继续铺一层片石和混凝土，直至达到设计标高为止，片石顶面应保持有厚度不小于 100mm 的混凝土覆盖面。

2）钢筋混凝土基础。旱地浇筑钢筋混凝土基础，应在对基底及基坑验收完成后尽快绑扎、放置钢筋。在底部放置混凝土垫块，保证钢筋的混凝土净保护层厚度满足要求，对全部钢筋进行检查验收后即可浇筑混凝土。拌制好的混凝土运输至现场后，应保证混凝土整体均匀灌入基坑，用插入式振动器振捣密实。浇筑应分层进行，连续施工，在下层混凝土开始凝结之前，应将上层混凝土浇筑捣实完毕。基础全部筑完凝结后，要立即覆盖草袋、麻袋、稻草或砂子，并进行洒水养护。

2. 桩基础施工方法

桩基础是由基桩和桩顶承台共同组成的一种基础形式。桥梁结构大多采用低承台桩基础，特殊情况下如跨海大桥，会用到高承台桩基础。

（1）打入桩施工方法

打入桩是依靠专用设备将预制钢筋混凝土桩或预应力混凝土管桩强行打入土层之中的一种基础形式。施工方法有锤击沉桩法和静压沉桩法。柴油锤击打桩机如图 11-1 所示，液压静力压桩机如图 11-2 所示。

图 11-1 柴油锤击打桩机

图 11-2 液压静力压桩机

（2）钻孔桩施工方法

钻孔桩是利用各种钻孔设备在设计桩位就地钻成一定直径和深度的孔井，在孔井内放入钢筋笼，然后灌注混凝土所形成的桩基础，因此也称为钻孔灌注桩。主要有埋设护筒、制备泥浆、钻孔、清孔、放置钢筋笼和灌注水下混凝土六个步骤。钻孔灌注桩的一般成孔方法有旋转钻进成孔、冲抓钻进成孔、冲击钻进成孔、螺旋钻进成孔等。

3. 沉井基础施工方法

（1）陆地上的沉井基础施工方法

陆地上的沉井采用在墩台位置处就地建造，然后取土下沉的施工方法。通常情况下，沉井比较高，故可以分段建造、分段下沉。其中，第一节沉井的建造和下沉尤为重要。

1）第一节沉井的建造。第一节沉井应建造在较好的土质上，同时在沉井刃脚下对称的位置铺垫枕木，再立模，绑扎钢筋，浇筑第一节沉井混凝土。下沉时，应按顺序对称地抽出枕木。

2）沉井下沉。在沉井仓室内不断取土可使沉井下沉。对于水位以上部分或渗水量小的土层，可采用人工和机械挖土；当井内水位上升时，可采用抓土斗取土。待沉井顶面高出地面 $1\sim2m$ 时应停止挖土，接高沉井。

3）封底，填充填料，浇筑盖板。

（2）水中沉井基础施工方法

水中沉井基础可采用筑岛法和预制浮运下沉法进行施工。

1）筑岛法。当水浅且流速不大时，可在墩台的设计位置用土石料人工筑岛，并在岛的四周以砂石袋堆码围护；当水流速较大或水位变化大时，可采用钢板桩围堰等方式防护。筑岛完成后，采用陆地上沉井的施工方法进行沉井施工。筑岛法施工示意图如图 11-3 所示。

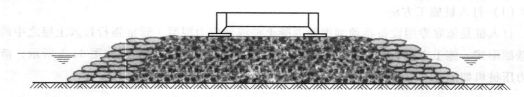

图 11-3 筑岛法施工示意图

2）预制浮运下沉法。当水很深、流速很大时，沉井可以在工厂内或预制场地内分段制造，然后用浮吊分段运输，就位后分段拼接下沉。

4. 地下连续墙基础施工方法

地下连续墙基础通常有两种施工方法：间隔施工法（图 11-4a）和逐段施工法（图 11-4b）。在间隔施工法中，可以间隔性地同时开展多段地下混凝土墙体施工，施工效率比较高；而在逐段施工法中，地下连续墙墙体是逐段按顺序完成的。

11.1.3 桥梁墩台施工

1. 钢筋混凝土墩台施工

（1）模板施工

应合理选择墩台模板的组合方式，模板类型主要包括拼装式模板和整体吊装模板两大类。

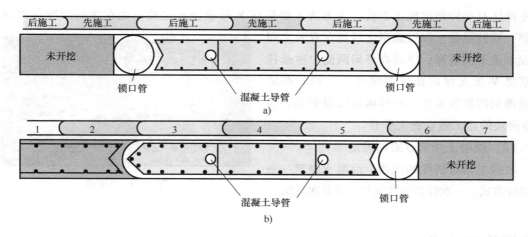

图 11-4　地下连续墙基础的两种施工方法

a）间隔施工法成形后的墙体断面　b）逐段施工法成形后的墙体断面

（2）混凝土运输

墩台混凝土运输方式不仅有水平运输，还有难度较大的垂直运输。经常采用的混凝土运输方式有：利用卷扬机和升降电梯平台运送混凝土，利用塔式起重机吊斗输送混凝土，利用混凝土输送泵将混凝土送至高处建筑点等。

（3）镶面

随着混凝土作为墩台材料的普遍使用，墩台表面可以采用如花岗石、大理石等镶面材料进行装饰。

2. 装配式墩台施工

装配式墩台是将高大的墩台沿垂直方向按一定的模数水平分成若干构件，在桥址周围的预制场地上进行预制，然后通过运输车或船将构件运到现场后进行现场拼装而成的墩台。装配式墩台施工的主要工序为预制构件、安装连接与混凝土填缝。其中，两个构件之间的拼装接头最为关键。

（1）装配式柱式墩台施工

将桥墩分解成若干构件，如承台、柱、盖梁和墩帽等，在工厂或施工现场集中预制，再运送到施工场地装配成桥墩。

（2）装配式预应力墩台施工

装配式预应力墩台施工主要采用后张法张拉预应力筋，一般在墩帽顶上张拉预应力钢束。

3. V 形墩施工

在 V 形墩（图 11-5）施工方法的选择中，最重要的是模板支架方法的选择，其次是混凝土浇筑方案的确定。

（1）模板支架方法的选择

V 形墩模板支架方法主要有满堂支架法、刚性模架加局部支撑法和平衡内支撑法。平衡内支撑法是一种新型施工方法。该方法主要是在 V 形墩浇筑之前，先在墩的双肢内部预埋型钢，双肢混凝土浇筑成型之后再在双肢之间架设承重平衡塔架，然后在塔架两侧对称悬挂拉索将 V 形支撑内预埋型钢锁定，同时在塔架顶部利用拉索悬挂住 0 号梁块底模桁架，为 0 号梁块的施工建立施工平台。

（2）混凝土浇筑方案的确定

根据 V 形墩桥梁的规模，混凝土浇筑一般有两种方式：一次性整体浇筑和分段分次浇筑。

图 11-5　V 形墩

11.2 梁桥施工技术

11.2.1　梁桥的定义与特征

1. 梁桥的定义

梁桥是以受弯为主的主梁作为承重构件的桥梁，广泛应用于中、小跨径桥梁。从承重结构横截面形式上分类，混凝土梁桥可分为板桥、肋梁桥和箱形梁桥。从受力特点上分类，混凝土梁桥分为简支梁桥、连续梁桥和悬臂梁桥，如图 11-6 所示。

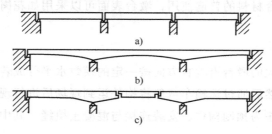

图 11-6　梁桥分类

a）简支梁桥　b）连续梁桥　c）悬臂梁桥

2. 梁桥的特征

（1）简支梁桥的特征

简支梁桥属静定结构，受力和构造都很简单。简支梁的两端分别支撑在两个支座上，梁端与支座之间为铰接，梁端内力只有剪力，没有弯矩，内力分布相对简单。其跨越能力较弱，不适用于大跨度桥梁。

（2）连续梁桥的特征

连续梁是指沿着梁体纵向有三个或三个以上支撑的梁，属于超静定结构。其中，连续梁中的任意一跨相当于连续梁的跨中支座，增加了梁体抵抗竖向变形的刚度，使得桥面的平顺性和连续梁中单跨的跨越能力得到改善。

（3）悬臂梁桥的特征

悬臂梁桥属静定结构，跨越能力在简支梁桥和连续梁桥之间，较少采用。

11.2.2　梁桥的结构

由于悬臂梁桥较少采用，本节只介绍简支梁桥和连续梁桥的结构。

1. 简支梁桥的结构

（1）板式梁桥

板式梁桥通常有三种结构形式，即装配式、整体式和组合式。这三种结构形式使用中的受力与变形不同，适用场合也不同。

1）装配式板梁。目前，装配式板梁在小跨径桥梁中应用最为广泛，一般先分片预制，然后以铰接的方式装配成桥。其截面有空心和实心两种，其中，装配式空心板梁为预应力钢筋混凝土结构，在增加梁高的条件下，预应力钢筋混凝土装配式空心板梁的简支跨径可做到16~20m。

2）整体式板梁。整体式板梁结构整体性强、刚度大，成桥后桥面状况好。其截面形式主要有实心式、空心式、矮肋式。整体式板梁通常在桥位处现场浇筑，当具有充分的吊装条件时，也可先在桥下预制，然后吊装就位。

3）组合式板梁（图11-7）。通常在桥下将组合式板梁的底层分片预制成构件，然后在墩顶进行装配，最后以装配构件为底模，整体浇筑梁体上部，从而完成组合式板梁施工。组合式板梁具有装配式板梁的成桥优点，在成桥之后又具有整体式板梁的承载能力。

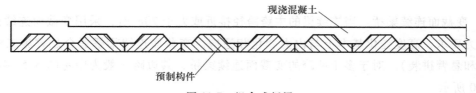

图 11-7　组合式板梁

（2）简支肋梁桥

简支肋梁桥的上部构造由主梁、横隔梁、桥面板、桥面构造等部分组成。主梁是桥梁的主要承重结构，横隔梁保证各根主梁相互联结成整体。

1）整体式简支 T 形梁桥。在保证抗剪、稳定的条件下，主梁的肋宽为梁高的 $1/7~1/6$，但不宜小于 16cm，以利于浇筑混凝土。当肋宽有变化时，其过渡段长度不小于 12 倍肋宽差。主梁高度通常为跨径的 $1/16~1/8$。整体式简支 T 形梁桥桥面板的跨中板厚不应小于10cm。整体式简支 T 形梁桥如图11-8所示。

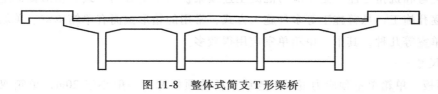

图 11-8　整体式简支 T 形梁桥

2）装配式简支 T 形梁桥

装配式简支 T 形梁桥主梁尺寸依据经验数据确定，主梁高度一般为跨径的 1/18～1/11，跨径较大时，取较小的比值，反之，则取较大的比值。

装配式简支 T 形梁桥翼缘板一般采用变厚形式，其厚度随主梁间距而定，翼缘板根部的厚度应不小于梁高的 1/10，边缘厚度应不小于 10cm。

（3）箱形梁桥

箱形梁桥是指横截面形式为箱形的梁桥。由于箱形截面具有闭合性，所以当荷载作用于梁上任何位置时，箱形梁结构的所有组成部分将同时参与受力，使其具有较大的抗扭刚度和抗弯刚度，可以满足高速铁路平稳性的需求。

2. 连续梁桥的结构

（1）预应力混凝土连续梁桥的分类

1）等截面连续梁桥。等截面连续梁桥可选用等跨（图 11-9）和不等跨两种布置方式。等跨布置的跨径长短主要取决于经济分孔和施工的设备条件。高跨比一般为 1/25～1/15。不等跨情况下，一般边跨与中跨跨长之比为 0.6～0.8。等截面连续梁适用于有支架施工、逐孔施工、移动模架施工及顶推法施工。

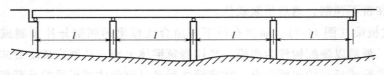

图 11-9　等截面等跨连续梁桥

2）变截面连续梁桥。当连续梁的主跨跨径接近或大于 70m 时，采用变截面连续梁桥更符合受力要求，高度变化基本上与内力变化相适应。变截面连续梁桥适合悬臂施工法（悬臂浇筑和悬臂拼装）。对于多于两跨的变截面连续梁桥，其边跨一般为中跨的 3/5～4/5，如图 11-10 所示。

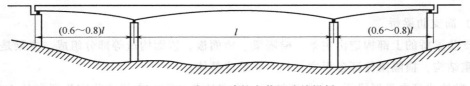

图 11-10　多于两跨的变截面连续梁桥

（2）横截面形式

预应力混凝土连续梁桥横截面形式主要有板式、肋梁式和箱形截面。其中，箱形截面具有良好的抗弯和抗扭性能，是预应力混凝土连续梁桥的主要截面形式。箱形截面适用于有支架施工、逐孔施工、悬臂施工等多种施工方式，常用的箱形截面有单箱单室、单箱双室和分离式双箱单室等几种，其中，单箱单室应用得较多。

（3）尺寸

1）顶板。单箱单室预应力混凝土连续梁桥的顶板宽度一般小于 20m；单箱双室预应力混凝土连续梁桥的顶板宽度约为 25m；双箱单室预应力混凝土连续梁桥的顶板宽度可达 40m 左右。

2）底板。底板厚度与主跨之比宜为 1/170～1/140，跨中区域底板厚度可按构造要求设计，一般为 0.22～0.28m。

3）腹板。腹板最小厚度应考虑钢束管道布置、钢筋布置和混凝土浇筑要求。等高度箱梁可采用直腹板或斜腹板，变高度箱梁宜采用直腹板。

（4）预应力筋布置

预应力筋数量和布筋位置都需要根据结构在使用阶段的受力状态予以确定，同时，也要满足施工各阶段的受力需求。

1）纵向预应力筋。沿桥跨方向的纵向预应力筋又称为主筋，是用以保证桥梁在恒、活载作用下纵向跨越能力的主要受力钢筋，可布置在顶板、底板和腹板中。采用顶推法施工的直线形纵向预应力筋布置方式如图 11-11 所示。

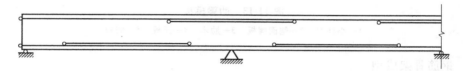

图 11-11　直线形纵向预应力筋布置方式

2）横向预应力筋。横向预应力筋是用以保证桥梁的横向整体性，桥面板及横隔板横向抗弯能力的主要受力钢筋，一般布置在横隔板和顶板中。

3）竖向预应力筋。竖向预应力筋布置在腹板中，主要作用是提高截面的抗剪能力。竖向预应力筋在梁体腹板内沿纵向的布置间距可根据竖向剪力的分布进行调整，靠支点截面位置较密，靠跨中位置较疏。

箱梁横向及竖向预应力筋布置方式如图 11-12 所示。

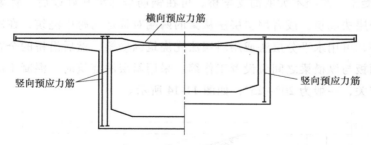

图 11-12　箱梁横向及竖向预应力筋布置方式

11.2.3　梁桥施工方法

1. 就地现浇的钢筋混凝土简支梁桥施工

（1）支架

为了顺利完成钢筋混凝土简支梁桥的就地现浇施工，首先要合理地选择支架形式，其次支架本身要具有足够的强度、刚度以及足够多的纵、横、斜三个方向的连接杆件来保证支架的整体性能。

（2）安装模板

模板安装时，首先在支架纵梁上安装横木，横木上钉底板，然后在其上安装肋梁的侧模板和桥面板底板。当肋梁较高时，其模板一般采用框架式。肋梁模板如图 11-13 所示。

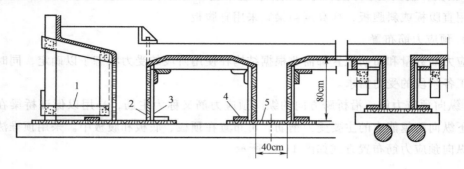

图 11-13　肋梁模板

1—小柱架　2—侧面镶板　3—肋木　4—压板　5—底板

（3）钢筋骨架成型

钢筋骨架的成型都要通过钢筋整直→切断→除锈→弯曲→焊接或者绑扎等工序。除绑扎工序外，其余每个工序都可应用相应的机械设备来完成。

（4）浇筑及振捣混凝土

1）混凝土搅拌。混凝土的砂石配合比及水灰比均应通过设计和实验室试验来确定，一般采用搅拌机拌制。

2）混凝土运输。混凝土的运输能力应适应混凝土凝结速度和浇筑速度的需要，应保证混凝土在运到浇筑地点时仍保持均匀性和规定的坍落度。

3）浇筑混凝土。跨径不大的简支梁桥，可在钢筋全部绑扎好以后，将梁与桥面板沿一跨全长用水平分层法浇筑，或者用斜层法从梁的两端对称地向跨中浇筑，在跨中合龙；较大跨径的简支梁桥，可用水平分层法或用斜层法先浇筑纵横梁，然后沿桥的全宽浇筑桥面板混凝土。此时桥面板与纵横梁之间应设置工作缝。采用斜层法浇筑时，混凝土的适宜倾斜角与混凝土的稠度有关，一般为 20°~25°，如图 11-14 所示。

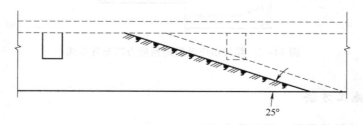

图 11-14　斜层法浇筑

4）混凝土振捣密实。混凝土的振捣一般采用插入式振捣器、附着式振捣器、平板式振捣器或振动台等设备，以使模板内的混凝土密实。

（5）混凝土养护及拆除模板

混凝土浇筑完毕，应在收浆后尽快用草袋、麻袋或稻草等物予以覆盖和洒水养护。混凝土构件经过养护，达到设计强度的 25%~50% 时即可拆除侧模；达到设计吊装强度并不低于设计强度的 70% 时即可起吊主梁。

2. 预制钢筋混凝土简支梁桥施工

预制钢筋混凝土简支梁结构在工程上的应用比较广泛，制作的场地可以是在桥梁工地附近，也可以是专门的预制构件厂。

（1）简支梁的预制

常用的简支梁主要有预应力板梁、预应力 T 形梁和箱梁等。目前，公路与城市桥梁工程中多采用先张法制作预应力板梁，采用后张法制作预应力 T 形梁和箱梁。

（2）预制构件的运输

从工地预制场至桥头处的运输，称为场内运输，通常需要铺设钢轨便道，在预制场地先用门式起重机或木扒杆将预制构件装上平车后，再用绞车牵引运抵桥头。

从预制构件厂至施工现场的运输称为场外运输，通常采用大型平板车、驳船或火车等运输工具。在运输过程中，构件的放置要符合受力要求，在构件的两侧采用斜撑和木楔加以临时固定。

（3）预制构件的安装

安装预制简支梁构件的机械设备较多，主要有自行式起重机架梁、龙门式起重机架梁等方法。自行式起重机架梁适用于跨径不大、质量较轻的桥梁；龙门式起重机架梁适用于高度不太高、架桥孔数多且沿桥墩两侧铺设轨道不困难的桥梁。

3. 连续梁桥的施工

连续梁桥的最大特点是桥跨结构上除了有承受正弯矩的截面以外，还有能承受负弯矩的支点截面。连续梁桥的施工方法与简支梁桥大不相同，常用的施工方法大致可分为三类：逐孔施工法、节段施工法和顶推施工法。

（1）逐孔施工法

1）落地支架施工。落地支架的施工方法与就地现浇的钢筋混凝土简支梁桥的支架施工基本上是相同的。所不同的是连续梁桥在中墩处的截面是连续的，而且承担较大的负弯矩，需要混凝土截面连续。基于此，一般采用留工作缝（图 11-15a）或者分段浇筑（图 11-15b）的方法。工作缝宽 0.8~1.0m，待桥梁沉降和混凝土收缩完成以后，再对接缝截面进行凿毛和清洗，然后浇灌接缝混凝土。浇筑次序和工作缝设置如图 11-15 所示。

2）移动模架施工。移动模架施工是使用移动式的脚手架和装配式的模板，在桥上逐孔浇筑施工。移动模架像一座设在桥孔上的活动预制场，随着施工进程不断移动和连续现浇施工。移动模架施工，首先，拼装移动模架，拼装完毕后对拼装质量进行检验；其次，在箱梁混凝土浇筑过程中，应随时对模架的关键受力部位和支承系统进行查验，在模架横移和行走过程中，应及时张拉预应力钢束，并解除作用于模架上的全部约束；最后，移动模架拆除要依据不同的施工环境确定拆除方式。施工现场如图 11-16 所示。

当采用移动模架施工时，连续梁分段的接头应放在弯矩最小的部位，当无详细计算资料时，可以取在离桥墩 1/5 处。

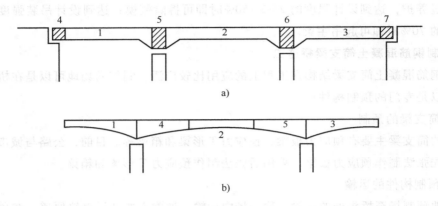

图 11-15　落地支架施工方法

a）留工作缝　b）分段浇筑

注：图中序号表示浇筑次序。

（2）节段施工法

1）悬臂浇筑法（图 11-17）。悬臂浇筑法一般采用移动式挂篮作为主要施工设备，以桥墩为中心，对称地向两岸利用挂篮浇筑梁节段的混凝土，待混凝土达到要求强度后，便张拉预应力钢束，然后移动挂篮，进行下一节段的施工，直至桥梁在跨中合龙后形成连续结构体系。悬臂浇筑法施工的主要工序包括墩顶梁段现浇、安装施工挂篮、悬臂浇筑梁段与施加预应力、拆除临时固结、合龙段施工及施工控制等环节。悬臂浇筑的节段长度要根据主梁的截面变化情况和挂篮设备的承载能力来确定，一般取 2~8m。每个节段可以全截面一次浇筑，也可以先浇筑梁底板和腹板，再安装顶板钢筋及预应力管道，最后浇筑顶板混凝土。

图 11-16　移动模架施工

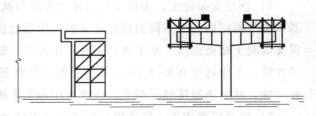

图 11-17　悬臂浇筑法

2）悬臂拼装法（图 11-18）。悬臂拼装法是将预制好的梁段，用驳船运到桥墩的两侧，然后通过悬臂梁上的一对起吊机械，对称吊装梁段，待就位后再施加预应力，如此逐段接长，最后使桥梁在跨中（边跨）合龙后形成连续结构体系的施工方法。用作悬臂拼装的机具很多，有移动式起重机、桁架式起重机、缆式起重机等。起重系统由电动卷扬机、吊梁扁担及滑车组等组成。

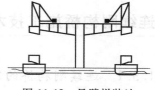

图 11-18　悬臂拼装法

预制节段之间的接缝可采用湿接缝或胶接缝的形式。拼装就位后通过纵向预应力钢束将梁体节段连接为整体。悬臂拼装施工包括梁体节段预制，梁体节段的起吊、移运和存放，悬臂拼装，合龙及体系转换等工序。梁体节段可采用长线法或短线法进行预制；梁体节段的起吊、移运和存放应符合相关规定，避免节段的冲击或碰撞；悬臂拼装时应确保基准块的位置准确；合龙及体系转换应符合设计要求。

（3）顶推施工法

1）单点顶推。在顶推时为了减少悬臂梁的负弯矩，一般要在梁的前端安装长度为 3/5~7/10 顶推跨径的钢导梁。顶推装置由水平千斤顶和竖直千斤顶组成，可联合作用。单点顶推工序是顶升梁→向前推移→落下竖直千斤顶→收回水平千斤顶。在顶推过程中，各个桥墩墩顶均需布设滑道装置。单点顶推施工示意图如图 11-19 所示。

图 11-19　单点顶推施工示意图

每个节段的顶推周期为 6~8d，全梁顶推完毕后，便可解除临时预应力筋，调整、张拉和锚固后期预应力筋，再进行灌浆、封端、安装永久性支座，完成主体结构施工。

2）多点顶推。多点顶推是在每个墩台上设置一对小吨位的水平千斤顶，将集中的顶推力分散到各墩台上。其顶推工艺为：水平千斤顶通过传力架固定在桥墩（台）靠近主梁的外侧，装配式的拉杆用连接器接长后与埋固在箱梁腹板上的锚固器相连接，驱动水平千斤顶后活塞杆拉动拉杆，使梁借助梁底滑板装置向前滑移，水平千斤顶走完一个行程后，就卸下一节拉杆，然后水平千斤顶回油使活塞杆退回，再连接拉杆进行下一顶推循环。多点顶推采用拉杆式顶推装置，如图 11-20 所示。

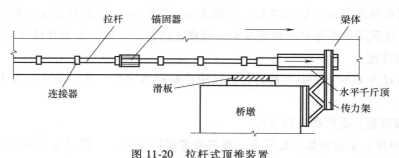

图 11-20　拉杆式顶推装置

在顶推过程中要严格控制梁体两侧的千斤顶同步运行。为了防止梁体在平面内发生偏移，通常在墩顶上梁体的旁边设置横向导向装置。

11.3 连续刚构桥施工技术

11.3.1 连续刚构桥的定义与特征

1. 连续刚构桥的定义

主梁结构既无挂梁又无剪力铰的 T 形刚构桥，称为连续刚构桥（图 11-21）。重庆石板坡长江大桥（图 11-22）就是连续刚构桥。这种体系常利用主墩的柔性来适应桥梁的纵向变形，故适用于大跨高墩的桥梁。我国已建成的连续刚构桥的连续总长度已突破 100m。

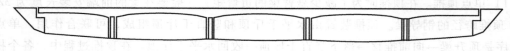

图 11-21 连续刚构桥

2. 连续刚构桥的特征

1）墩梁固结，桥墩刚度约束了墩顶主梁转动，结构整体性好，抗扭刚度大，抗震性能较好。

2）桥墩的厚度减小，为梁在支点处高度的 20%～40%，桥墩的刚度较柔，允许有较大的纵向位移。

3）结构为多次超静定结构，温度变化等引起的附加内力对结构影响较大。

图 11-22 重庆石板坡长江大桥

11.3.2 连续刚构桥的结构

连续刚构桥一般采用变截面箱梁。

1. 箱梁一般构造

（1）箱梁截面形式

箱梁截面有单箱单室、单箱双室、单箱多室、双箱单室等多种形式。箱梁顶板宽度在 22m 以内时，可采用单箱单室或单箱双室，当宽度超过 22m 时，宜修建成双幅桥。

（2）主梁高度

跨中梁高宜为 1/50～1/40 主跨跨径，其中小跨径取大值。根部梁高宜为 1/18～1/16 主跨跨径。

（3）箱梁顶板、底板和腹板厚度

1）顶板厚度。确定箱梁顶板厚度一般需要考虑两个因素，即满足桥面板横向受力及布置纵向预应力钢束的要求。常用顶板跨中厚度约为 25～35cm，一般情况下不小于 25cm。0 号梁段和边跨现浇段梁端的顶板应加厚，一般加厚至 50～70cm。

2）底板厚度。底板承受自身荷载和一定的施工荷载，其厚度可取跨径的 1/170~1/140，或梁高的 1/12~1/10。跨中底板厚度的最小值可取预应力管道直径的 2.5 倍，一般不小于 25cm。从箱梁根部至跨中，底板厚度应是渐变的，其变化曲线多为半立方抛物线或二次抛物线。

3）腹板厚度。腹板的主要功能是抵抗扭矩、剪力，布置预应力钢束。从箱梁根部至跨中，根据跨径可分为不同厚度的两段或三段，腹板厚度一般为 40~80cm。沿纵向腹板厚度不宜突变，可在一个梁段内完成渐变。

2. 配筋设计与合理布置

箱梁桥配筋设计包括纵向预应力钢束的布置，横向、竖向预应力筋的布置及非预应力筋的配置。

（1）顶板、底板纵向预应力钢束的布置

顶板纵向预应力钢束尽可能锚固在腹板顶部承托中，采用分层布置，长束尽量布置在上层。悬臂施工时将下弯束锚固在节段上。底板束一般采用直线束，锚固在腹板与底板相交区附近的锯齿板上，并尽可能布置在底板上缘的受压区内。

（2）顶板横向预应力筋的布置

顶板总宽度大于 9m 时，应布置横向预应力筋。

（3）腹板竖向预应力筋的布置

设置下弯束可以有效改变腹板主拉应力大小，如果未配置下弯束来限制主拉应力，则必须配置足够的竖向预应力筋。

（4）非预应力筋的布置

对于上部结构预拉区的非预应力筋的直径，光面钢筋不宜大于 12mm，螺纹钢筋不宜大于 14mm。

11.3.3 连续刚构桥施工方法

对于连续刚构桥，悬臂施工法、移动模架施工法、顶推施工法等施工方法的基本原理与方法均适用，需要注意的是连续刚构桥主梁与桥墩是固结的，没有支座，采用悬臂施工法时不需要支座的转换，非常方便，因此悬臂施工法是连续刚构桥最常用的施工方法。对于其他方法，在形成连续梁之后要将主梁与桥墩固结在一起形成刚构体系。本章重点介绍连续刚构桥施工中的悬臂现浇法。

悬臂现浇法首先要完成各中间墩及次边墩墩顶 0 号块的施工，在 0 号块顶安装挂篮并开始按顺序对称悬臂浇筑各悬浇梁段，适时完成边跨搭架现浇段施工，根据设计要求完成桥梁的合龙及体系转换。

1. 墩顶 0 号块施工

（1）支架或托架预压

落地支架宜支撑在承台顶面，同时为消除支架的非弹性变形，应进行支架预压。墩顶托架顶面高度应与箱梁底面纵向线形的变化一致，墩顶托架根据施工要求，需要进行预压，墩顶托架宜采用三角托架形式。

（2）支架安装

支架宜采用标准化、系列化、通用化的构件拼装。支架应保持稳定、坚固，安装完毕后，应对其平面位置、顶部高程、节点连接及纵横向稳定性进行全面检查。

（3）其他施工

钢筋加工、安装，混凝土配合比设计、浇筑，预应力施加、孔道压浆及封锚等工序按现行规范执行。对于 0 号块施工应注意以下几个问题：尽可能缩短两次浇筑的间隔时间，间隔期不超过 7d；加强混凝土终凝到 7d 龄期时间段内的保湿养护；严格按设计要求的张拉顺序和张力应力施加预应力，注意张拉龄期应保证不少于 7d，同时混凝土强度不小于设计强度的 90% 为宜。

2. 悬浇段施工

（1）施工托架

由于挂篮无法浇筑端头部分混凝土，因此，在端头小范围长度的混凝土时常采用托架进行浇筑。在施工时要根据施工现场的条件，分别在各个结构顶面设立支撑托架。

（2）挂篮设计与安装

挂篮一般由承重系统、锚固系统、行走系统、平台系统、模板系统、调节装置和安全装置等部分组成。常用的挂篮按承重结构形式分为菱形挂篮、梁式挂篮和斜拉挂篮。挂篮宜在制造厂或工地进行预拼装，对预拼装发现的问题应及时解决。各构件安装精度应满足现行规范要求。

（3）挂篮行走

挂篮行走一般分为轨道前移和挂篮前移两个施工过程，在各个施工过程中应注意各受力点位置信息及施工的先后顺序，确保挂篮行走过程的安全。

（4）其他施工

相关施工流程除需按照规范执行外，还应注意：悬臂浇筑箱梁段宜全断面一次浇筑。先底板，后腹板，最后浇筑顶板。浇筑顶板时应控制好高程及平整度，并应进行二次收面，以防止混凝土产生收缩裂纹。

3. 合龙段施工

合龙顺序按设计要求执行，设计无要求时，一般先边跨，后次中跨，再中跨。多跨一次合龙时，必须同时均衡对称地合龙。

（1）边跨合龙段施工

完成悬臂浇筑段及边跨搭梁现浇段施工后，开始合龙段的准备工作。

1）在合龙段施工中，为保证合龙段混凝土施工质量，对合龙段采用劲性骨架临时约束锁定，一般采用外刚性支撑，必要时可配合内刚性支撑。

2）混凝土浇筑前，应对合龙段支架进行预压，以防止浇筑过程中支架产生沉降变形。

（2）中跨合龙段施工

1）混凝土浇筑前，合龙口两端悬臂预加平衡重量应符合设计要求并于混凝土浇筑过程中逐步撤除，可采用水箱或混凝土块平衡质量。

2）若采用顶推方法进行合龙，顶推位置、方式应符合设计要求。

3）钢筋加工、安装，混凝土配合比设计、浇筑，预应力施加、孔道压浆及封锚等工序按现行规范执行。在钢筋安装时，尤其需要注意防止底板崩裂。钢束曲线段定位加强钢筋的布设必须定位准确，安装相互关系正确。合龙钢束张拉顺序为先长束，后短束。

1.4 | 拱桥施工技术

11.4.1 拱桥的定义与特点

1. 拱桥的定义

拱桥指的是在竖直平面内以承受轴向压力为主的拱圈或拱肋作为主要承重构件的桥梁，主要由拱圈（拱肋）及其支座组成，在我国历史悠久，是目前公路上使用广泛的一种桥梁体系。拱桥可用砖、石、混凝土等抗压性能良好的材料建造，大跨度拱桥则用钢筋混凝土或钢材建造。

2. 拱桥的特点

拱桥的主要优点：①跨越能力较强；②能充分就地取材，与混凝土梁桥相比，可以节省大量的钢材和水泥；③耐久性能好，维修、养护费用少；④外形美观；⑤构造较简单。

拱桥的主要缺点：①自重较大，相应的水平推力也较大，增加了下部结构的工程量，当采用无铰拱时，施工风险较大；②由于拱桥水平推力较大，在连续多孔的大、中桥梁中，为防止一孔破坏而影响全桥的安全，需要采取较复杂的措施，例如设置单向推力墩，也会增加造价；③与梁桥相比，上承式拱桥的建筑高度较高，当用于城市立交时，因桥面高度提高，使两岸接线长度增加，或者使桥面纵坡增大，既增加了造价又对行车不利。

11.4.2 拱桥有支架施工

1. 满堂支架法

满堂支架又称作满堂脚手架，相对其他脚手架系统密度大，是一种搭建脚手架的施工工艺。目前我国大多数桥梁施工采用满堂支架法。满堂支架法较其他方法具有工艺简单、劳动强度低、搭拆无须大型机械设备、杆件装运卸方便、设备成本投入小等优点，从而成为铁路、公路工程项目中拱桥施工的优先使用方案，被大量采用。

为确保施工过程的顺利进行，必须先核对设计施工方案。若地基承载力不足，则应先对地基进行碾压夯实处理，然后再在地基表面浇筑满堂基础混凝土。为保证施工安全，还需通过对支架进行预压使支架及地基充分变形并达到稳定，这样就可防止由于地基不均匀沉降而导致扣件式脚手架失稳和产生裂缝等，同时也保证了梁在施工中有足够的刚度和稳定性。梁在浇筑过程中，分节段进行。施工顺序为：地基碾压、夯实→浇筑满堂支架基础混凝土→搭设支架→安装底模→分层预压→分层卸荷→测量调平底模→绑扎钢架→安装内外侧模→分段浇筑。脚手架按其材料分为钢支架、木支架、钢木支架和万能杆件组拼支架。

2. 预制安装法

预制安装法又称装配式施工，在预制工厂或运输方便的预制场进行梁的预制工作，然后采用一定的架设方法进行安装。对于预制安装法来说，施工场地的布置非常重要，合理布置场地主要需要考虑施工便利、不被水淹、减少用地、符合施工要求和减少临时建筑费用等。在预制过程中，还有以下需要注意的地方：混凝土输送应防止离析，同一根梁应保证连续浇筑。混凝土振捣时，一般采用以侧模附着式振捣为主，插入式振捣为辅助的振动方式。拆模时候，拆模的好坏决定了预制梁的好坏，所以要达到混凝土的规定龄期，方可拆模。

11.4.3 拱桥无支架施工

在拱桥无支架施工中，常用施工方法主要有劲性骨架施工法、塔架扣索悬臂浇筑施工法、斜吊式悬臂浇筑施工法和装配式悬臂拼装施工法。

1. 劲性骨架施工法

劲性骨架施工法是指利用先期安装的拱形劲性骨架作为大跨度拱圈的施工支架，再挂模浇筑混凝土将劲性骨架中所有的竖、横桁架用混凝土包裹之后形成拱圈。劲性骨架的最初概念是在 1890 年，由奥地利工程师 J. Melan 提出的，是先用型钢做拱式支架，再浇筑混凝土拱圈的方法，劲性骨架施工方法的本质在于其劲性骨架成拱的方法。

（1）劲性骨架安装

拱桥劲性骨架安装的实质是用缆索起重机悬拼一座由 36 个桁段组成的拱形斜拉桥。缆索起重机采用由万能杆件拼装的单向铰支座双柱式门形索塔，劲性骨架的扣索、锚索统一采用 365 碳素钢丝辅以镦头锚。36 个桁段以每悬拼 3 段为一单元，安装一组扣索。劲性骨架的安装分为三个阶段：拱脚定位段、中间段和拱顶合龙段。其中拱脚定位段和拱顶合龙段最为关键，难度较大。

（2）索鞍定位

斜拉索鞍安装施工环节，需要将骨架作为定位的基准与安装的基础，首先是对骨架横联位置进行初步放样确定索鞍位置，然后是横联中间通过槽钢焊接的方式形成"马凳"，这是索鞍的底托结构。根据设计标准要求做好索鞍底部轴线的控制，通过塔式起重机吊装已经绘制出上下轴线的索鞍，保证各个位置的精度合格，并进行索鞍底部的固定处理。通过轴线上的坐标数据测量和设计参数对比分析，用手拉葫芦轻微调节索鞍位置，确保数据偏差在合理的范围内。在初步焊接固定之后，索鞍直接和槽钢进行固定，再次进行位置测量，符合要求才能进行全焊接施工。在钢筋、索鞍全部安装完之后，进行外模板的安装施工。

2. 塔架扣索悬臂浇筑施工法

塔架扣索悬臂浇筑施工法简称塔架扣索施工法，是国外采用最早、应用最多的大跨径钢筋混凝土拱桥无支架施工方法。塔架扣索施工法的关键设备有缆索起重机、塔架、扣索。其施工要点在于：首先根据地形特点在拱脚附近合适的位置安装临时塔架，拱圈施工采用悬臂浇筑施工法或悬臂拼装施工法。施工完一段拱圈后，用扣索的一端拉住拱段前端，扣索的另一端绕过塔架顶部锚固在塔架后部的锚碇或岩盘上。用这种方法便可以将拱圈逐段向河中悬臂架设，直至在拱顶处合龙。

塔架扣索施工法需灵活应用。为了适应现场施工环境，有时需安装多个临时塔架，或利用一个塔架的不同部位支撑扣索。

3. 斜吊式悬臂浇筑施工法

斜吊式悬臂浇筑施工法是借助于专用挂篮，结合使用斜吊钢筋使拱圈、拱上立柱和预应力混凝土桥面板施工齐头并进，边浇筑边构成桁架的悬臂浇筑方法，如图 11-23 所示。施工时，用预应力筋临时作为桁架的斜吊杆和桥面板的临时拉杆，将桁架锚固在后面的桥台（墩）上。过程中作用于斜吊杆的力通过布置在桥面板上的临时拉杆传至岸边的地锚上（也可利用岸边桥墩做地锚）。用这种方法修建大跨径拱桥时，个别的施工误差对整体工程质量的影响很大，因此，施工时，应对施工测量，材料规格、强度，混凝土浇筑等进行严格检查和控制。在施工技术管理方面需重视斜吊钢筋的拉力控制、斜吊钢筋的锚固和地锚地基反力的控制、预拱度的控制、混凝土应力的控制等几项。

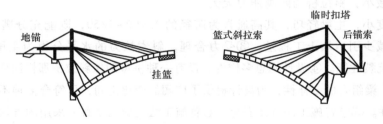

图 11-23　斜吊式悬臂浇筑施工

4. 装配式悬臂拼装施工法

如同大跨度连续梁的预制拼装一样，在大跨度拱桥施工当中，拱圈分段预制、分段悬臂拼装施工也是一种无支架施工方法。缆索起重机由于具有跨越能力强、水平和垂直运输机动灵活、适用范围广、施工稳妥方便等优点，在峡谷、水深流急的河段上或在有通航要求的河流上进行大跨度拱桥施工中被广泛采用。

采用缆索起重机拼装装配式钢筋混凝土拱肋节段的施工工序为：

1）在预制场分段预制拱肋。

2）将预制拱肋通过平车或船只等运输设备运送至吊装位置。

3）用缆索等吊装设备将分段预制拱肋起吊至安装位置并进行拼装。

4）每拼装完成一段便挂一根扣索，利用扣索将拼装的拱肋临时固定。

5）合龙前利用扣索对拱肋拼装轴线进行调整，然后吊装合龙段，完成拱圈合龙。

6）进行拱上结构施工。

11.5 斜拉桥施工技术

11.5.1 斜拉桥的定义与特点

1. 斜拉桥的定义

斜拉桥（图11-24）又称斜张桥，是将主梁用许多拉索直接拉在桥塔上的一种桥梁，是由承压的塔、受拉的索和承弯的梁体组成的一种结构体系。斜拉桥可看作是拉索代替支墩的多跨弹性支承连续梁，可使梁体内弯矩减小，降低桥梁高度，减轻结构重量，节省材料。斜拉桥主要由索塔、主梁、斜拉索组成。

图11-24 斜拉桥

2. 斜拉桥的特点

斜拉桥的优点：①跨越能力强，通过连续梁桥与斜拉桥的承载内力与变形对比可见，因拉索提供多点弹性支承，使主梁弯矩、挠度显著减小，斜拉桥的跨越能力大大增强。②梁高度小，主梁轻巧，其高通常为跨径的1/100～1/50，既能充分满足桥下净空需求，又有利于减少引道填土工程量，③受力合理，斜索拉力的水平分力为主梁提供预压力，可提高主梁的抗裂性能。④设计构思多样性，没有一种桥型能像斜拉桥那样演变出千姿百态的造型。塔、索、梁组合的多样性，为设计提供了广阔的变化空间，可符合多种不同的使用要求与桥址自然条件。⑤悬臂施工法方便安全，悬臂施工法是斜拉桥普遍采用的方法，特别适用于净高很大的大跨径斜拉桥，分为悬臂拼装法、悬臂浇筑法或悬臂拼装与悬臂浇筑相结合法。

斜拉桥的缺点：设计计算困难、施工技术要求高、连接构造较复杂。

11.5.2 斜拉桥的结构

1. 主梁

主梁直接承受车辆荷载，是斜拉桥主要承重构件之一。由于受拉索的支承作用，其受力性能不仅取决于自身的结构体系，同时与塔的刚度、梁塔连接方式、索的刚度和索形等密切相关，所以主梁设计必须综合考虑梁、塔、索三者之间的关系。由于拉索的支承，斜拉桥主梁具有跨越能力强、梁的建筑高度小和能够借助拉索的预应力对主梁内力进行调整等特点。

2. 斜拉索

斜拉索是斜拉桥的主要受力构件，也是影响斜拉桥景观最主要的因素之一，其造价常常占到全桥造价的1/4～1/3。因此斜拉索在用材、形式、防腐、架设、张拉和锚固施工工艺方面都应该慎重，尤其是在腐蚀性环境中更要选择耐腐蚀的拉索，并进行防腐处理。

斜拉索包括钢索、锚固段和过渡段。钢索承受拉力；设置在两端的锚具用来传递力；过渡段埋设在塔和梁的内部，用于密封过梁和塔体内的斜拉索，且不与混凝土接触，其中减振器不仅对斜拉索起减振作用，还起夹紧钢索的作用。由平行钢绞索组成的斜拉索在过渡段内呈扩散状。

3. 索塔

梁的自重和活载主要是通过斜拉索经由索塔传给基础和大地的。索塔主要承受轴向压力，斜拉索的不平衡水平分力使其发生沿桥梁轴向的弯曲，风力等使其发生横向弯曲。因此，索塔为压弯构件。地震烈度较高时，在塔上产生的弯矩常控制其塔根截面设计。裸塔抗风稳定性也是设计者需关心的问题之一。

11.5.3 斜拉桥主体施工

1. 主梁施工

（1）悬臂拼装法

悬臂拼装法主要用在钢主梁（桁架梁或箱形梁）的斜拉桥上。钢主梁一般先在工厂加工制作，再运至桥位处吊装就位。钢主梁预制节段长度应从起吊能力和方便施工方面考虑，一般以能在其上布置 1~2 根斜拉索和 2~4 根横梁为宜，节段与节段之间的连接分为全断面焊接和全断面高强度螺栓连接两种，连接之后必须严格按照设计精度进行预拼装和校正。常用的起重设备有悬臂起重机、大型浮式起重机以及各种自制起重机。这种方法的优点是钢主梁和索塔可以同时在不同的场地进行施工，施工快捷且方便。图 11-25a 是双塔斜拉桥在采用悬臂拼装法施工时直到全桥合龙之前的全貌，图 11-25b 为其中一座索塔从两侧逐节扩展的过程，它的大体步骤图中说明已给出。

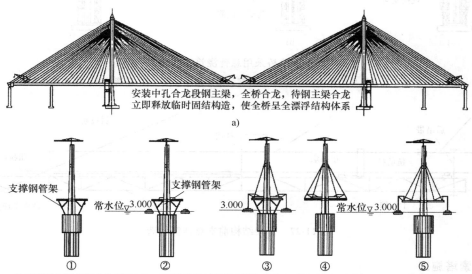

安装中孔合龙段钢主梁，全桥合龙，待钢主梁合龙立即释放临时固结构造，使全桥呈全漂浮结构体系

a)

①利用塔上塔式起重机搭设0号、1号块件临时用的支撑钢管架；②利用塔式起重机安装好0号及1号块件；③安装好1号块件的斜拉索，并在其上架设主梁悬臂吊机，拆除塔上塔式起重机和临时支撑架；④利用悬臂吊机安装两侧2号块的钢主梁，并挂相应的两侧斜拉索；⑤重复上一循环直至全桥合龙

b)

图 11-25 悬臂拼装工艺（单位：m）

（2）悬臂浇筑法

悬臂浇筑法主要用在预应力混凝土斜拉桥上。其主梁混凝土的悬臂浇筑与一般预应力混凝土梁桥主梁的基本相同。这种方法的优点是结构的整体性好，施工中不需用大吨位悬臂起重机和运输预制节段块件的驳船；但其不足之处是在整个施工过程中必须严格控制挂篮的变形和混凝土的收缩、徐变，相对于悬臂拼装法而言其施工周期较长。

图 11-26 所示是斜拉桥采用悬臂浇筑法的施工程序。现拼支架可利用塔式起重机进行安装，桁架结构前支点挂篮构造如图 11-27 所示，其工作原理是待浇梁段斜拉索作为挂篮的前支点，施工过程中将挂篮后端锚固在已浇梁段上，充分发挥斜拉索效用，由斜拉索和已浇梁段共同承担待浇节段的混凝土梁段质量。待主梁混凝土达到设计强度后，拆除斜拉索与挂篮的连接，使节段重力转换到斜拉索上，再前移挂篮。前支点挂篮的优越性在于它使普通挂篮中的悬臂梁受力变成简支梁受力，使节段悬浇长度增加，承重能力提高，加快了施工进度；缺点是在浇筑一个节段混凝土过程中要分阶段调索，工艺复杂，挂篮与斜拉索之间套管定位难度较大。

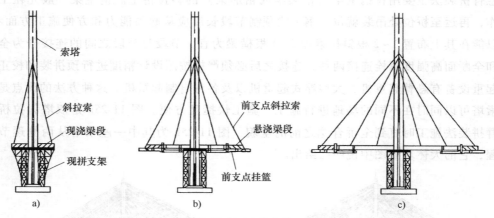

图 11-26　斜拉桥采用悬臂浇筑法的施工程序

a）支架现浇 0 号及 1 号块并挂索　b）拼装挂篮，对称悬浇梁段　c）挂篮前移，依次悬浇梁段

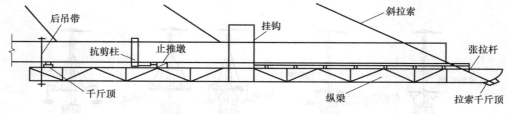

图 11-27　桁架结构前支点挂篮构造

2. 索塔施工

一般来讲，钢塔采用预制拼装的方法施工，混凝土塔的施工则有搭架现浇、预制拼装、滑升模板浇筑、翻转模板浇筑、爬升模板浇筑等多种施工方法可供选择。

根据斜拉桥的受力特点，索塔要承受巨大的竖向轴力，还要承受部分弯矩。斜拉桥设计对成桥后索塔的几何尺寸和轴线位置的准确性要求都很高。混凝土塔柱施工过程受施工偏差，混凝土收缩、徐变，基础沉降，风荷载，温度变化等因素影响，其几何尺寸、平面位置将发生变化，如控制不当，则会造成缺陷，影响索塔外观质量，并且产生次内力。因此不管是何种结构形式的索塔，采用哪种施工方法，施工过程中都必须进行严格的施工测量控制，确保索塔施工质量及内力分布满足设计及规范要求。混凝土索塔的基本施工顺序如图 11-28 所示。

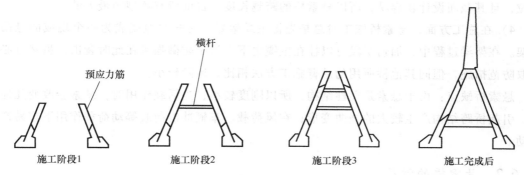

图 11-28　混凝土索塔的基本施工顺序

3. 拉索施工

拉索安装工作与采用的牵索挂篮施工方法相适应，拉索通过卷扬机从桥底向桥面拖拉，首先在桥面放盘，然后拉索锚固端先与放在桥面的牵索钢锚箱连接好，牵索钢锚箱再通过高强螺栓与挂篮相连接，最后拉索的张拉端再通过卷扬机提升和千斤顶牵引连接到主塔上。拉索初期作为挂篮牵索使用，它能将浇筑的部分混凝土自重直接传给主塔，减轻挂篮及已完成的索、梁结构的负担，将施工过程中主梁负弯矩控制在许可范围内。拆除钢锚箱与挂篮连接螺栓后，拉索才转换为梁、塔之间的正式斜拉索。

11.6　悬索桥施工技术

11.6.1　悬索桥的定义与特点

1. 悬索桥的定义

悬索桥又名吊桥，指的是以通过索塔悬挂并锚固于两岸（或桥两端）的缆索（或钢链）作为上部结构主要承重构件的桥梁。其缆索线形由力的平衡条件决定，一般接近抛物线。从缆索垂下许多吊杆，把桥面吊住，在桥面和吊杆之间常设置加劲梁，同缆索形成组合体系，以减小荷载所引起的挠度变形。

2. 悬索桥的特点

同其他桥型相比，跨度越大，悬索桥的优势越明显。悬索桥优点如下：

1）在材料用量和截面设计方面，悬索桥可以使用较少的材料来跨越较长的距离。

2）在构件设计方面，悬索桥的主缆、锚碇和桥塔的主要承重构件在扩充其截面面积或提高承载能力方面所受到的制约较少。

3）悬索桥中作为主要承重构件的主缆具有非常合理的受力形式。对于拉、压构件，其应力在截面上分布是比较均匀的，而对于受弯构件，在弹性范围内，其应力分布呈三角形，一部分材料潜力难以发挥出来。就充分发挥材料的承载能力来说，拉、压的受力方式较受弯合理，而受压构件还需要考虑稳定性问题，因此，受拉就成为最合理的受力方式。由于主缆受拉，且其截面设计较容易，所以悬索桥的跨越长度是目前所有桥型中最大的。

4）在施工方面，悬索桥施工时总是先将主缆架好，这样主缆就成为一个现成的悬吊式支架。在架梁过程中，加劲梁段可以挂在主缆之下，为了防御强风在此时袭击，虽然也必须采取防范措施，但同其他桥所用的悬臂施工方法相比，风险较小。

悬索桥缺点：由于悬索是柔性结构，所以刚度较小，当活载作用时，悬索会改变几何形状，引起桥跨结构产生较大的挠曲变形；在风荷载、车辆冲击荷载等动荷载作用下容易产生振动。

11.6.2　悬索桥的结构

悬索桥主要由被称为三大件的锚碇、桥塔和主缆及其他重要构件如加劲梁、吊索和鞍座等组成。它以悬索为主要支撑结构承受拉力。悬索桥在跨度布置上通常为主跨带两边跨的三跨悬索桥，也可做成具有一个以上主跨的多跨悬索桥。

1. 锚碇

悬索桥分为自锚式和地锚式。自锚式悬索桥的主缆锚于加劲梁上，不需要设置锚碇结构；地锚式悬索桥的主缆端头锚于重力式混凝土锚块或岩洞中的混凝土锚块上，防止其移动。

锚碇分为重力式锚碇和隧道式锚碇，如图11-29所示。重力式锚碇用得较多，完全由大体积混凝土构成，它主要是靠自重及其与地基的摩擦力来抵抗主缆的斜向拉力；隧道式锚碇则利用已有的坚实的岩层或岩洞，外加混凝土浇筑而成。锚碇最好设置在靠近地表的坚实岩层中，并且应该与下面的基础形成整体，以提高其倾覆稳定性与滑动稳定性。一般来说，锚碇做得都比较大，这样才能使主缆传来的荷载通过锚碇传给地基。

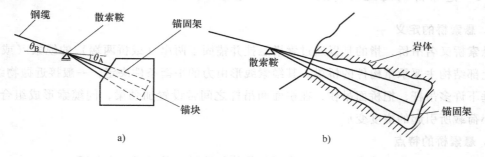

图 11-29　锚碇
a）重力式锚碇　b）隧道式锚碇

2. 桥塔

桥塔也称主塔，是支撑主缆的重要构件，主要承受压力。

（1）顺桥向的结构形式

1）刚性塔：是指塔顶水平变位量相对较小的桥塔。刚性塔可做成单柱形状，也可做成A字形状。刚性塔一般用于多塔（桥塔数量为 3 个或 3 个以上）悬索桥，特别是位于中间的桥塔，通过提高桥塔的纵向刚度来控制其塔顶的纵向变位，从而减小梁内的应力。

2）柔性塔：是指塔顶水平变位量相对较大的桥塔，是相对刚性塔而言的。在大跨度三跨（双跨）形式的悬索桥中，桥塔几乎全做成柔性的。柔性塔塔柱下端一般做成固结的单柱形式。

3）摇柱塔：下端做成铰接的单柱形式，一般只用于跨度较小的悬索桥。

（2）横向的结构形式

1）刚构式：单层（横梁）或多层（横梁）的门架式，这种形式在外观上明快简洁，既适用于钢桥塔，又适用于混凝土桥塔。

2）桁架式：两根塔柱之间，除了有水平的横梁之外，还具有若干组交叉的斜杆，形成桁架式结构。桥塔在横向采用这种结构形式，无论是在塔顶水平变位、用钢数量（经济性）方面，还是在塔架内力（功能性）等方面均较为有利。但是，由于交叉斜杆用于混凝土桥塔施工有较大困难，因而这种形式一般只适用于钢桥塔。

3）混合式：刚构式桥塔和桁架式桥塔可以组合成混合式桥塔。这种形式一般在桥面以上不设交叉斜杆，以便保持刚构式的明快简洁，而在桥面以下设置少量交叉斜杆以改善桥塔的功能（内力）性和经济（耗钢）性。由于具有交叉杆的关系，一般这种形式只适用于钢桥塔。

3. 主缆

主缆是一端连接于塔顶鞍座，另一端锚固于两端锚固体中的柔性承重构件。它通过吊索承受加劲梁（包括桥面）的恒载及其上作用的活载。承受自重时其为悬链线形状，形成桥面后近似于抛物线。现代大跨悬索桥的主缆都是由高强、冷拔、镀锌钢丝组成的。

4. 吊索

吊索是将活载和加劲梁（包括桥面）的恒载通过索夹传递到主缆的构件。它的上端与索夹相连，下端与加劲梁相连。一般情况下边跨和主跨均应布置吊索，但是有时在跨度较小，或边跨较小的情况下，边跨可以不设置吊索，而采用类似于简支梁的承重类型。

大跨度悬索桥吊索与主缆的连接方式一般可分为骑跨式和销接式两种。骑跨式连接就是用钢丝绳吊索通过索夹上预留的槽口吊挂在主缆上，槽口的构造允许吊索在顺桥向有少量的摆幅，以避免由于主梁在活载、温度、风载等作用下产生纵向位移而引起弯折。销接式连接是将钢丝绳吊索或平行钢丝吊索的上端与索夹下的耳板连接。采用骑跨式时，索夹按左右方向分成两半，用高强度螺栓相连，凭螺栓的预拉力使索夹夹紧主缆而不致沿缆下滑，再让吊索骑跨在索夹之外。采用销接式时，索夹按上下方向分成两半，连接上下两个半索夹的竖向高强预应力杆位于索夹的左右侧。

5. 加劲梁

加劲梁的主要功能是提供平台桥梁的桥面和防止桥面发生过大的挠曲变形和扭曲变形。桥面上的活载及加劲梁的恒载通过吊索和索夹传至主缆。加劲梁是悬索桥承受风荷载和其他横向水平力的主要构件。加劲梁的主要形式有钢板梁、桁架梁、钢箱梁、钢筋混凝土箱梁等。钢板梁通常采用工字形截面，沿跨径设置成等高度梁。桁架梁一般也是沿跨径设置成等高度梁，杆件多采用由四支角钢和钢板组成的 H 形截面，控制长细比的构件常采用箱形截面，以增加截面的惯性矩。钢箱梁抗扭刚度大，比桁架梁构造简单且用料少，易于制造，其形式为流线形扁平钢箱梁。钢筋混凝土箱梁的刚度大，构造简单，易于制造，而且与其他梁的形式相比，造价最低。由于悬索桥一般跨度比较大，相对而言梁就变得很薄，所以受风荷载的影响很大，将梁做成流线形，有利于抵抗风荷载，避免因产生共振而使梁受到破坏。

11.6.3 悬索桥主体施工

1. 锚碇施工

根据悬索桥锚碇受力和施工方法的不同，分为重力式锚碇和隧道式锚碇，一般采用现场浇筑的施工方法。

（1）重力式锚碇施工

重力式锚碇施工主要包括基坑开挖和基础施工。基坑开挖除满足通用施工作业要求外，尚应沿等高线自上而下分层开挖，在坑外和坑底分别设置集水坑和排水沟，防止地面水流入坑内而引起塌方或破坏基底土层。采用机械开挖时，应在基底高程以上预留 150～300mm 土层采用人工清理，且不得破坏基底岩土的原状结构；采用爆破施工时，宜选择预裂光面爆破等小型爆破法，避免对边坡造成破坏。对深大基坑，应采取边开挖边支护的措施保证其边坡的稳定，边坡支护方法应符合设计规定。

重力式锚碇采用沉井基础时，其施工应遵守沉井基础施工的有关规定；采用地下连续墙基础时，其施工除满足基坑开挖通用施工作业要求外，开挖前还宜对地下连续墙基底的基岩裂隙进行压浆封闭，以减少地下水向基坑渗透。采用逆作法进行基坑开挖时，必须进行施工监测，监测内容宜包括环境监测、水工监测、地下连续墙监测、土工监测及内衬监测等。

（2）隧道式锚碇施工

隧道式锚碇的开挖除应符合《公路隧道施工技术规范》（JTG/T 3660—2020）的有关规定外，还应符合下列规定：

1）开挖施工前，宜根据两侧洞室的开挖方法和步骤，对围岩的侧壁收敛、拱顶下沉和底部隆起等变形进行仿真计算，并根据其计算分析结果提出开挖施工中变形量控制的标准。

2）开挖施工前应进行地表排水系统和工作坑的设计，确定防止洞外地表水流入开挖作业面的有效措施。地下水较丰富时，宜在隧洞的侧墙处设排水沟，在开挖作业面的底部设集水坑，并应采取必要的措施将水引出洞外。在衬砌混凝土的施工缝处应沿隧洞轴线方向预埋止水板。

3）当条件许可时，宜在施工场地附近选取地质相似处进行爆破监控试验，对爆破施工方案的各种参数进行试验和修正，据此正式确定爆破方案。开挖施工时宜采用光面控制爆破方式，并应严格控制爆破，减少对围岩的扰动。

4）洞口处宜设置护拱，并应采取有效措施防止落石等物体进入洞内。

5）洞室开挖施工时，宜对水平净空收敛、地表及边坡位移、拱顶下沉、底部隆起等进行监控量测，监控量测的断面布置和频率宜根据实际情况确定。

6）岩锚钻孔宜采用破碎法施工，在成孔过程中应对钻孔深度和孔空间轴线位置进行检查和记录，达到设计深度后，应采用洁净高压水冲洗孔道并采取有效方法将钻渣掏出。锚索下料时宜采用砂轮机切割，穿束时应设置定位环，保证锚索在孔中位于对中位置，同时应避免锚索扭转，锚索安装完成后应及时对孔道进行压浆。

隧道式锚碇锚固体系分为型钢锚固体系或预应力锚固体系。型钢锚固体系施工时，所有钢构件的制作均应满足相应行业规范规定，锚杆、锚梁在制造时应进行抛丸除锈、表面防腐涂装和无损检测等，出厂前应对构件连接进行试拼装，包括锚杆拼装、锚杆与锚梁连接、锚支架及其连接系统平面试装。预应力锚固体系施工应符合设计及技术规范相关要求，锚具应安装防护套并应注入保护性油脂，对加工件应进行超声波和磁粉探伤检测。

2. 索塔与索鞍施工

（1）索塔施工

索塔是支撑主缆的重要构件之一，悬索桥全部恒载、活载以及加劲梁支承在塔身上的反力，都通过索塔传递给下部的塔墩和基础。悬索桥索塔分为混凝土索塔和钢索塔，根据组成材料、结构特点、施工环境和施工能力等可采用预制拼装和就地浇筑等施工方法。

钢索塔采用预制拼装施工，混凝土索塔一般采用翻模施工、顶升模板施工及滑动模板施工等高墩施工方法，其施工要求可参照有关规定执行。索塔在施工过程中应对其施工状况进行监测和监控，施工完工后应测定裸塔的倾斜度、塔顶高程及塔顶中心线里程，并做好沉降、变位观测点标记。

（2）索鞍施工

索鞍也是支撑主缆的重要构件之一，位于塔顶的是主索鞍；若边跨较大，则会使主缆在边跨靠岸端的坡度平缓，为使主缆与水平线的倾角变陡以便进入锚碇，须在边跨靠岸端设墩，墩顶设副鞍座。主缆在锚碇前段散开，当主缆散开的同时有一个向下折角时，就需要设一个散索鞍。索鞍为钢结构，应由专业单位加工制作，制造完成后应在厂内进行试拼装和防腐涂装，并应对各部件的相对位置做永久性定位标记，经检验合格后安装。

3. 猫道施工

悬索桥的猫道是架设在主缆之下、平行于主缆线形布置、供施工人员进行主缆作业的高处脚手架。图 11-30 为某悬索桥的猫道。

在整个上部结构施工过程中，猫道主要

图 11-30 猫道

为主缆索股牵引、索股调整、主缆紧固、索夹和吊索安装、加劲梁吊装、主缆缠丝防护等提供施工平台和人行通道。猫道施工工艺复杂，特别是先导索和承重索的架设。先导索是架设猫道过江（或河、海、沟）的第一根导索，架设方法一般有飞机拖送法和船舶拖送法，若桥址处的气象条件或水位不适于飞机拖送或船舶拖送，就需要探索新的先导索架设工艺。承重索是猫道结构的主要受力构件，猫道的设计线形就是以承重索各跨跨中标高作为控制参数的，承重索跨中标高要低于空缆状态主缆中心一定距离。承重索的架设顺序关系到索塔的受力安全，需要事先确定合理的架设顺序。同时，由于承重索的计算弹性模量与实际弹性模量不一致，以及钢丝绳会产生较大的非弹性变形等原因，会导致猫道线形误差。

猫道架设的主要施工流程为：先导索过江→形成牵引系统→架设承重索→铺设猫道面层→安装横向天桥→调整猫道线形→架设抗风缆。

4. 主缆施工

主缆施工是悬索桥建设中的关键工序之一，其成缆质量与线形直接影响大桥长期的受力与线形。主缆施工方法主要有空中纺线法和预制平行索股法两种。空中纺线法是指以卷在卷筒上的单根通长钢丝为原料，采用移动纺丝轮在空中来回架设钢丝（纺丝）形成索股，进而形成主缆。预制平行索股法是指对主缆中的索股按照规定的常用钢丝根数进行预制，然后运送索股至现场，逐根架设索股，最终形成主缆。

悬索桥主缆施工主要包括索股制作与架设、索股线形与索力调整、主缆紧缆、主缆缠丝与防护等工序。

（1）索股制作与架设

预制平行索股法是将平行钢丝先制作成六角形的主缆钢丝索股，每束索股可为61丝、91丝或127丝，架设完成后浇筑锚头完成施工作业。宜在工厂内将对应索鞍位置的索股六角形截面调整为四边形截面，并做出相应标记。汕头海湾大桥、虎门大桥都采用了该方法。

（2）索股线形与索力调整

主缆的线形主要取决于基准索股的架设线形，为使已整形入鞍的索股达到设计线形要求，应在夜间气温、风速比较稳定时对其线形进行测量、垂度调整。索股线形调整包括基准索股的调整和其他索股的调整，一般情况下在中跨和边跨跨中进行垂度调整，锚跨长度较短宜通过设置于锚头处的千斤顶进行拉力调整。

索股线形调整的顺序为先中跨、再边跨、后锚跨，基准索股调整绝对垂度后，其他索股将根据基准索股的高差进行相对垂度调整。

索股在架设过程中的相互作用会使锚跨索股的张力与设计值发生偏差，在主缆架设完成后，应对锚跨索股的张力进行复测、调整，以保证索股的受力均衡。

主缆索力的调整应以设计和施工控制提供的数据为依据，其调整量应根据测力计的读数和锚头移动量双控确定。其精度要求为：实际拉力与拉力设计值之间的允许误差应为设计锚固力的3%。

（3）主缆紧缆

主缆架设完成后，由于温差（昼夜温差、内表温差等）会使索股的排列产生变化，因此需对主缆进行紧固。主缆紧缆分预紧缆和正式紧缆两阶段进行。

（4）主缆缠丝与防护

主缆缠丝是采用专业的缠丝设备以一定张力使镀锌软钢丝密扎牢固地缠绕在主缆上，起到保持主缆外形的作用，并与涂装材料共同组成主缆防护体系。

主缆的防腐涂装应符合设计规定或《悬索桥主缆系统防腐涂装技术条件》（JT/T 694—2007）的规定，且宜在桥面铺装完成后进行。防护前应清除主缆表面的灰尘、油和水分等污物并临时覆盖，进行防腐涂装等作业时方可将覆盖物分段揭开。

5. 索夹与吊索施工

悬索桥索夹是吊索与主缆的连接构件，将作用于桥面的荷载通过吊索传递给主缆。

（1）索夹安装

索夹安装前应测定主缆的空载线形，并在设计规定的索夹位置进行确认后，方可于温度稳定时在空缆上放样，定出各索夹的具体位置并编号。安装前应清除索夹内表面及索夹位置处主缆表面的油污及灰尘，涂上防锈漆。索夹在主缆上精确定位后，应立即紧固螺栓并应保证同一索夹各螺栓受力均匀。索夹螺栓的紧固应在安装时、加劲梁吊装后、全部二期恒载完成后三个荷载阶段分步进行，对每次紧固的数据进行记录并存档。索夹安装位置的纵向误差应不大于 10mm。

（2）吊索制作

吊索的制作、检验和安装应符合行业标准《公路悬索桥吊索》（JT/T 449—2021）的规定。在运输和安装过程中应保证吊索不受任何损伤。吊索制作时应先浇筑一端锚头，然后在另一端锚头附近设一标记点，并精确测量、记录一端锚头销孔中心至另一端标志点之间的距离（设计恒载拉力下测量）。待测出主梁制造和主缆的架设误差后，对吊索长度进行修正，根据修正后的吊索长度再浇筑另一端锚头。

6. 加劲梁架设

悬索桥加劲梁主要起支撑和传递荷载的作用，是承受风荷载和其他横向水平力的主要构件。大跨径悬索桥加劲梁大都采用钢结构，常用结构形式为钢桁架梁或扁平钢箱加劲梁。悬索桥加劲梁可采用跨缆起重机（缆索起重机）吊装法、桥面起重机悬臂拼装架设法等安装。

（1）钢箱加劲梁的安装

1）吊装钢箱加劲梁的非定型起重机应进行专门设计，在安装前必须进行试吊，检验其安全性和可靠性。

2）钢箱加劲梁的运输方式应满足安装的要求。水上运输时应保证安装时船舶定位的精度，必要时宜进行现场驳船定位试验；陆上运输时应使加劲梁能达到起重机起吊安装位置的正下方。

3）钢箱加劲梁安装的顺序应符合设计规定。从吊装第二节段开始，应与相邻节段间预偏 0.5~0.8m 的工作间隙，吊至设计高程后再牵引连接，并应避免在吊装过程中与相邻节段发生碰撞。安装合龙前应根据实际的合龙长度，对合龙段长度进行修正。安装过程中应监测索塔的变位情况，并应根据设计要求和实测塔顶变位量分阶段调整索鞍偏移量。

4）钢箱加劲梁接头的焊接连接和高强度螺栓连接施工应符合钢结构施工有关规定。采用焊接连接时应先将待连接钢箱加劲梁的节段与已安装节段临时刚性连接，接头焊缝的施焊宜从桥面中轴线向两侧对称进行。应待接头焊缝形成且具有足够的强度和刚度后，解除临时刚性连接。

（2）钢桁架梁的安装

1）钢桁架梁的架设安装方法宜根据钢桁架的特点、施工安全、设备和现场环境条件等因素综合确定。

2）采用单构件方式安装时，宜根据钢桁架和吊索的受力情况及施工现场的气候条件，选择全铰接法或逐次固结法。架设可从索塔处开始，向中跨跨中及边跨的端部方向进行。

3）采用全铰接法安装时，在桁架梁逐渐接近设计线形后，可对部分铰接点逐次固结；采用逐次固结法安装时，宜采用接长杆牵引吊索与桁架梁连接，且宜在不同架设阶段采用千斤顶调整吊索张力，直至最后拆除接长杆入锚。安装过程中应逐一对桁架梁及吊索的内力和变形进行分析，并应将桁架梁斜杆及吊索的最大应力控制在允许范围内。在短吊索区，单片主桁不宜直接架设安装，宜采用对吊具进行改装后的临时吊索进行架设。合龙段宜采用单根杆件架设安装。

第 12 章

智能建造技术和信息技术的应用与发展现状

智能建造是工程建造的高级阶段，技术赋能是智能建造的核心，智能建造技术的产生使各相关技术之间更紧密地融合并发展，使设计、生产、施工、管理等环节更加信息化、智能化。结合现阶段建筑行业智能建造发展情况，并在综合参考丁烈云、肖绪文、毛志兵等学者研究的基础上，界定本章所研究智能建造技术：在建造流程中，通过对数字、信息等新型智能技术集成应用，实现建造流程智能化的关键技术、技巧和方法的统称，包括 BIM（建筑信息模型）技术、GIS（地理信息系统）技术、物联网技术、VR（虚拟现实）技术、数字孪生技术、信息监测技术、人工智能技术这七种主要的技术。信息技术是指对信息进行收集、储存、加工和处理，然后分析出最适合项目的数据的技术。智能建造技术和信息技术贯穿于建筑全生命周期，通过了解各智能建造技术和信息技术的应用场景和具备优势，有助于把握当前智能建造技术和信息技术的发展现状，了解其在建筑生产与管理过程中发挥的作用。在面向智能建造转型发展的背景下，智能建造技术和信息技术的集成应用必会将建筑行业推向一个全新的高度。

12.1 BIM 技术

12.1.1 BIM 技术的定义与特点

随着人工智能、大数据等科学信息技术的不断发展和成熟，建筑大数据的发展趋势势如破竹。我国目前的建筑行业正在向信息化、现代化、工业化升级转型，国家陆续颁布了一系列行业相关政策，在技术和政策的支持与引导下，经过专业人员不断探索，一种新兴的建筑信息模型技术——BIM 技术应运而生，正在作为一种新技术推动着建筑行业革命性的改变。

美国国家 BIM 标准对 BIM 定义为：BIM 是一种将物理特性和功能特性进行数字化表达的信息模型。在建筑全生命周期中，提供与设备相关的信息，为决策提供可靠依据的共享知识资源。我国《建筑信息模型施工应用标准》（GB/T 51235—2017）对 BIM 的定义为：在建设工程及设施全生命期内，对其物理和功能特性进行数字化表达，并依此设计、施工、运营的过程和结果的总称。

BIM 技术可以基于建筑工程项目的信息参数构建三维立体模型，实现工程几何信息、物理信息、成本信息、施工信息、运营信息等的集成，为工程各参与方提供信息共享平台，实现信息共享。BIM 技术在建筑施工全过程的应用有效提高了建筑施工管理效率，改变了传统的管理粗放、效率低下的状况。在科学技术的不断进步与突破下，BIM 技术使建筑领域的设计、施工和验收等环节变得更加精益化，推动了建筑行业的不断发展。

随着现代建筑不断向信息化、智能化方向发展，BIM 技术已经成为建筑工程建设中的关键技术，其应用范围不断扩大，在应对日益结构化、复杂化的建筑工程建设方面有独特优势。BIM 技术具有可视化、模拟性、优化性等优势，在建筑工程施工全生命周期中，能够有效优化施工准备，实施动态化施工模拟，加强施工全面管控，从而优化施工质量、加快施工进度、保障施工安全，促进建筑行业稳健发展，其特点及应用见表 12-1。

表 12-1　BIM 技术特点及应用

特点	说明	应用
可视化	建立建筑模型，呈现立体几何图形，所见即所得	(1) 三维实体图形的侧面图及剖面图可视化 (2) 在建筑工程施工全生命周期中，规划、设计、施工可视化 (3) 工程时间、空间碰撞检查可视化
集成性	施工图集成整合，信息储存方便，一体化管理	(1) 贯穿建筑工程施工全生命周期的施工图储存和处理 (2) 进行信息识别并分类，可以针对不同的单位进行不同数据的提取
专业协调性	(1) 协调工程各阶段，减少不合理的设计变更、施工方案变更、采购方案变更 (2) 协调工程各参与方，保证信息及时准确共享 (3) 协调工程各专业，避免缺乏配合和沟通交流的状况	(1) 解决结构、设备等碰撞问题 (2) 解决电梯井布置与净空要求之间的协调问题等
信息完备性	对工程模型进行完整的信息描述，以设备的物理性和功能性的数字化方式呈现	(1) 3D 几何信息、拓扑关系描述 (2) 建筑各构建详细信息的展示等
模拟性	既可创建出虚拟模型，也可将模型置于实际环境中进行模拟分析	(1) 3D 画面模拟、建筑性能模拟 (2) 施工过程模拟、施工进度模拟、施工成本模拟 (3) 应急方案模拟、现场布置与安全模拟等
优化性	通过模型及关联信息，及时更新信息，发现问题并优化解决	通过仿真模拟，对建筑项目设计、施工、运营全过程优化等
可出图性	从三维到二维的出图	(1) 生成施工图，碰撞检查施工图等 (2) 生成工程量报表及明细表等工程文件 (3) 实现预制构件的数字化制造

（续）

特点	说明	应用
二次开发性	基于模型的二次开发，可以在模型基础上与其他程序进行协作	（1）可利用 Dynamo 进行编程，以完成复杂曲面形状构建 （2）可以和 BIMFACE 等平台进行互动协作，在此基础上进行平台开发
参数化	使用控制参数（变量）建立模型	通过调整参数改变模型及其存储信息

12.1.2　BIM 软件分类

BIM 技术的核心是模型。BIM 技术的实现需要不同专业、不同领域的软件协同处理，从性能上主要分为建模软件、设计软件、结构分析软件、造价软件、施工软件、运营维护软件等，其具体分类见表 12-2。

表 12-2　BIM 软件分类

类别	软件
建模软件	Revit、Bentley、SolidWorks、CATIA、Rhino 等
设计软件	Onuma Planning System、Affinity 等
结构分析软件	PKPM、Robot、ETABS 等
机电分析软件	鸿业、博超、Environment、Designmaster 等
碰撞检查软件	Navisworks、Projectwise、Navigator 等
能耗分析软件	Ecotect、Analysia、IES、Airpak、Green Building Studio、PKPM 等
造价软件	鲁班、广联达、Innovaya 等
施工软件	BIM5D、3DS MAX、CAD、CAITA、Revit、Navisworks 等
运营维护软件	AIM、ARCHIBUS、Citymaker 等

12.1.3　BIM 技术在施工中的应用

将 BIM 技术应用于施工过程，可以提高施工质量，改变管理模式，提升施工技术与管理的数字化、信息化水平。BIM 技术在施工中有如下应用：

1. 施工现场配合

BIM 技术不仅集成了建筑物的完整信息，同时还提供了一个三维的沟通平台。与传统模式下项目各方人员在现场从施工图堆中找到有效信息后再进行交流相比，效率大大提高。BIM 逐渐成为一个便于施工现场各方交流的沟通平台，让项目各方人员更加方便地讨论项目方案，论证项目可造性，及时排除风险隐患，减少由此产生的变更，从而缩短施工时间，降低由于设计协调造成的成本，提高施工现场效率。

施工过程中，基于 BIM 技术的三维立体模型和动态视频功能可以更加直观和形象地进行技术指导，提高技术人员和施工人员的沟通和学习效率，使项目顺利进行。例如可以基于 BIM 技术构建施工现场模型图（图 12-1）供各参与方进行沟通交流。

图 12-1　基于 BIM 技术构建施工现场模型图

　　上海中心大厦是一座超高层地标式建筑，在上海中心大厦建设过程中，团队提出建立基于 BIM 技术的工程信息管理系统，使数字化设计、数字化施工以及高效的数字化运维贯穿工程建造的主要环节，显著提高了工程建设效率，极大地提升了工程建造水平。上海中心大厦 BIM 模型图如图 12-2 所示。

　　悉尼"布莱街一号"建筑共 28 层，建筑面积 42000m²，属于国家甲级写字楼。"布莱街一号"项目从 BIM 技术所需要解决的传统工作模式问题和矛盾出发，从策划设计到可持续性分析、施工建设、物业管理，全部环节涉及的参与方都坚持采用 BIM 技术，通过有效的 BIM 协同工作平台，所有参与方都能看到建筑进展的最新情况。悉尼"布莱街一号"BIM 模型图如图 12-3 所示。

图 12-2　上海中心大厦 BIM 模型图

图 12-3　悉尼"布莱街一号"BIM 模型图

2. 施工安全管理

　　建筑工程施工时情况复杂，存在一定的危险性，因此施工环节中的安全管理十分重要。在传统建筑施工环节中，一般通过让施工人员佩戴安全护具或告知一些安全注意事项来规避施工过程中可能会发生的意外。在使用 BIM 技术后，可提前模拟施工环节中可能会出现的一些问题，尽可能提前排除安全隐患。

　　建筑工程技术培训时，为了能够有效促进工程高效施工，可采用 BIM 技术与 VR 技术结合的方式，模拟高处坠物等情景，从而使施工人员全面认识到不遵循施工制度引发的后果，进而提高施工人员安全意识，降低安全事故概率，促进工程有序施工。此外，技术人员可以通过 BIM 技术对数据进行分析，对项目的整个施工环节进行监督，保证施工人员的施工质量，加快项目的施工进度，安全体验区展示如图 12-4 所示。

哈尔滨工业大学李惠、滕军教授等人利用 BIM 技术基于对国家游泳中心（图 12-5）100余种工况的受力分析，依据应力应变传感器位置选择原则，设计了国家游泳中心的应变监测系统，在关键杆件上布设应变传感器，监测关键杆件在施工过程和运营状态下的应变，进而评定其安全状态，为国家游泳中心的安全运行提供技术支撑。

图 12-4　安全体验区展示

图 12-5　国家游泳中心

3. 施工进度与费用控制

通过将 BIM 技术与施工进度计划相链接，将空间信息与时间信息整合在一个可视的 4D（三维+时间）模型中，直观、精确地反映整个工程的施工过程。4D 信息技术可实时查看施工人员、材料、机械等各项资源的配置，对整个工程的施工进度、资源进行统一管理和控制。通过 4D 信息技术可直接对计划工期与实际工期进行对比分析，了解实际工期和计划工期的偏差，及时进行纠偏并对进度计划进行实时调整，如图 12-6 所示。

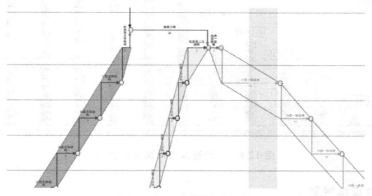

图 12-6　进度图局部展示

通过 BIM 技术可以在 4D 模型基础上建立 BIM 5D（三维+时间+费用）模型，该模型能够将工艺参数与影响施工的属性联系起来，以反映施工模型与设计模型间的交互作用。通过 BIM 技术，实现 5D 条件下的施工模拟，实现虚拟施工过程各阶段进度与费用的有效集成，施工进度与实时费用反馈如图 12-7 所示。

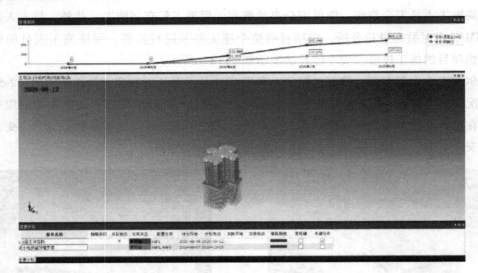

图 12-7　施工进度与实时费用反馈

4. 成本实时监控与管理

BIM 5D 模型可以提供工程造价所需要的工程信息，提高了工程量计算的准确性和效率，通过结合施工进度信息，实现成本精细化管理和规范化管理。此外，BIM 5D 技术还可以对施工人员、材料、机械、设备和场地布置进行动态集成管理，在最大限度内实现资源合理利用，以确保效率最大化，实现对成本的有效控制，如可建立各种材料累计资源投入情况，如图 12-8 所示。

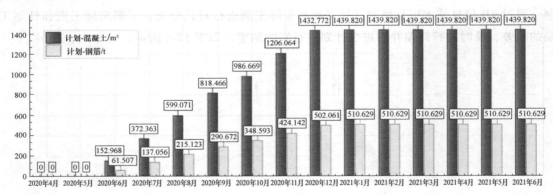

图 12-8　累计资源投入情况柱状图

5. 大型构件虚拟拼装

现代化的建筑具有高、大、重、奇的特征，建筑结构往往由钢结构和钢筋混凝土结构组成。按照传统的施工方式，钢结构在加工厂焊接好后，应当进行预拼装，检查各个构件间的配合误差。在上海中心大厦建造阶段，施工方通过三维激光测量技术，建立了制作好的每一个钢桁架的三维尺寸数据模型，在计算机上建立钢桁架模型，模拟了构件的预拼装，取消了桁架的工厂预拼装过程，节约了大量的人力和费用，如图 12-9 所示。

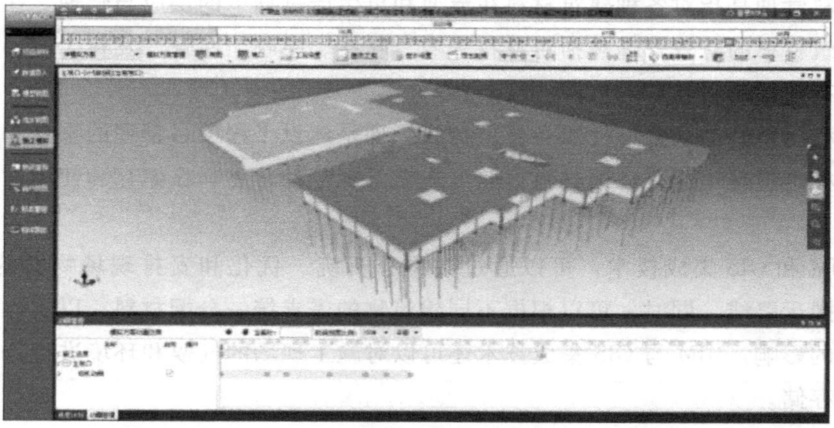

图 12-9 大型构件虚拟拼装

6. 装饰方案优化

装饰工程设计通常在施工期间根据业主的需要进一步深化改进。二维状态的建筑装饰设计方案是设计单位出具简单的内部透视图形，随后在装饰施工中，建立样板间，在样板间建立过程中对装饰材料反复更换和比较，浪费时间和成本。通过 BIM 技术进行三维装饰深化设计，可以建立一个完全虚拟现实的建筑空间模型，业主或者建筑师能够在建好的虚拟建筑空间内漫游，感受建筑内、外部采用不同材料的质感、装饰图案给人带来的视觉感受，既增加了业主的主观感受性，又节约了建造样板间的时间和费用，装饰效果图如图 12-10 和图 12-11 所示。

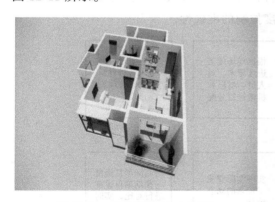

图 12-10 装饰效果图（内景）

图 12-11 装饰效果图（客厅）

12.1.4 BIM+GIS 技术在施工中的应用

作为工程信息管理的重要应用，结合 BIM 技术的数字管网向智慧管网的升级正在快速进行，BIM 技术与 GIS 技术的融合也在不断深入，随着 BIM、GIS、VR、物联网等技术的相互集成、整合，智慧施工管理会具有更广阔的应用空间。

1. 基于 BIM+GIS 的材料管理

建筑材料管理是指对各种建筑材料在流通和再生产过程中的供应与管理。在工程建设过程中，对建筑材料的有效管理包括对材料采购、收料、验收、库管、发料、使用全过程进行管理，从而有效控制材料管理成本。

建筑工程材料种类众多、性质各异，材料管理是建设工程项目管理的重点和难点。当前施工现场的材料管理工作存在诸材料存储方式缺乏规范性、材料在储存和使用过程中浪费严重等问题。

应用 BIM 和 GIS 集成技术，可以通过数据分析统一优化和安排现场物料的堆放位置、堆放数量和搬运路线。同时，可以根据不同建筑物的需求统一分配材料，以确保施工过程不受材料短缺的影响。BIM 与 GIS 集成技术还可以对施工现场的气候和环境进行分析，以确保材料的安全存储。

2. 基于 BIM+GIS 的进度管理

项目进度管理是指在项目实施过程中，对各阶段的活动和程序进行的计划、控制和调整，以保证项目实际进度的偏差在可控范围内，最终能在规定的时间约束下实现总目标。

传统进度管理在很大程度上依赖于编制者的经验，虽然有施工合同、进度目标及施工技术等客观支撑，但编制方法及管理工具相对比较抽象，存在以下问题：项目各参与方无法同时获得进度偏差信息，共同解决进度问题；不能在发现问题时立即做出决策，实现动态的进度控制；进度计划和实体不关联、二维表达不可视、计划的动态性不够等。

BIM 和 GIS 技术可用于在施工过程中对多栋单一建筑物的人员、材料和机械进行全面管理。如图 12-12 所示，BIM 和 GIS 技术可以与施工信息和空间环境相结合，同时模拟多个施工进度，监视物料使用情况，以免与施工进度不符，可对现场较大场景物料搬运与机械设备的冲突情况进行实时对比、监控，以确保施工进度控制的准确性。

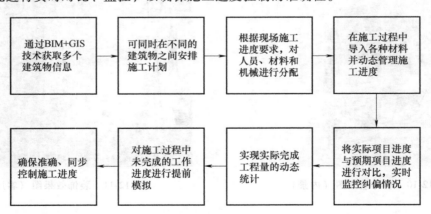

图 12-12　BIM+GIS 技术在施工进度管理中的应用

利用 BIM+GIS 项目管理系统进行进度管理，将 BIM 模型叠加在 GIS 上，利用 BIM 模型的可视化来展示关键线路以及非关键线路的工程完成量，通过资源配置的调整来满足关键线路工作的进度安排。

12.2 GIS 技术

12.2.1　GIS 技术定义与特点

1. GIS 技术定义

GIS 有时又称为地学信息系统，是一种特定的十分重要的空间信息系统。GIS 技术是在计算机硬、软件系统支持下，对整个或部分地球表层（包括大气层）空间中的有关地理分布数据进行采集、储存、管理、运算、分析、显示和描述的技术系统。GIS 是一门集计算机科学、地理学、空间科学、信息科学和管理科学为一体的新兴学科，首先被用于地球科学，用来综合分析和重点处理描述人类生存空间的各种地理数据，提供决策支持。随着研究范围的不断扩展，GIS 在社会经济和规划管理等社会科学领域受到了越来越多的重视。

2. GIS 的特点

1）能够进行全方位的地理信息定位。

2）具备采集、管理、分析和输出多种地理空间信息的能力。

3）以分析模型为驱动，具有极强的空间综合分析能力和动态预测能力，并且能产生高层次的地理信息。

4）以地理研究和地理决策为目的，是一个人机交互式的空间决策支持系统。

3. GIS 的优势及其体现

对于 GIS 的以上特点，在建筑行业数字化施工管理中，它具有以下三个方面的明显优势：一是 GIS 能直观有效地展示工程施工的全过程；二是 GIS 可以迅速获取决策需要的信息，并能以地图、图形或数据的形式展示结果；三是 GIS 可以满足施工数字化、可视化的要求，为工程施工的有效管理与控制提供了一条新的途径。主要体现在以下四个方面：

（1）强大的图形处理能力

GIS 提供了一种简单易行的构建复杂空间实体逻辑关系的方法，为数字化施工的系统仿真提供了应用平台。

（2）对空间数据和属性数据的共同管理、分析和应用

工程施工的特点决定了施工系统实体空间数据的动态性、复杂性和相关性。利用 GIS 中特有的空间数据组织形式，把工程项目的实体与其属性对应，在获得相关实体全貌后，通过数据检索可以获得相应的属性信息。

（3）空间分析

空间分析是 GIS 的重要功能之一，也是 GIS 与计算机辅助绘图系统的主要区别。GIS 空间分析的对象是一系列与空间位置有关的数据，这些数据包括空间坐标和专业属性两部分。利用 GIS 的空间分析功能，可以进行空间距离测量、地基剖面分析、楼层断面分析等，为施工管理提供帮助。

（4）Web-GIS

Web-GIS 利用 Internet 技术在 Web 端发布空间数据，为用户提供空间数据浏览、查询和

分析的功能，具有应用范围广泛、平台无关性、操作简便等特点。在施工管理中，借助 Web-GIS 能够对项目进行实时跟进，通过数据的传输，对虚拟三维实体的观察，项目参与方能够有效利用知识和信息，加强对施工项目的控制，减少施工风险。

12.2.2　GIS 技术在施工中的应用

随着 GIS 和 GPS 等技术逐渐广泛应用于工程测量中，我国工程测量的精度和效率都得到了明显的提高，也大大提高了测量过程中的安全性。

1. 数据收集和存储

在实际的工程测量过程中，数据的收集和存储十分关键，三维 GIS 技术可以高效便捷地测量实物，并进行数据的收集和存储，同时可以将实物数据信息进行可视化和形象化的展现，为后续的地图制作提供可靠数据。

2. 数据查询

三维 GIS 具有丰富的数据库系统，通过对数据的收集、筛选、处理和存储，建立标准化的数据库，从而便于工作人员进行数据查询。工程测量人员可以将查询的数据信息与复测成果进行对比，从而提高测量的准确性。

3. 三维立体可视化

地图模型绘制是工程测量的重要环节。三维 GIS 技术建立在三维仿真技术和传统 GIS 技术的基础上，通过建立三维立体可视化结构模型的方式，在工程测量中进行地图绘制，让工程测量人员更形象、更具体地了解实物的真实情况，为后续的工程建设提供保障。

4. 空间结果分析

在三维 GIS 技术的实际应用中，其空间结果分析是一项重要的功能。该功能主要包括数据叠加分析、缓冲区分析、地形分析以及网络分析。其中通过可视化技术，可以实现对测量结果的空间分析，从而让工作人员更直观地了解实物的三维形态结构，为后续工程建设提供重要依据。地形分析示意图如图 12-13 所示。

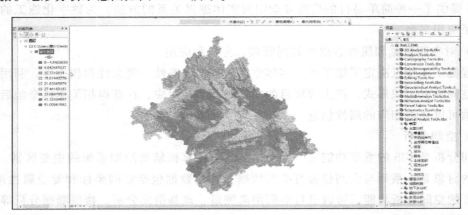

图 12-13　GIS 地形分析示意图

三维 GIS 技术在工程测量中的应用，攻克了很多其他测量技术无法攻克的难关，使工程测量工作进入更高层次的科技水平行列。现阶段我国大多数建设项目的前期勘测和放线都会采用三维 GIS 技术。

12.2.3　GIS+BIM 技术在施工中的应用

GIS 与 BIM 的集成应用往往是针对特定的应用领域，以实际问题为出发点，充分发挥 GIS 和 BIM 技术的优势，二者相互配合共同解决实际问题。

1. 基于 GIS+BIM 的工程信息管理

在工程信息管理中，可以将 GIS 技术和 BIM 模型相结合，基于已完成的 BIM 模型，借助 SuperMap 三维 GIS 一体化技术体系，将 BIM 模型与倾斜摄影模型、地形、三维管线等多元空间数据融合，实现宏观与微观相辅相成、从室外到室内的一体化管理。

运用 SuperMap GIS 提供的属性查询统计、通视分析、日照分析、室内漫游等通用功能，能够实现模拟建筑物建造过程、指定楼层/部件单独显示、BIM 坐标转换、BIM 与其他空间数据精确匹配等功能。SuperMap 与 BIM 模型的数据对接流程如图 12-14 所示。

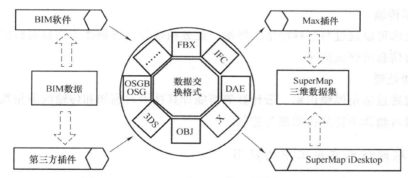

图 12-14　SuperMap 与 BIM 模型的数据对接流程

2. 基于 GIS+BIM 的场地分析

场地分析是确定建筑物的空间方位和外观、建立建筑物与周围景观的联系的过程。通过场地分析可对景观规划、环境现状、施工配套及建成后的交通流量等各种影响因素进行评价及分析。场地分析如图 12-15 所示。

图 12-15　场地分析

12.3 物联网技术

12.3.1 物联网技术定义与特点

1. 物联网技术定义

物联网技术是指通过射频识别（RFID）装置、红外感应器、全球定位系统、激光扫描器、传感器等各种信息传感设备将物品与互联网结合起来，进行信息交换和通信，以实现对物体进行智能化识别、定位、追踪、监控和管理的一种网络技术。

2. 物联网技术特点

（1）整体感知

物联网技术可以利用传感器、二维码和 RFID 等设备获取物体的各类信息，包括环境温度、湿度、位置、状态等。

（2）可靠传输

物联网技术可以通过与各种网络、终端、业务相融合，将物体的信息进行实时准确的传输，以便进行信息的交流沟通。

（3）智能处理

智能处理通过运用模糊识别、云计算等智能计算技术对感知和传输的海量数据和信息进行处理，实现对物体的智能化监测与控制。

12.3.2 物联网技术在施工中的应用

将物联网技术应用到建筑施工中，可以进行数据的实时采集、监测、记录与传输，提高现场智能化管理水平，有效提高施工效率。

1. 物联网技术在施工信息管理中的应用

物联网技术可以实现对物品的智能化识别、定位、跟踪、监控和管理，例如物联网技术可以实现对预制构件的全过程信息管理。物联网技术可以从预制构件深化设计阶段开始记录，并将构件加工、工厂堆放、道路运输、现场堆放、现场安装、运营维护的信息进行整合管理。物联网技术构件信息绑定如图 12-16 所示。

2. 物联网技术在施工环境监测中的应用

物联网技术可以与施工现场环境监测设备相结合，构建工程环境监控系统，有效监测施工现场 PM2.5 浓度、温度、湿度、噪声、风力等环境要素，并联动施工现场喷淋设备，实现自动喷淋，保护环境。施工现场自动喷淋设备如图 12-17 所示。

3. 物联网技术在工程质量检测管理中的应用

随着建筑市场的蓬勃发展和工程规模的不断扩大，对于建筑工程质量的检测和监管问题越来越受到人们的重视。

将物联网技术应用于工程质量检测管理中，是指利用物联网的信息化技术结合管理方法加强质量检测的管理工作。物联网技术在工程质量检测管理中的应用主要有以下三个方面：

（1）加强施工过程中的质量监管

利用物联网的全面感知和即时传输功能，协助政府监督部门加强对施工过程中的工程质量监管。

图 12-16　构件信息绑定

图 12-17　自动喷淋设备

（2）加强检测流程管理

利用物联网技术对工程质量检测的工作流程进行跟踪控制，然后结合数据处理等技术对检测结果做出评估，对不符合规范要求的结果进行预警，从而在一定程度上实现工程质量检测的智能化。

（3）完善检测管理制度

利用物联网技术对结构进行定期检测提醒，并将每次检测的结果做记录储存，从而形成结构的质量安全档案。

4. 物联网技术在施工安全管理中的应用

建筑行业存在的各类安全问题一直是国家、社会聚焦的重点。脚手架坍塌、墙体倒塌、物体打击等工程事故屡见报道，对人民群众生命财产安全造成巨大损害。例如对脚手架的施工安全管理，传统的安全管理方法有较强主观性，缺少了对目标的实时监控过程，无法及时发现施工过程中影响脚手架安全状态的不稳定因素并采取应对措施，不符合当代脚手架智能化管理的需求。将物联网技术应用到脚手架施工安全管理中，可以实时监测施工过程中人员、机械的安全状态，通过应变计、压力盒等传感器结合人体行为与器械状态进行智能化判断，对危险行为进行报警，有效保障施工安全。

此外，基于物联网技术，通过应变计、土压力盒、孔隙水压计等传感设备，可以实时监测基坑开挖阶段、支护施工阶段、地下施工阶段等施工过程的具体情况，对施工数据进行实时采集、传输、整理、汇总、分析与判断，对异常数据进行报警处理，为施工过程提供数据支撑。

12.3.3　物联网+BIM 技术在施工中的应用

1. 基于物联网+BIM 的工程信息管理

在施工阶段，已有许多工程对所有主要构件进行统一编码，利用二维码技术进行现场定位，通过移动端扫码填报信息的方式，集成到 BIM 平台中进行统一管控，可视化查询不同构件的施工状态，该技术在建筑、桥梁工程中都已有落地应用。

2. 基于物联网+BIM 的现场人员管理

对现场施工人员安全帽、安全带、身份识别牌进行相应的无线射频识别，可以实现人员在施工现场的定位和跟踪。结合在 BIM 系统中的精确定位，如果操作作业不符合相关规定，则身份识别牌与 BIM 系统相关定位会同时报警，可使管理人员精准定位隐患位置，及时采取措施以避免事故的发生。

12.4 | VR 技术

12.4.1 VR 技术定义与特点

1. VR 技术定义

VR 是一种可以创建和体验虚拟世界的计算机仿真系统。它利用计算机生成一种模拟环境，通过多源信息融合、三维动态场景模拟和实体行为的系统仿真，使用户沉浸到该环境中。

VR 技术集合了计算机图形技术、计算机仿真技术、传感器技术、网络技术、人工智能等关键技术，为人机交互对话提供了更直接和真实的三维界面，并能在多维信息空间上创建一个虚拟信息环境，使用户身临其境。VR 技术不但具有仿真技术的优点，还能提供真实的环境效果，在许多应用领域取得飞速发展。

2. VR 技术特点

（1）沉浸性

沉浸性是 VR 技术最主要的特点，就是让用户成为并感受到自己是环境中的一部分。VR 技术的沉浸性取决于用户的感知系统，当用户感知到虚拟世界的刺激时，便会产生心理沉浸，感觉如同进入真实世界。

（2）多感知性

多感知性表示计算机拥有很多感知方式，比如听觉、触觉、嗅觉等。理想的 VR 技术应该具有一切人所具有的感知功能。

（3）交互性

交互性是指用户对模拟环境内物体的可操作程度和从环境得到反馈的自然程度，用户进入虚拟空间，相应的技术让用户与环境产生相互作用，当用户进行某种操作时，周围的环境也会做出某种反应。

（4）自主性

自主性是指虚拟环境中物体依据物理定律动作的程度。如当物体受到力的推动时，物体会向力的方向移动或翻滚等。

这些特性使用户能够进入一个由计算机创造的交互式三维动态仿真环境中，用户可以直接感知到与仿真环境的交互，并通过自身对所接触事物的感知和识别，在虚拟仿真环境中获得更准确的空间信息以及逻辑信息。

12.4.2　VR 技术在施工中的应用

在建筑行业中，VR 技术的应用能够带来便利，也能为用户提供更直观的体验感受。VR 技术在工程施工中的应用主要表现在以下几方面：

1. 施工过程虚拟培训

VR 的交互性使其成为培训的良好工具。施工过程中应用 VR 技术能实时、直观地显示施工过程的实际情况，有助于操作人员全面了解操作流程。

利用施工现场安全教育 VR 体验馆（图 12-18），可以定期对施工人员进行边坡坍塌、高处坠落、物体打击、机械伤害、触电等事故的 VR 虚拟体验，让施工人员真切感受事故所带来的危害和后果，以此留下深刻记忆。

2. 工程可视化

利用 VR 的可视化特性，可以更直观地观察工程施工场景。VR 系统可以让用户进入虚拟施工环境，通过实时交互修改参数来观测这些参数对结果的影响。用户

图 12-18　安全教育 VR 体验馆

还可以从不同的角度观察施工现场，改变自身与环境之间的大小比例，从而获得更有价值的观察结果。

3. 施工过程可视化及检测

施工指导人员在虚拟的施工环境中，可以预先对施工过程中存在的问题和不足进行改进，能有效地减少施工过程中隐患的发生。同时，对整个施工现场场景和施工过程的三维展现，一方面能了解施工设备和施工人员在施工过程中的工序执行瓶颈，另一方面也可方便地观察施工过程中的空间利用情况，检查在施工过程中是否会发生物体间的相互碰撞，为施工过程的可行性提供支持。如图 12-19 所示为工作人员利用 VR 检测施工过程空间冲突。

12.4.3　VR+BIM+GIS 技术在施工中的应用

结合 BIM 的 VR 技术主要用于辅助设计、决策和建筑安全管理培训等相关工作。VR 以其先进的沉浸式和交互式可视化能力，为设计、施工和管理提供便利。

随着 VR 技术的迅速发展和成熟，VR 技术的应用范围越来越广。VR+BIM+GIS 技术可实现建筑施工的可视化模拟，例如现场施工进度的可视化、施工图的可视化、最佳施工路线的可视化、施工人员的可视化、现场材料需求的可视化等，还可以分析施工过程，例如施工

进度监控、安全隐患监控、项目质量测试等。VR+BIM+GIS 技术可以清楚地显示施工过程，浏览和分析模型的各个部分，并准确获取每个部分所需的材料量，从而直观地模拟施工工作并避免现场的材料浪费，如图 12-20 所示为砌体样板施工虚拟流程。

图 12-19　利用 VR 检测施工过程空间冲突　　　　图 12-20　砌体样板施工虚拟流程

VR+BIM+GIS 技术可以让用户进入虚拟环境对细部节点、安全质量进行视察，合理规划场地布置、提高方案质量，做到既环保又高效。配合手柄操作，模拟施工现场，可以将施工所需的各类构件以及完成时的建筑模样真实地呈现出来，使用户提前查看工程效果，为设计方案、修改和现场施工节约时间。

12.5 数字孪生技术

12.5.1 数字孪生的定义与特点

近年来，建筑工业化、信息化、计算机及其配套通信设施的发展，如 5G 网络的发展，为建筑行业的转型升级提供了更为直接的帮助，以此催生出了以信息化、智能化为基础的数字城市同步发展技术。同时，数字孪生技术也为建筑行业的精细化和数字化发展提供了新的思路与方法。

1. 数字孪生技术的定义

数字孪生以数字化的方式建立物理实体的多维、多时空尺度、多学科、多物理量的动态虚拟模型来仿真和刻画物理实体在真实环境中的属性、行为、规则等。

2. 数字孪生的特点

数字孪生指的是建筑物建造过程中，物理世界的建筑产品与虚拟空间中的数字建筑信息模型同步生产、更新，形成完全一致的交付成果。而建筑建造过程，正是实现从无到有的关键阶段。

建造过程的数字孪生，需要以数字化模型、实时的管理信息、覆盖全面的智能感知网络为支撑。在该目标下，传统模式信息离散的建造方式已经无法满足要求，必须通过高度集成的信息化平台为项目管理决策提供数据支撑和指导，利用"协同、互联、智慧"方式来实现模式的转变。结合上述定义，对于数字孪生技术在建筑领域内的应用主要有以下四个特点：

（1）可视性

数字孪生技术中对于虚拟空间的数字建筑模型的呈现主要是基于 BIM 技术建立的 3D 模型，为 BIM 技术在实现物理建筑的数字化展现时，可以通过计算机渲染等方式达到更好的可视化管理效果。

（2）互联性

搭建数字孪生技术的综合管理平台需要使用各种互联技术，如物联网、5G 和大数据技术等，对建筑运行状态进行充分感知、动态监测，实时记录建筑的运行情况，甚至通过数字孪生技术直接指导现场工作。

（3）控制性

通过人性化的、合理的界面与模型实现交互控制，模拟在现实生活中的各类情况，为实际建筑正常运行做好准备，为突发情况做好预案。

（4）学习性

数字孪生模型可基于前期记录、交互、模拟的各类数据，实现建筑运行模式的机器学习，并能够分析施工人员的行为模式。

12.5.2　数字孪生技术在施工中的应用

1. 数字孪生技术运行架构

当前我国建筑领域数字孪生技术的发展正处于成长阶段，其运行架构如图 12-21 所示。

数字孪生技术在土木工程施工方面的应用主要集中在质量检测管理方面。数字孪生技术拥有可视性、互联性等特点，可以有效提高工程监测精度，同时在建造过程中可以对施工机械的运行状态进行实时管理和风险监控。

2. 数字孪生技术建模的步骤

建筑施工领域的数字孪生技术模型的搭建大致可分为四个步骤：

1）建筑施工领域的数字孪生技术框架的搭建。从几何、物理、行为、规则四个层面建立虚拟施工模型、物理模型与虚拟施工现场之间的数据进行实时交互。

2）物理施工现场实体建模。

3）数字孪生虚体建模。数字孪生虚体建模从几何、物理、行为、规则四个层面，根据施工现场实际的施工过程对各维度模型进行关联集成，实现对施工现场深层次、多角度、全方位模拟仿真。

4）虚实交互关联建模。虚实交互关联建模需要解决数据的实时传输、模型的建模与仿真、模型服务三大关键问题。

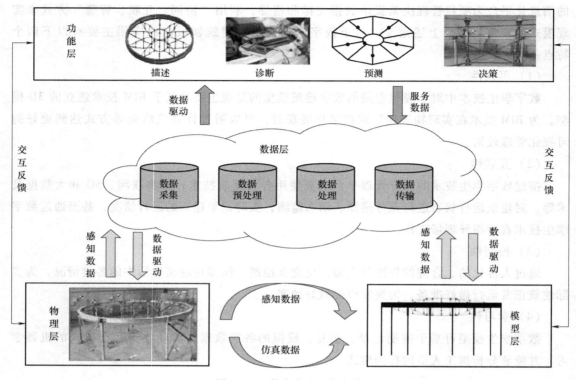

图 12-21　数字孪生运行架构

12.6 │ 信息监测技术

12.6.1　信息监测技术的定义、类型与特征

1. 信息监测技术的定义

当前时期,利用互联网新技术以及新应用对传统产业进行全方面、多角度、立体化的改造,实现数字化对全产业生产力的释放是一个主流的研究方向。针对上述观点,智慧建造是智慧城市建设中最前端的一个环节,也是企业、政府乃至社会对于智慧化城市建设感知层面最为重要的一个环节。我国的智能化工地建设普遍采用 5G 无线网络、视频监控、GIS 等新一代信息技术,实现对现场施工人员、设备、物资的实时定位,有效获取人员、车辆、机械设备以及环境等信息,及时发现遗漏、异常行为,实现自动化监管设施联动动作,提高应急响应速度和事件的处置速度,变被动式管理为主动式智能化管理,有效提高施工现场的管理水平和管理效率。

在施工过程中合理运用信息监测技术可以保证施工管理单位、政府以及监理单位随时远程掌握项目中的问题,其中,安全监控是信息监测技术的核心内容,现阶段的安全监控手段主要是通过智能监控实时排查现场人员、设备等安全状况,利用传感设备对深基坑、高支模等危大工程实施全面监测，对危险源进行自动报警，现场巡检人员将存在安全隐患之处拍照上传至云平台，管理人员通过移动终端实时获取安全信息，安排整改并利用大数据技术对施工现场安全隐患进行统计分析，总结事故发生的原因和经验。表 12-3 中列举的是一些常见信息监测硬件。

表 12-3　常见信息监测硬件

硬件	算法复杂度	作用范围	尺寸	应用大类
射频识别	低	相对较小	小	施工投入监控
超宽带通信	低	相对较小	小	施工投入监控
GPS	低	无限制	小	施工投入监控
视觉传感器	高	大范围	中	施工投入监控 施工产出评估
激光扫描	中	大范围	大	施工产出评估

2. 信息监测技术的类型

根据当前施工现场所用到的信息监测技术的使用目的分类，可将监测系统分为作业人员监管模块、远程视频监控模块、安全监控系统模块、环境监测系统模块、施工监测系统模块等。

（1）作业人员监管模块

现阶段主要通过信息存储技术对现场施工作业人员的个人信息以及实际状态进行备案。通过视频监控技术、人脸识别技术以及实名显示技术等对现场施工作业人员进行考勤以及劳务考核，如图 12-22 所示。

（2）远程视频监控模块

根据使用地点的不同分为施工现场、办公室以及生活区视频监控。以此来实现对工地进出、操作平台以及周边环境等因素的视频监控功能，达到实时监测、远程操控、及时录制的目的。

（3）安全监控系统模块

针对事故多发的施工现场，为了保证施工人员的人身安全和工地的建筑材料、设备的财产安全，减少人力频繁到现场去监管、检查，在管理上造成的困难，需要远程对建筑工地进行统一管理。

（4）环境监测系统模块

近年来我国对于施工时产生的扬尘、噪声等问题提出了严格要求，为有效监控施工现场的扬尘以及噪声，建立对应的环境监测系统模块是现阶段施工必不可少的，如图 12-23 所示。

（5）施工监测系统模块

施工监测主要是根据施工工艺的需求，有针对性地利用传感器以及视频监控等技术对施工现场进行监控的过程。

图 12-22 施工现场实名制通道

图 12-23 扬尘检测仪

3. 信息监测技术的特征

虽然信息监测技术与现场施工管理相结合，能够大大提升信息处理、收集、分析的工作效率，有助于在施工过程中提升工作规范性，也有助于及时排查施工中的安全隐患、质量隐患，从而使项目工程管理信息更加准确和有效，但是由于现阶段的监测技术不够成熟，因此目前无法仅通过信息监测技术实现有效、准确监管。

12.6.2 信息监测技术在施工中的应用

1. 信息监测技术硬件层面的应用

关于信息监测技术硬件层面的应用，举以下三个例子：

（1）射频识别

射频识别是一种利用无线通信进行目标身份识别的技术。射频识别在施工管理中主要被应用于建材、工人和施工机械管理三个方面。在建材管理方面，可用来辅助物流和供应链管理、库存管理、建材质检以及废料管理；在工人管理方面，可用作进出场控制及出勤考评、安全预警等；在施工机械管理方面，可跟踪施工机械及工具，记录施工操作及机械维护等。

（2）超宽带通信

超宽带通信是一种利用绝对带宽（>1.5GHz）或分数带宽（>25%的超宽带）信号进行多目标定位的技术。超宽带通信因具有多目标实时精确定位能力，所以被广泛地应用到施工现场的工人、施工机械、建材定位中，以开展施工安全监控、施工操作分析等工作。

（3）视觉传感器

利用视觉传感器采集照片和视频是较早被引入施工管理的信息化方法。机器视觉技术通过视觉传感器收集数据，利用计算机分析图像或视频数据，模拟生物视觉对环境进行感知和理解。由于数据采集方便、成本低廉、所获取信息丰富，近年来在施工管理中得到了较为广泛的应用。

2. 信息监测技术在智慧工地中的应用

信息监测系统在智慧工地的运行中已有较多场景的应用，下文将根据现阶段研究热点对信息监测技术在施工中的具体应用进行介绍。

（1）基于传感器的智能监测技术

现阶段的热点研究领域为将面向施工的新型传感技术与大数据处理以及分析相结合，并以此为基础进行针对性的研究。例如利用传感器进行基于计算机视觉的结构位移监测研究，并在研究的基础上给出了硬件选择、标志物选择、相机标定、特征提取、目标追踪和位移计算等方面的合理化建议，分析了引起系统测量误差的各种影响因素和解决方案，并提出减小多因素造成的误差、提高深度学习的应用效率和可靠性等后续研究重点。基于三维机器视觉的位移监测坐标定位如图 12-24 所示。

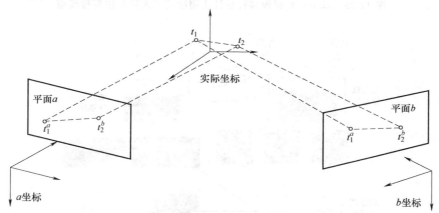

图 12-24 基于三维机器视觉的位移监测坐标定位

智能监测技术主要的应用形式有关键施工设备设施状态监控系统。对盾构机、门式起重机等安装状态监控系统。盾构机监测的内容主要包括盾构机运行状态、推进系统压力、铰接系统油压、注浆系统状态、刀盘系统工作状态、传送带机工作状态、导向系统等设备的运行状态。门式起重机监测的内容主要包括风速、门式起重机载荷、天车行程、大车行程、卷扬机升降情况、钩重和高度信息。

（2）基于无人机航拍摄影技术的数据采集方式

现阶段研究的内容主要包括以下两个部分：对于地形地貌的测绘工作以及对于建筑物工地标高的确定。对于地形地貌的测绘工作可以通过无人机航拍的照片和 Autodesk 公司的配套软件进行测绘，也可以通过针对性的摄像头进行测绘。对于建筑物工地标高的确定，传统的标定方式与位移监测时的坐标定位相类似，通过多角度的照片进行测定。近年来的新研究，通过无人机的正射影像估计建筑高程，有效地避免了由于地形复杂导致的对地距离不能统一的问题，基于深度学习所构建出的正射影像高程估计法所需的图像远小于传统的多图像处理法所需的图像，从而大大提高了建筑的测绘速度。同时现阶段无人机航拍摄影技术与人工智能技术的联系不断密切，通过大量的数据采集、模型设计、训练和测试、现场实验等方式可以达到对现实的有效模拟，如图 12-25 所示。

无人机分系统的倾斜摄影是通过在同一飞行平台上搭载多台传感器，同时从垂直、侧视等不同的角度采集影像。专业倾斜相机由 5 个摄像头组成，中间相机拍摄正射影像，其余 4 台相机拍摄倾斜影像，如图 12-26 所示。

图 12-25　基于正射影像高程估计法测绘的无人机航拍高程模型

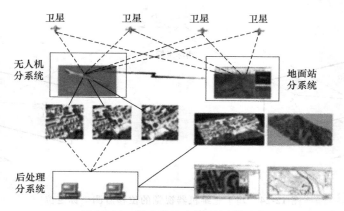

图 12-26　无人机航空测量摄影示意

（3）基于视频监控以及无线网络的远程监控与分析系统

在智慧工地的整体层面上，项目负责人以及监理人员可以远程监测工地实时情况，搭建的智慧工地平台具有一定的数据储存与分析功能，在项目施工的过程中可以起到一个"黑匣子"作用，实现对施工现场的动态监视，并记录施工的安全数据和相关参数，对于违反规定的操作，能够起到一定的预警作用。

（4）基于无线定位的人员定位系统

工地人员定位系统可以实时显示所有进入施工现场的人员定位信息，与 BIM 模型结合使管理人员能在监控中心实时了解现场施工人员当前的位置状态，如图 12-27 所示。

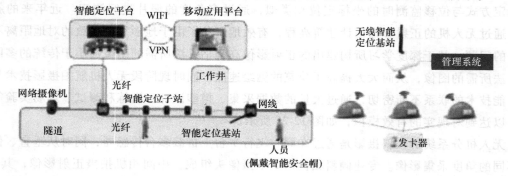

图 12-27　人员定位系统示意图

12.7 | 人工智能技术

12.7.1 人工智能技术定义与实现途径

1. 定义

人工智能不是以单一学科为基础的，而是包含了计算机学科、信息通信学科、哲学、语言类学科等，这些学科相互结合，给人工智能发展提供了动力。正因为有了这些学科的参与，使得人工智能可以很好地应用到别的领域。

2. 实现途径

（1）机器学习

机器学习是一门多领域交叉学科，涉及概率论、统计学、逼近论、凸分析、算法复杂度理论等多门学科。专门研究计算机怎样模拟或实现人类的学习行为，以获取新的知识或技能，重新组织已有的知识结构使之不断改善自身的性能。

（2）深度学习

深度学习源于人工神经网络，是含多隐层多感知器的一种神经网络。深度学习通过组合低层特征形成更加抽象的高层表示属性类别或特征，以发现数据的分布式特征表示。深度学习是目前人工智能技术中新的领域，其动机在于建立、模拟人脑进行分析学习的神经网络，它模仿人脑的机制来解释数据，例如图像，声音、文本和决策。

12.7.2 人工智能技术在施工中的应用

为了使建筑行业顺应时代发展的潮流，增强其竞争活力，应与人工智能技术有效融合，在保障工程质量和安全的基础上，加快施工进度，创造良好的项目效益。房屋建筑施工涉及土建、电气等多个专业，环境、人为、技术等因素都会导致施工中的风险升高。人工智能技术的合理运用可以促进建筑企业的转型升级，提高施工质量与管理成效，增强企业综合竞争力。人工智能技术的种类较多，应结合具体施工要求，制定合理的技术实施方案，发挥人工智能技术的优势。

1. 人工智能技术在建筑设计与规划中的应用

建筑的设计与规划凝结着建筑师与规划师的专业知识、智慧和创造力，这不仅是专业问题的解决过程，同时也是一种艺术上的创作过程。目前，人工智能技术已应用于建筑设计选型等方面。

2. 人工智能在施工人员作业安全管理中的应用

要想使工程项目在实际建设的过程中创造更多经济效益、社会文化效益及环境安全效益，就要不断在原有的安全管理机制的基础上进行创新，以减少由于人为原因增加的安全隐患。安全管理机制由原来的传统人为管理转变为现在的智能安全管理，充分发挥人工智能在工程安全管理中的作用，促使管理效率及水平得到大幅度提升，妥善解决以往在工程安全管理领域中存在的问题，从而推动我国建筑行业的安全发展。

例如在亚运会水上运动中心项目吊装安全管理中应用的人证查验技术。该项目应用人脸识别系统对起重机驾驶员等特殊工种人员进行检查。驾驶员进场时，先检查其持有的上岗证件，将人脸信息录入人脸识别系统。每天上班前进行人脸识别验证，验证通过后方可进入施工现场。塔式起重机驾驶室内设置监控摄像头，在采集的视频中提取人脸信息，与系统的人脸数据库进行比对。检测到无证人员进入驾驶室试图进行操作时，系统会报警并自动切断塔式起重机的电源，使无证人员无法进行操作。通过人脸识别技术，将塔式起重机控制和驾驶员的身份识别相结合，有效杜绝了驾驶员无证上岗的现象。由于塔式起重机吊装作业风险较高，驾驶员作业时必须精神集中，驾驶员疲劳作业会导致吊装风险增加。为此以监控视频为依据，利用卷积神经网络方法，对驾驶员脸部进行定位，提取眼、嘴等特征，以判断驾驶员是否有打哈欠、瞌睡等疲劳作业的表现。利用该模型实现对驾驶员疲劳作业的检测，发现疲劳行为时及时报警以防引发事故。

3. 人工智能技术在建筑结构设计中的应用

建筑物在长期使用的过程中，受到外界环境因素的影响以及自身材料老化的作用，很容易出现裂缝以及磨损的现象。环境的振动也会对房屋建筑安全造成相当大的影响。对建筑结构安全的评估一直是相关研究领域的热点问题。人工智能深度学习法能够减少以往在进行结构损伤检测时所布设的检测传感器的数量，提高检测效率，降低检测成本，如图 12-28 所示。

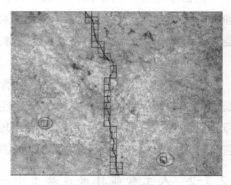

图 12-28　机器视觉识别裂缝

4. 人工智能技术在建筑施工中的应用

在建筑施工中也可以广泛应用人工智能技术，建立资源调配的模型，跟踪施工进度计划的完成情况。利用无线网络技术、近场通信技术以及蓝牙技术，对室内的工作状况进行跟踪，再结合 GPS 对户外情景进行相应的监控，实现对项目的远程进度管理，有效缩短施工时间，减小施工发生事故的概率，减少资源浪费，降低运营与维护的成本。

例如在亚运会水上运动中心项目吊装安全管理中应用的吊装路径规划技术。该项目现场作业面大，设置的 4 台塔式起重机存在大臂交叉可能造成相互碰撞导致吊物坠落的隐患。塔式起重机回转区域覆盖钢筋堆场、加工区域及生活区域，存在起重伤害、物体打击的安全隐患。利用路径规划算法对吊装路径进行规划，对复杂构件的吊装提供指导，以避免构件碰撞障碍物或塔式起重机之间相互碰撞。

5. 人工智能在智慧云工地的应用

施工工地现场环境复杂，智慧云工地的建设可以充分发挥人工智能技术的特点，有助于对施工现场的全面管控。在项目监控工作中，应逐步对三维设计平台进行优化，在三维模型当中实施可视化管理与实时监控，做好项目建设进度、质量、安全和成本等要素的有效协同，确保施工方案的可行性与合理性。根据工地现场的实际情况和施工需求，对施工方案进行优化和调整，降低意外因素对工期造成的影响，确保工程项目能够如期竣工。人工智慧技术、虚拟技术和传感技术等在智慧云工地的融合效果较好，是常见的现场管控技术，充分体现了互联网平台在信息整合、传递和共享中的作用。

各个部门通过智慧云工地系统实现实时交流和沟通，针对施工中的问题进行探讨，找到影响因素并制定解决方案，防止信息孤岛效应对施工造成负面影响，有助于增强施工灵活性。施工各环节可以通过智慧云工地系统加以规范和约束，防止操作不当引起不良后果。

建立智慧云工地管理应用平台，可适当减少现场管理人员数量，用智能化、数字化手段处理重复繁杂的施工作业，降低管理人员的劳动强度，对建设现场进行动态、实时的远程监控、管理，提高监控和管理的广度和深度，提升施工建设管理效率和水平。同时，通过宏观监控，优化建设场地布局，合理规划，综合调配人力、物力。

12.7.3　人工智能在施工中存在的优劣势

1. 人工智能在施工中存在的优势

人工智能以智能化系统为核心，能够对整个施工过程加以优化，有助于提升施工质量和效率，改善传统施工模式。智能化系统主要包括传输子系统、执行子系统、主控器、通信模块、监控软件、显示器和远程监控平台等。施工现场的真实情况全面展示在显示器中，有助于管理人员对施工操作、技术应用和进度等进行分析，防止不良操作行为对施工质量安全造成威胁。智能手机应用已十分普遍，可以借助手机实施全程化管理，通过紧急制动和实时预警等功能，实现对各类设备的管控，防止造成难以挽回的损失。施工命令借助人工智能技术得到快速传达，以便于对施工进行科学指导。传感器在移动终端指令的指示下能够实现智能化操作，使施工任务更高效地推进。人工智能有助于提高对现场数据的采集和整合、存储、分析等能力，能有效协调施工人员、技术、材料、进度、安全、质量等。

2. 人工智能在施工中存在的劣势

土木工程施工的流程较多，在应用人工智能技术时经常存在智能应用单一的问题，无法体现技术特点，对于传统施工模式的优化和改善作用不够显著。人工智能未能明确当前智能建筑的发展需求，技术应用存在形式化的问题，未能对智能化概念进行深入解读，不利于建筑行业未来的发展。各个子系统间的协同性不高，包括电气系统和安全管理系统等。此外，智能系统过于简单，无法满足多元化的施工要求。我国在建筑行业应用人工智能技术的经验相对较少，自动化系统的自学能力较差，无法根据工程进度及施工要求不断优化，智能化控制力度不足。

12.8 | 智能建造技术在建筑施工中的应用价值、难点与对策

12.8.1　智能建造技术在建筑施工中的应用价值

1. 真正实现资源共享

智能建造技术使得建筑工程中的施工信息资源实现共享，为施工管理工作的开展提供了

更为准确、全面的信息数据支持。

2. 落实施工精细化管理

施工管理工作需要完成的管理内容相对较多，工作量较大。而智能建造技术可以实现施工的精细化、细致化管理，且降低了管理人员的实际工作量，防止工程施工中发生管理性问题。

3. 提高施工技术水平

一旦出现问题，管理人员能够在智能建造技术的支持下第一时间获取相关信息，并完成对施工技术、施工工序、管理方案等内容的科学调整，实现多种资源的优化分配，促使建筑工程施工技术水平提升。

4. 提高施工工序的协调性管理

智能建造技术，特别是 BIM 技术，能够提高施工管理的协调性，保证各项施工项目管理工作有序开展。在此基础上，提高了施工管理工作效率。

5. 明显提升了施工效率

智能建造技术在施工效率的提升方面表现较为优秀，相比于传统技术手段的应用，其在很多方面都能简化相应工序，进而提高施工效率，明显缩短了施工工期。

12.8.2　智能建造技术在建筑施工中的应用难点

1. 资金投入不足

施工单位本应投入充足的资金应用于技术管理对应的信息化建设中，但较多的施工单位因资金制约并未实施智能技术管理，所应用的管理方式也从未改变。有些仅仅单纯应用计算机技术，在信息加工与处理层面效率较低，并未达到真正的智能技术管理。

2. 智能建造技术人才较少

由于在建筑施工领域中应用智能建造技术尚处于起步阶段，因此相关的智能建造技术人才较少，这极大地影响了智能建造技术的应用效果。再加上部分建筑施工企业对智能建造技术不够重视，没有积极引进智能建造技术人才，这就使得施工管理的智能化水平较低，在日常的管理工作中，无法有效地发挥智能建造技术的作用，从而不利于建筑施工技术管理工作的有效开展。

3. 管理人员缺乏智能建造技术管理意识

建筑施工技术管理工作存在一定的特殊性，施工质量管理多为现场管理，然而，目前很多负责项目技术管理工作的人员都是由施工人员转型而来的，很多人缺乏良好的智能建造技术基础知识及管理意识，没有充分认识到智能建造技术在施工技术管理中的作用以及重要性，因此，实际工作中不善于应用智能建造技术对项目施工进行统筹管理，造成管理效果不理想。

4. 缺乏先进的智能建造技术设备

我国的智能建造技术水平相比过去有了长足的发展，但是相比欧美等发达国家仍然存在着一定的不足。尤其是在建筑施工技术管理工作中所需要使用的智能建造技术设备较为落后，引进先进的国外产品，一方面会提高工程成本，另一方面出现问题后难以及时维修。所以，为了能够更好地发挥智能建造技术的作用，就需要开发更符合我国建筑工程特点的智能建造技术软件，只有这样才可以更好地完成建筑施工技术管理工作。

12.8.3 智能建造技术在建筑施工中的应用对策

1. 做好施工进度的管理

及时做好施工计划的编制工作，并结合相关的施工计划来控制工程进度。也就是说要运用好网络，并借助总系统与子网络控制等不同的方式来建立相关的任务与目标。从工程项目结构分解上来说，要做好资源上的分配工作，并主动将其引入总的系统内部。通过进行具体任务的安排与研究，做好任务结构上的组织与分解工作。对所获取的信息从工期和进度两方面进行深入研究，将计算所得到的结果与计划中的结果进行对比，在对比的基础上明确其中存在的问题，找出出现这样问题的原因，提出有针对性的解决措施。

2. 做好施工材料的管理

在进行施工材料管理时，智能建造技术的主要功能是对材料的使用进度进行档案编制，及时掌握好材料的使用情况，保证材料控制的效果。从具体情况入手，综合分析多种因素，制定出有效的采购计划。从材料管理的不同阶段来说，管理工作要科学化、规范化。从机械设备的管理来讲，智能建造技术要具备一定的功能，及时对设备的工作情况进行记录，并编制出相应的方案，定期做好设备的保养。

3. 做好施工质量的管理

要及时对工程中的质量情况进行分析与统计，做好质量上的把关工作。同时还要正确运用好计算机，制定出有效的奖惩制度，避免遗留下施工安全隐患。此外，还要做好施工档案的管理工作。通过对档案进行记录与分析，以此来为后期验收等环节提供帮助。

4. 做好信息化集成管理工作

在开展土木工程施工的过程中，要做好不同技术上的管理工作。主动融入智能建造技术体系中，借助网络与计算机进行协调发展，实现共建的目标，提高数字化的控制效果，加强与信息系统上的联系，完善信息局域网。对建筑工程进行信息化、智能化的集成管理，不仅可以保证施工整体上的信息化，同时也可以满足发展的需求。

参考文献

[1] 任尚强，王建华，郭军，等. 公路隧道标准化施工技术指南［M］. 北京：人民交通出版社，2014.

[2] 恒发义. 做最好的公路工程施工员［M］. 北京：中国建材工业出版社，2014.

[3] 徐伟然. 交叉中隔壁法隧道施工技术探讨［J］. 广东科技，2014，23（12）：109-110.

[4] 闫富有. 地下工程施工［M］. 郑州：黄河水利出版社，2012.

[5] 王道远. 隧道施工技术［M］. 北京：中国水利水电出版社，2014.

[6] 郭红梅. 特殊地质条件下地铁施工技术措施［J］. 西部探矿工程，2018，30（1）：177-179；183.

[7] 雷超. 盾构刀盘液压驱动系统模糊控制技术研究［D］. 郑州：华北水利水电大学，2018.

[8] 齐强. 地铁盾构法施工技术要点分析［J］. 居舍，2018（23）：77.

[9] 仲奇峰. 地铁盾构法施工技术要点及质量控制措施［J］. 建筑技术开发，2019，46（14）：73-74.

[10] 史佩军. 地铁隧道盾构法施工安全风险管理研究［J］. 工程技术研究，2019，4（16）：158-159.

[11] 余浩瀚. 地铁盾构施工安全风险管理与控制措施研究［D］. 合肥：安徽建筑大学，2020.

[12] 李建华，何伟，王百泉. 开挖舱高压环境下盾构刀盘动火修复技术［J］. 隧道建设，2015，35（9）：891-896.

[13] 陈馈，杨延栋. 中国盾构制造新技术与发展趋势［J］. 隧道建设，2017，37（3）：276-284.

[14] 尹亚虎. 深圳地铁9号线大断面矩形顶管施工关键技术研究［D］. 长沙：中南林业科技大学，2018.

[15] 杜红燕. 市政工程顶管施工技术探讨［J］. 山西建筑，2018，44（9）：56-57.

[16] 龙明华，李培国，汤宇，等. 浅谈泥水平衡顶管施工技术［J］. 中国设备工程，2022（3）：186-187.

[17] 李海君. 土压平衡顶管下穿城市主干道施工［J］. 建筑技术开发，2021，48（10）：41-42.

[18] 王荣荣，汪振红. 市政工程顶管施工关键技术［J］. 工程建设与设计，2018（19）：223-225.

[19] 马龙飞，马保松. 顶管顶进力计算方法综述与探究［J］. 特种结构，2019，36（3）：26-35.

[20] 王航. 超大口径顶管施工进出洞技术研究［J］. 建筑科技，2019，3（6）：77-79.

[21] 屈勇，胡晓萌，赵阳森，等. 顶管施工障碍物处理技术综述［J］. 人民长江，2018，49（21）：77-83.

[22] 莫万练. 顶管施工安全管控措施［J］. 智能城市，2021，7（16）：77-78.

[23] 刘宗钦，李扬，曹德万. 超大截面矩形顶管施工技术研究［J］. 江苏建筑，2021（6）：55-58.

[24] 严妍. 超大断面矩形顶管的施工及管理要点［J］. 中国新技术新产品，2021（1）：98-100.

[25] 宋超群，李钢. 超大断面矩形顶管施工应用实践［J］. 现代城市轨道交通，2020（12）：105-110.

[26] 胡宝生. 大断面类矩形盾构顶管施工风险及对策综述［J］. 公路交通技术，2020，36（1）：118-123；132.

[27] 于孝民，丁北斗，方建国，等. 大直径长距离输水管沉管施工技术研究 [J]. 中国水利，2018（16）：52-55.

[28] 王鹏飞，孔祥利，赵新义，等. 大型钢管沉管施工技术分析 [J]. 浙江水利水电专科学校学报，2010，22（3）：34-37.

[29] 陈韶章，苏宗贤，陈越. 港珠澳大桥沉管隧道新技术 [J]. 隧道建设，2015，35（5）：396-403.

[30] 陈韶章，陈越. 沉管隧道施工手册 [M]. 北京：中国建筑工业出版社，2014.

[31] 郭陕云. 我国隧道和地下工程技术的发展与展望 [J]. 现代隧道技术，2018，55（S2）：1-14.

[32] 王晗. 沉管隧道干坞施工技术 [J]. 市政技术，2016，34（1）：82-84；89.

[33] 苏慧. 土木工程施工技术 [M]. 北京：高等教育出版社，2015.

[34] 应惠清. 土木工程施工 [M]. 3版. 北京：高等教育出版社，2016.

[35] 赵学荣，陈烜. 土木工程施工 [M]. 南京：江苏科学技术出版社，2013.

[36] 何凡，陈占力，李丙涛. 日本桩基础工程新技术的发展与启示 [J]. 公路，2018，63（6）：133-137.

[37] 李忠富. 现代土木工程施工新技术 [M]. 北京：中国建筑工业出版社，2014.

[38] 徐文栋，张小强. 城建工程地下室桩基施工关键技术之研究 [J]. 科技创新导报，2016，13（28）：20-21.

[39] 刘斌. 基于城建工程地下室桩基施工技术的研究 [J]. 低碳世界，2018（7）：186-187.

[40] 林睦良. 高压旋喷桩施工及土方开挖对既有桥梁基础承载力的影响研究与评估 [D]. 大连：大连理工大学，2017.

[41] 李红兵. 试论深基坑逆作法核心施工技术 [J]. 四川水泥，2016（3）：195.

[42] 裴熙钦. 高压旋喷桩施工工艺及质量控制 [J]. 工程技术（文摘版），2015（15）：195.

[43] 李学顺，刘乐园. 深基坑施工技术 [J]. 天津建设科技，2017，27（3）：25-27.

[44] 王冠平. 岩土工程中边坡治理的岩土锚固技术 [J]. 科技创新与应用，2016（9）：202.

[45] 王涛. SMW工法桩在深基坑支护中的应用与研究 [J]. 建材与装饰：上旬，2015（48）：9-11.

[46] 周雅民. 型钢水泥土复合搅拌桩支护结构施工 [J]. 科学时代，2011（8）：53-54.

[47] 满宁宁. 地下连续墙基坑支护技术在旧改深基坑工程中的应用研究 [D]. 淮南：安徽理工大学，2017.

[48] 夏利松. 大型深基坑逆作法施工技术研究 [J]. 住宅与房地产，2017（26）：212；232.

[49] 耿建峰. 对高层建筑深基坑工程施工支护技术探讨 [J]. 城市建设理论研究，2014（11）：292-295.

[50] 房昕. 地铁基坑支撑体系变形计算方法 [J]. 建筑发展，2019，3（8）：68-69.

[51] 邵文. 超大基坑中环撑与桁架直撑的方案优选 [J]. 兰州交通大学学报，2014，33（1）：175-180.

[52] 谢晓彬. 某工程基坑钢板桩支护施工方案 [J]. 科学咨询（科技·管理），2015（14）：47-48.

[53] 吴勇，曾山，傅帝尹，等. 深基坑内支撑体系换撑施工工艺研究 [J]. 施工技术，2020，49（S1）：117-120.

[54] 申永江，杨明，项正良. 双排长短组合桩与常见双排桩的对比研究 [J]. 岩土工程学报，2015，37（S2）：96-100.

[55] 胡海洋. 超高层建筑工程总承包的质量控制研究 [D]. 武汉：湖北工业大学，2018.

[56] 王浩，蔡侨，王杜. 超高层建筑施工管理与技术研究 [J]. 住宅与房地产，2017（5）：215.

[57] 陈孝堂. 超高层建筑结构体系方案优选 [J]. 建筑结构，2010，40（S2）：182-188.

[58] 张莉莉，张玉品，张良，等. 超高层建筑钢结构综合施工技术 [J]. 建筑技术，2015，46（4）：305-308.

[59] 徐李传. 超高层建筑综合施工技术分析 [J]. 中国科技投资, 2018 (16): 26.

[60] 徐蓉蓉. 高层建筑施工安全风险评价研究 [D]. 南京: 南京林业大学, 2013.

[61] 张琨. 超高层建筑施工技术发展与展望 [J]. 施工技术, 2018, 47 (6): 13-18; 93.

[62] 李杰, 杨晓明. 超高层建筑施工技术发展与展望 [J]. 居舍, 2019 (21): 12.

[63] 户春光. 高层建筑深基坑支护施工技术要点分析 [J]. 民营科技, 2014 (11): 184.

[64] 颜文. 装配式混凝土结构施工现场连接质量控制技术研究 [D]. 南京: 东南大学, 2018.

[65] 张伟. 装配整体式混凝土结构钢筋连接技术研究 [D]. 西安: 长安大学, 2015.

[66] 陈叶. 建筑机电一体化设备安装技术及电动机的调试方法探析 [J]. 法制与经济 (中旬), 2012 (7): 117-118; 120.

[67] 娄宇, 王昌兴. 装配式钢结构建筑的设计、制作与施工 [M]. 北京: 机械工业出版社, 2021.

[68] 孙震, 穆静波. 土木工程施工 [M]. 2版. 北京: 中国建筑工业出版社, 2014.

[69] 宋乐帅. 碧桂园新型建造工法实用案例 [J]. 山西建筑, 2017, 43 (9): 94-96.

[70] 马志强. SPCS装配式剪力墙生产工艺研究 [J]. 施工技术, 2020, 49 (S1): 1049-1051.

[71] 唐修国, 白世烨, 龚成. 三一筑工SPCS装配式混凝土建筑结构体系开发与应用 [J]. 住宅产业, 2021 (4): 64-68.

[72] 申爱国. 桥梁工程施工技术研究 [M]. 武汉: 武汉大学出版社, 2016.

[73] 陈宝春, 陈友杰, 赵秋. 桥梁工程 [M]. 3版. 北京: 人民交通出版社, 2017.

[74] 邵旭东. 桥梁工程 [M]. 5版. 北京: 人民交通出版社, 2019.

[75] 姜晨光. 土木工程施工 [M]. 北京: 中国电力出版社, 2017.

[76] 赵丽蓉. 桥梁下部结构施工技术 [M]. 北京: 北京理工大学出版社, 2020.

[77] 彭元诚, 潘海, 冯鹏程. 混凝土连续刚构桥建设技术与发展 [M]. 北京: 人民交通出版社, 2021.

[78] 黄模镇. 连续刚构桥施工技术探讨 [J]. 工程建设与设计, 2021 (20): 117-120; 136.

[79] 彭大卫. 跨菏宝高速高架桥施工监控技术研究 [D]. 济南: 山东大学, 2021.

[80] 何志军. 基于劲性骨架在桥梁工程设计中的应用分析 [J]. 黑龙江交通科技, 2021, 44 (7): 255; 257.

[81] 戎仕腾. 拱桥的悬臂浇筑施工 [J]. 黑龙江交通科技, 2012, 35 (1): 79.

[82] 王慧东. 桥梁工程 [M]. 重庆: 重庆大学出版社, 2014.

[83] 王海良, 董鹏. 桥梁工程施工技术 [M]. 北京: 人民交通出版社, 2013.

[84] 王保群, 于业栓. 桥梁施工技术 [M]. 北京: 人民交通出版社, 2021.

[85] 彭诗文. 大跨度劲性骨架混凝土拱桥节段施工受力过程分析 [D]. 成都: 西南交通大学, 2018.

[86] 文坤. 悬索桥加劲梁施工的优化算法研究与程序开发 [D]. 大连: 大连理工大学, 2021.

[87] 廖军. 简析斜拉桥的优缺点 [J]. 城市建设理论研究 (电子版), 2015 (35): 28-33.

[88] 李旭梅. 基于BIM的桥梁安全评估管理系统研究 [D]. 重庆: 重庆大学, 2019.

[89] 孙涛, 李长江, 夏凡, 等. BIM技术在建筑工程施工中的应用 [J]. 智能建筑与智慧城市, 2021 (9): 82-83.

[90] 李雨擎. 浅谈BIM技术在建筑工程施工中的应用 [J]. 智能建筑与智慧城市, 2021 (9): 50-51.

[91] 叶建科. BIM技术及其在广东海事工作船码头结构设计中的应用研究 [D]. 上海: 同济大学, 2018.

[92] 俞利春, 廖福权, 查健明. BIM技术国内外研究历程及在工程项目管理中的应用 [J]. 江西建材, 2020 (8): 165-167.

［93］许强. BIM 技术在秦皇岛开发区展览馆项目施工成本控制应用研究［D］. 秦皇岛：燕山大学，2018.

［94］杨力，王钊. BIM 技术在建设项目全生命周期中的应用［J］. 绿色科技，2016（10）：248-250.

［95］王俊锋. BIM 在建筑工程施工中的应用与研究［J］. 大陆桥视野，2017（14）：105-106.

［96］余优军. 三维 GIS 技术在工程测量中的应用［J］. 工程建设与设计，2017（22）：217-218.

［97］徐卫星，周悦. BIM+GIS 技术在高校校园地下管网信息管理中的应用研究［J］. 施工技术，2017，46（6）：53-55.

［98］汤易之. "BIM+" 在工程建设中的应用［J］. 价值工程，2020，39（19）：240-242.

［99］李云贵. 建筑工程施工 BIM 深度应用：信息化施工［M］. 北京：中国建筑工业出版社，2020.

［100］陶飞，刘蔚然，张萌，等. 数字孪生五维模型及十大领域应用［J］. 计算机集成制造系统，2019，25（1）：1-18.

［101］刘占省，史国梁，孙佳佳. 数字孪生技术及其在智能建造中的应用［J］. 工业建筑，2021，51（3）：184-192.

［102］刘占省，邢泽众，黄春，等. 装配式建筑施工过程数字孪生建模方法［J］. 建筑结构学报，2021，42（7）：213-222.

［103］金明堂. 数字孪生在智慧建筑中的应用探索［J］. 建设监理，2021（6）：8-10；56.

［104］陈才. 新时代数字孪生城市来临［J］. 中国信息界，2018（3）：74-77.

［105］刘继强，张育雨，王雪健. 基于数字孪生的城市轨道交通建造智慧管理研究［J］. 现代城市轨道交通，2021（S1）：120-125.

［106］刘创，周千帆，许立山，等. "智慧、透明、绿色" 的数字孪生工地关键技术研究及应用［J］. 施工技术，2019，48（1）：4-8.

［107］祁小强，谭帅，黄昌龙，等. "物联网+" 背景下的智慧工地应用研究［J］. 智能建筑与智慧城市，2021（9）：94-95.

［108］刘佳欣. 智慧工地体系构建及评价研究［D］. 南京：东南大学，2020.

［109］李润，董列飞，王耀，等. 基于 "互联网+智能化" 的智慧工地管理系统研究［J］. 建筑技术开发，2018，45（22）：59-61.

［110］郭卫，孙钰涵. 智慧工地系统在建筑施工过程中的应用［J］. 住宅与房地产，2019（33）：174.

［111］中国公路学报编辑部. 中国桥梁工程学术研究综述：2021［J］. 中国公路学报，2021，34（2）：1-97.

［112］曾进. 智慧工地系统在建筑施工过程中的应用探究［J］. 智能建筑与智慧城市，2021（9）：96-97.

［113］吴立珺，邹凝，谢明珠. 大数据技术在人工智能的应用研究：以智慧工地管理系统为例［J］. 计算机产品与流通，2019（3）：83.

［114］鞠松，杨晓东. 国内外人工智能技术在建筑行业的研究与应用现状［J］. 价值工程，2018，37（4）：225-228.

［115］梁晏恺. 人工智能在建筑领域的应用探索［J］. 智能城市，2018，4（16）：14-15.

［116］吴丹，高峰. 人工智能在工程安全管理中的应用［J］. 中小企业管理与科技（上旬刊），2021（11）：194-196.

［117］常飞，孙啸涛，甘中华，等. 人工智能技术在亚运会水上运动中心项目吊装安全管理中的应用［J］. 建筑技术，2021，52（6）：656-658.

［118］张刘锋. 人工智能技术在智慧工地管理系统中的应用［J］. 中国公共安全，2018（1）：65-70.

[119] 樊慧琴. 信息技术在建筑施工管理的作用 [J]. 建材与装饰, 2020 (12): 143-144.

[120] 叶晖. 建筑工程施工中信息技术的应用及发展分析 [J]. 绿色环保建材, 2019 (1): 198; 200.

[121] 董斌. 信息技术在建筑施工技术管理中的应用 [J]. 四川水泥, 2022 (1): 84-85.

[122] 刘学让. 建筑工程施工中信息技术的应用及发展 [J]. 建材与装饰, 2018 (1): 295-296.

[123] 唐磊. 工程测量在桥梁施工放样测量技术 [J]. 工程机械与维修, 2021 (4): 180-181.

[124] 张冰. 地铁盾构施工 [M]. 北京: 人民交通出版社, 2011.

[125] 胡俊杰. 地铁盾构施工安全风险管理与控制措施 [J]. 交通世界 (上旬刊), 2022 (Z2): 75-76.